金沙江白鹤滩水电站工程建设管理丛书

白鹤滩水电站地下厂房工程

段兴平　何　炜　汪志林　等　著

中国水利水电出版社
www.waterpub.com.cn
·北京·

内 容 提 要

本书共有7章，内容包括：绪论、引水发电系统布置、建设管理、施工规划与布置、洞室群开挖与支护、混凝土工程、行业价值与未来展望。本书反映了在高地应力、硬脆玄武岩、长大错动带等复杂地质环境下，白鹤滩水电站地下厂房在勘测设计、施工规划、施工装备、工程技术、建设管理等方面所取得的创新突破与工程实践成果。本书对复杂地质条件巨型洞室群开挖、引水发电系统混凝土施工等工作具有重大指导意义，所取得的技术成果与实践经验可供同类工程参考借鉴。

本书可供水利水电行业的专家学者、工程技术人员、高校师生等阅读、使用。

图书在版编目（CIP）数据

白鹤滩水电站地下厂房工程 / 段兴平等著. -- 北京：中国水利水电出版社，2024. 11. --（金沙江白鹤滩水电站工程建设管理丛书）. -- ISBN 978-7-5226-2518-8

Ⅰ. TV74

中国国家版本馆CIP数据核字第2024N02G74号

书　　　名	金沙江白鹤滩水电站工程建设管理丛书 **白鹤滩水电站地下厂房工程** BAIHETAN SHUIDIANZHAN DIXIA CHANGFANG GONGCHENG
作　　　者	段兴平　何　炜　汪志林　等著
出 版 发 行	中国水利水电出版社 （北京市海淀区玉渊潭南路1号D座　100038） 网址：www. waterpub. com. cn E - mail：sales@ mwr. gov. cn 电话：（010）68545888（营销中心）
经　　　售	北京科水图书销售有限公司 电话：（010）68545874、63202643 全国各地新华书店和相关出版物销售网点
排　　　版	中国水利水电出版社微机排版中心
印　　　刷	北京印匠彩色印刷有限公司
规　　　格	184mm×260mm　16开本　16.75印张　408千字
版　　　次	2024年11月第1版　2024年11月第1次印刷
印　　　数	0001—1000册
定　　　价	**160.00**元

本 书 著 者

段兴平　　何　炜　　汪志林　　吴发名　　杨　帆　　曾　强
曹生荣　　李　毅　　徐进鹏　　石焱炯　　王红彬　　王　霄
孙会想　　方　丹　　万祥兵　　补约依呷　郑海圣　　江　权
孟国涛　　陈俊涛　　韩　旭　　段刚强　　赵金贵　　陈雪万
陈芝焕　　周　涛　　邓富扬　　王战新　　沈德虎　　王鹏飞
李小虎　　张　旭　　刘昌贤

丛书序一

　　白鹤滩水电站是仅次于三峡工程的世界第二大水电站，是长江流域防洪体系的重要组成部分，是促改革、调结构、惠民生的大国重器。白鹤滩水电站开发任务以发电为主，兼顾防洪、航运，并促进地方经济社会发展。

　　白鹤滩水电站从1954年提出建设构想，历经47年的初步勘察论证，2001年纳入国家水电项目前期工作计划，2006年5月通过预可研审查，2010年10月国家发展和改革委员会批复同意开展白鹤滩水电站前期工作，同月工程开始筹建，川滇两省2011年1月发布"封库令"，2017年7月工程通过国家核准，主体工程开始全面建设。2021年6月28日首批机组投产发电，习近平总书记专门致信祝贺，指出："白鹤滩水电站是实施'西电东送'的国家重大工程，是当今世界在建规模最大、技术难度最高的水电工程。全球单机容量最大功率百万千瓦水轮发电机组，实现了我国高端装备制造的重大突破。你们发扬精益求精、勇攀高峰、无私奉献的精神，团结协作、攻坚克难，为国家重大工程建设作出了贡献。这充分说明，社会主义是干出来的，新时代是奋斗出来的。希望你们统筹推进白鹤滩水电站后续各项工作，为实现碳达峰、碳中和目标，促进经济社会发展全面绿色转型作出更大贡献！"2022年12月20日全部机组投产发电，白鹤滩水电站开始全面发挥效益，习近平总书记在二〇二三新年贺词中再次深情点赞。

　　至此，中国三峡集团在长江干流建设运营的乌东德、白鹤滩、溪洛渡、向家坝、三峡、葛洲坝6座巨型梯级水电站全部建成投产，共安装110台水电机组，总装机容量7169.5万kW，占全国水电总装机容量的1/5，年均发电量3000亿kW·h，形成跨越1800km的世界最大清洁能源走廊，为华中、华东地区以及川、滇、粤等省份经济社会发展和保障国家能源安全及能源结构优化作出了巨大贡献，为保障长江流域防洪、航运、水资源利用、生态安全提供了有力支撑，为推动长江经济带高质量发展注入了强劲动力。

从万里长江第一坝——葛洲坝工程开工建设，到兴建世界最大水利枢纽工程——三峡工程，再到白鹤滩水电站全面投产发电，世界最大清洁能源走廊的建设跨越半个世纪。翻看这段波澜壮阔的岁月，中国三峡集团无疑是这段水电建设史的主角。

三十年前为实现中华民族的百年三峡梦，我们发出了"为我中华、志建三峡"的民族心声，百万移民舍小家建新家，举全国之力，从无到有、克服无数困难，实现建成三峡工程的宏伟夙愿，是人类水电建设史上的空前壮举。三十载栉风沐雨、艰苦创业，在党中央、国务院的坚强领导下，中国三峡集团完成了从建设三峡、开发长江向清洁能源开发与长江生态保护"两翼齐飞"的转变，已成为全球最大的水电开发运营企业和中国领先的清洁能源集团，成为中国水电一张耀眼的世界名片。

世界水电看中国，中国水电看三峡。白鹤滩水电站工程规模巨大，地质条件复杂，气候恶劣，面临首次运用柱状节理玄武岩作为特高拱坝基础、巨型地下洞室群围岩开挖稳定、特高拱坝抗震设防烈度最高、首次全坝使用低热水泥混凝土、高流速巨泄量无压直泄洪洞高标准建设等一系列世界级技术难题，主要技术指标位居世界水电工程前列，综合技术难度为同类工程之首。白鹤滩水电站是世界水电建设的集大成者，代表了当今世界水电建设管理、设计、施工的最高水平，是继三峡工程之后的又一座水电丰碑。

近3万名建设者栉风沐雨、勠力同心鏖战十余载，胜利完成了国家赋予的历史使命，建成了世界一流精品工程，成就了"水电典范、传世精品"，为水电行业树立了标杆；形成了大型水电工程开发与建设管理范式，为全球水电开发提供了借鉴；攻克了一系列世界级技术难题、掌握了关键技术，提升了中国水电建设的核心竞争力；研发应用了一系列新理论、新技术、新材料、新设备、新方法、新工艺，推动了水电行业技术发展；成功设计、制造和运行了全球单机容量最大功率百万千瓦的水轮发电机组，实现了我国高端装备制造的重大突破；形成了巨型水电工程建设的成套标准、规范，为引领中国水电"走出去"奠定了坚实的基础；传承发扬三峡精神，形成了以"为我中华，志建三峡"为内核的水电建设文化。

从百年三峡梦的提出到实现，再到白鹤滩水电站的成功建设，中国水电从无到有，从弱到强，再到超越、引领世界水电，这正是百年以来近现代中国发展的缩影。总结好白鹤滩水电站工程建设管理经验与关键技术，进一步完善"三峡标准"，形成全面系统的水电工程开发建设技术成果，为中国水电事业发展提供参考与借鉴，为世界水电技术发展提供中国方案，是时代赋予三峡人新的历史使命。

中国三峡集团历时近两载，组织白鹤滩水电站建设管理各方技术骨干、专家学者，回顾了整个建设过程，查阅了海量资料，对白鹤滩水电站工程建设管理与关键技术进行了全面总结，编著"金沙江白鹤滩水电站工程建设管理丛书"共20分册。丛书囊括了白鹤滩水电站工程建设的技术、管理、文化各个方面，涵盖工程前期论证至工程全面投产发电全过程，是水电工程史上第一次全方位、全过程、全要素对一个工程开发与建设的全面系统总结，是中国水电乃至世界水电的宝贵财富。

中国古代仁人志士以立德、立功、立言"三不朽"为人生最高追求。广大建设者传承发扬三峡精神，形成水电建设文化，是为"立德"；建成世界一流精品工程，铸就水电典范、传世精品，是为"立功"；全面总结白鹤滩水电站工程管理经验和关键技术，推动中国水电在继往开来中实现新跨越，是为"立言"！

向伟大的时代、伟大的工程、伟大的建设者致敬！

曹鸣山

2023 年 12 月

丛书序二

古人言"圣人治世，其枢在水"，可见水利在治国兴邦中具有极其重要的地位。滔滔江河奔流亘古及今，为中华民族生息提供了源源不断的源泉，抚育了光辉灿烂的中华文明。

我国地势西高东低，蕴藏着得天独厚的水能资源，水电作为可再生清洁资源，在国民经济发展和生态文明保障中具有举足轻重的地位。水利水电工程的兴建不仅可以有效改善能源结构、保障国家能源安全，同时在防洪、抗旱、航运、供水、灌溉、减排、生态等方面均具有巨大的经济、社会和生态效益。

中华人民共和国成立之初，全国水电装机容量仅36万kW。中华人民共和国成立70余年来，我国水电建设事业发生了翻天覆地的变化，取得举世瞩目的成就。截至2022年底，我国水电总装机容量达4.135亿kW，稳居世界第一。其中，世界装机容量超过1000万kW的7座特大型水电站中我国就占据四席，分别为三峡工程（2250万kW，世界第一）、白鹤滩水电站（1600万kW，世界第二）、溪洛渡水电站（1386万kW，世界第四）和乌东德水电站（1020万kW，世界第七）。中国水电实现了从无到有、从弱到强、从落后到超越的历史性跨越式发展。

1994年，三峡工程正式动工兴建，2003年，首批6台70万kW水轮发电机组投产发电，成为中国水电划时代的里程碑，标志着我国水利水电技术已从学习跟跑到与世界并跑，跨入世界先进行列。

继三峡工程之后，中国三峡集团溯江而上，历时二十余载，相继完成了金沙江下游向家坝、溪洛渡、白鹤滩和乌东德4座巨型梯级水电站的滚动开发，实现了从设计、施工、管理、重大装备制造全产业链升级，巩固了我国在世界水利水电发展进程中的引领者地位。金沙江下游4座水电站的多项技术指标及综合难度均居世界前列，其中白鹤滩水电站综合技术难度最大、综合技术参数最高，是世界水电建设的超级工程。

白鹤滩水电站地处金沙江下游，河谷狭窄、岸坡陡峻，工程建设面临高坝、高边坡、高流速、高地震烈度和大泄洪流量、大单机容量、大型地下厂房洞室群"四高三大"的世界级技术难题；且工程地质条件复杂，地质断裂构造发育，坝基柱状节理玄武岩开挖、保护、处理难度极大，地下厂房围岩层间、层内错动带发育，开挖、支护和围岩变形稳定均面临诸多难题；加之白鹤滩坝址地处大风干热河谷气候区，极端温差大、昼夜温差变化明显，大风频发，大坝混凝土温控防裂面临巨大挑战。

白鹤滩水电站是当时世界在建规模最大的水电工程，其中300m级高坝抗震设计参数、地下洞室群规模、圆筒式尾水调压井尺寸、无压直泄洪洞群泄洪流量、百万千瓦水轮发电机组单机容量等多项参数均居世界第一。

自建设伊始，白鹤滩全体建设者肩负"建水电典范、铸传世精品"的伟大历史使命，先后破解了柱状节理玄武岩特高拱坝坝基开挖保护、特高拱坝抗震设计、大坝大体积混凝土温控防裂、复杂地质条件巨型洞室群围岩稳定、百万千瓦水轮发电机组设计制造安装等一系列世界性难题。首次全坝采用低热硅酸盐水泥混凝土，成功建成世界首座无缝特高拱坝；安全高效完成世界最大地下洞室群开挖支护，精品地下电站亮点纷呈；全面打造泄洪洞精品工程，抗冲耐磨混凝土过流面呈现镜面效果。与此同时，白鹤滩水电站全面推动设计、管理、施工、重大装备等全产业链由"中国制造"向"中国创造"和"中国智造"转型，并在开发模式、设计理论、建设管理、关键技术、质量标准、智能建造、绿色发展等多方面实现了从优秀到卓越、从一流到精品的升级，全面建成了世界一流的精品工程，登上水电行业"珠峰"。

从三峡到白鹤滩，中国水电工程建设完成了从"跟跑""并跑"再到"领跑"的历史性跨越。这样的发展在外界看来是一种"蝶变"，但只有身在其中奋斗过的人才明白，这是建设者们几十年备尝艰辛、历尽磨难后实现的全面跨越。从三峡到白鹤滩，中国水电成为推动世界水电技术快速发展的重要力量。白鹤滩建设者们经历了长时间的探索和深刻的思考，通过反复认知、求索、实践，系统梳理和累积沉淀形成了可借鉴的水电建设管理经验和工程技术，进而汇集成书，以期将水电发展的过去、当下和未来联系在一起，为大型水电工程建设和新一代"大国重器"建设者提供借鉴与参考。

"金沙江白鹤滩水电站工程建设管理丛书"全套共20分册，分别从关键技术、工程管理和建设文化等多维度切入，内容涵盖了建设管理、规划布置、质量管理、安全管理、合同管理、设备制造及安装等各个方面，覆盖大坝、地下电站、泄洪洞等主体工程，囊括了土建、灌浆、金属结构、机电、环保等多个专业。丛书是全行业对大型水电建设技术及管理经验进行全方位、全产业链的系统总结，展示了白鹤滩水电站在防洪、发电、航运及生态文明建设方面作出的巨大贡献。内容既有对特高拱坝温控理论的深化认知、卸荷松弛岩体本构模型研究等理论创新，也包含低热水泥筑坝材料、

800MPa 级高强度低裂纹钢板制造等材料技术革新，同时还囊括 300m 级无缝混凝土大坝快速优质施工、柱状节理玄武岩坝基及巨型洞室群开挖和围岩变形控制、百万千瓦水轮发电机组制造安装、全工程智能建造等施工关键核心技术。

丛书由工程实践经验丰富的专业技术负责人及学科带头人担任主编，由国内水电和相关专业专家组成了超强编撰阵容，凝聚了中国几代水电建设工作者的心血与智慧。丛书不仅是一套水电站设计、施工、管理的技术参考书和水利水电建设管理者的指导手册，也是一部三峡水电建设者"治水兴邦、水电报国"的奋斗史。

白鹤滩水电站的技术和经验既是中国的，也是世界的。我相信，丛书的出版，能够为中国的水电工作者和世界的专家同仁开启一扇深入了解白鹤滩工程建设和技术创新的窗口。期待丛书为推动行业科技进步、促进水电高质量绿色发展起到有益的作用。

作为中国水电事业的建设者、奋斗者，见证了中国水电事业的发展和历史性的跨越，我深感骄傲与自豪，也为丛书的出版而高兴。希望各位读者能够从丛书中汲取智慧和营养，获得继续前行的能量，共同推进我国水电建设高质量发展更上一个新的台阶，谱写新的篇章。

借此序言，向所有为我国水电建设事业艰苦奋斗、抛洒心血和汗水的建设者、科技工作者、工程师们致以崇高的敬意！

中国工程院院士

2023 年 12 月

序

　　白鹤滩水电站是金沙江下游四个梯级电站的第二级。位于四川省宁南县和云南省巧家县境内，是当前我国第二大水电站，是国家"西电东送"的骨干电源点，是长江流域防洪体系的重要组成部分，是促改革、调结构、惠民生的大国重器。水电站主要建筑物包括混凝土双曲拱坝、地下引水发电系统和泄洪消能建筑物。地下厂房洞室群规模世界第一，采用首部开发方案，布置全球单机容量最大的百万千瓦水轮发电机组。由于地下厂房洞室数量众多且地质条件复杂，洞室开挖围岩稳定变形控制是地下厂房工程建造的难题，也是确保白鹤滩水电站工程长期稳定安全运行的关键所在。

　　在白鹤滩水电站地下厂房的建设过程中，参建各方坚持技术、管理等全方位创新，设计、研发、制造并应用了一系列新技术、新装备、新工艺、新理念、新制度，实现了地下厂房洞室群安全、高效、优质建设。《白鹤滩水电站地下厂房工程》一书全面介绍了白鹤滩水电站地下厂房工程的技术进展，系统地总结了其建设管理的成功经验。

　　白鹤滩水电站地下厂房工程建设中取得的一系列创新成果，包括建立了多方联动的动态调控闭环管理体系，提出了"认识围岩、利用围岩、保护围岩"的新理念，实现了特大地下洞室群安全稳定开挖；提出全时空多维度分层分区分序弱爆破开挖、及时跟进支护控制围岩变形的理论与技术，解决了围岩变形控制难题；研发了全局通风与定点清浊相结合的绿色散废治理技术，实现了有害气体、粉尘浓度的高标准控制；研制了新型自行式岩壁梁浇筑台车和平行水工隧洞群变断面过洞衬砌台车等一系列混凝土浇筑装备，形成了免装修清水混凝土施工工艺工法。白鹤滩水电站地下厂房成功应用的一系列创新成果确保了围岩稳定，提高了施工效率与质量，将我国地下工程建设水平提升到一个新高度。

　　白鹤滩水电站地下厂房洞室群从技术上攻克了复杂地质条件巨型地下空间建设的世界级难题，自完成开挖支护以来一直保持安全稳定。建设团队创造了 18 个月完成百万千瓦级机组混凝土浇筑的行业新记录，同时也为地下工程建设培育了一批出类拔萃的技术管理干部和优秀的施工队伍。白鹤滩水电站地下厂房建设的成功实践历程，凝聚了建设者攻坚克难、勇攀高峰的奋斗精神，传承和发扬了"科学民主、求实创新、团结协作、勇于担当、追求卓越"的三峡精神。其成功建设经验将对今后国内外巨型引水发电系统的设计规划与施工产生深刻长远的影响。

翻阅本书后，看到我们的工程建设者做出的努力与实现的工程技术突破，甚感欣慰、欢欣鼓舞。这本书将我国水电建设人的实力与素质、建设者的风貌和情怀蕴涵其中，是白鹤滩水电站地下厂房工程建设经验的重要成果。我坚信本书会对同类工程建设有所启发，在白鹤滩水电站地下厂房工程的引领下，相信后续工程在技术和管理水平会再上一个新台阶。

中国工程院院士

2023 年 12 月

前言

　　白鹤滩水电站是当今世界在建规模最大、技术难度最高的水电工程，为仅次于三峡工程的世界第二大水电站，是国家"西电东送"的骨干电源，是长江流域防洪体系的重要组成部分，是促改革、调结构、惠民生的大国重器。水电站开发任务以发电为主，兼顾防洪、航运，并促进地方经济社会发展。

　　地下厂房承担引水发电的任务，是白鹤滩水电站三大主体工程之一。由于地质条件复杂，洞室开挖围岩稳定变形控制是地下厂房工程建设的核心任务，是实现地下厂房安全高效建造、决定白鹤滩水电站长期安全稳定运行的关键所在。

　　白鹤滩水电站地下厂房洞室群结构复杂，规模巨大，挖空率高，地质条件异常复杂，洞室开挖围岩稳定控制难度大，施工组织难度大，安全风险高，综合技术难度显著高于同类工程。

　　在白鹤滩工程建设过程中，确立了"打造世界一流地下厂房，安全高效建成精品地下电站"的建设目标，构建了"业主主导、专业咨询，优化调整、动态设计"的管理思路。在建设方的统筹下，形成了业主、设计、监理、施工的传统参建四方，和监测单位、科研院校、行业专家组成的多方联动的动态调控闭环管理体系。在地下厂房建设过程中，建立了一系列操作性强和时效性高的个性化管理制度。基于建设目标，制定并实施了"立足工程定位、把握主要矛盾，防控重大风险、追求卓越品质，开创一流业绩、实现多方共赢"的建设理念，打造出新时代精品地下厂房工程，实现了地下厂房安全文明高质量建设。

　　在白鹤滩工程建设中，创新形成并应用了以下关键技术：为实现白鹤滩水电站地下厂房洞室群安全优质高效建造，提出了全时空多维细化分层分区分序弱爆破开挖、及时跟进支护控制初期变形、防止高地应力环境下岩石向深层次产生破裂的理论与技术；应用了全螺纹玻璃纤维等新式锚杆、新型压浆剂施工压力分散型预应力锚索等支护新法；开发了复杂密闭洞室群通风散废施工仿真系统和流体动力学数值模拟程序，提出并应用了"分期布局、新污分流、送排结合、变频节能"全局通风与"喷淋隔断+雾化降尘"定点清浊相结合的绿色散废治理技术；研发了一系列混凝土浇筑新装备，形成了以维萨板立模、"明缝条+倒角条"拼缝为基础、精细化施工及三严管理为核心的免装修清水混凝土施工工艺工法。从技术上攻克了复杂地质环境超大地下空间建设的世界级难题，全面实现了白鹤滩水电站地下厂房工程安全、优质建设。

通过上述创新技术成果的应用，取得了以下建设成就：

（1）建成了世界上最大规模的巨型地下洞室群精品工程，树立了行业标杆。

（2）丰富了巨型地下洞室群开挖围岩稳定的理论与方法，为岩石力学发展作出了贡献。

（3）掌握了巨型地下洞室群开挖围岩稳定关键技术，攻克了复杂地质条件下巨型地下洞室群开挖稳定的世界级难题，推动了地下工程的技术进步。

（4）研发应用了一系列先进装备，实现了地下厂房工程的安全、优质、高效施工，推动了水电工程施工装备的提升。

（5）创新了管理理念与管理模式，提高了水电工程的建设管理水平。

通过总结白鹤滩工程建设技术成果及管理经验，旨在为后续同类工程建设提供参考和借鉴。本书从洞室群设计、建设管理、施工规划与布置、洞室群开挖与支护、混凝土工程等方面，全面、系统地总结了白鹤滩水电站地下厂房建造关键技术、管理经验及创新成果，是地下厂房工程建设、设计、施工、监理、科研等参建各方智慧的结晶，可供相关专业的技术人员、管理人员和科研人员参考，也可供高等院校师生参阅。愿本书能为推动我国地下电站的设计、施工和管理水平的整体提升作出有益贡献。

本书的编著得到了参建单位、科研单位、高等院校等方面的大力支持，也获得了业内知名专家学者的悉心指导。在此，谨向给予指导帮助的同仁和专家表示诚挚感谢！

鉴于作者的学识和水平有限，书中的疏忽与不足之处在所难免，恳请读者批评指正。

作者

2023 年 12 月

目录

第1章 绪论

1.1 工程概况

1.1.1 白鹤滩水电站概况

长江是我国的第一大河流，其中直门达以上河段称为通天河，直门达至宜宾河段称为金沙江，宜宾以下河段称为长江。金沙江全长 3364km，落差占长江总落差的 95% 以上，其中，虎跳峡以上河段为上游，虎跳峡至攀枝花河段为中游，攀枝花至宜宾河段为下游。金沙江水资源和水能资源丰富，水量丰沛且稳定，落差大而集中，水能资源蕴藏量约 1.2102 亿 kW，约占全国总量的 17.4%，是我国最大的水电能源基地。金沙江下游河段全长为 768km，区间流域面积为 21.4 万 km²，落差超 700m，河道平均比降为 0.93‰，是金沙江水力资源最为富集的一段，水能资源理论蕴藏量为 29080MW。

中国长江三峡集团肩负国家赋予的"建设三峡、开发长江"历史使命，继三峡工程之后，溯江而上，主动服务长江经济带发展，推动清洁能源产业升级，相继完成金沙江下游向家坝水电站、溪洛渡水电站、乌东德水电站、白鹤滩水电站四个梯级电站的滚动开发，与三峡工程、葛洲坝工程共同构成了世界最大清洁能源走廊。构成长江干流水电清洁能源走廊的各水电站分布如图 1.1-1 所示。

白鹤滩水电站是金沙江下游四个梯级电站的第二级，总装机容量为 1600 万 kW，位于四川省宁南县和云南省巧家县境内。上游距离乌东德水电站坝址约 182km，下游距离溪洛渡水电站坝址约 195km。白鹤滩水电站坝址控制流域面积为 43.03 万 km²，占金沙江总流域面积的 91%，多年平均流量为 4170m³/s，多年平均径流量为 1315 亿 m³。白鹤滩水电站工程全景如图 1.1-2 所示。

白鹤滩水电站坝址区属中山峡谷地貌，地势北高南低，向东侧倾斜。左岸为大凉山山脉东南坡，山峰高程约 2600.00m，整体上呈向金沙江倾斜的斜坡地形；右岸为药山山脉西坡，山峰高程在 3000.00m 以上，主要为陡坡与缓坡相间的地形。坝区主要出露二叠系上统峨眉山组玄武岩，上覆三叠系下统飞仙关组砂岩、泥岩，地层呈假整合接触，根据喷发时序共划分为 11 个岩流，岩流层的顶部凝灰岩均有不同程度的构造错动，在各岩流层内发育有大量层内错动带。

工程区地处亚热带季风区，属典型的金沙江干热河谷大风气候。多年平均气温为 21.9℃，极端最高气温为 42.7℃，极端最低气温为 0.8℃，极端气温温差大、昼夜温差变化明显；大风频发，全年 7 级以上大风约 240d；多年平均降雨量为 733.4mm，多年平均蒸发量为 2231.4mm，多年平均相对湿度为 66%，干湿季节分明。

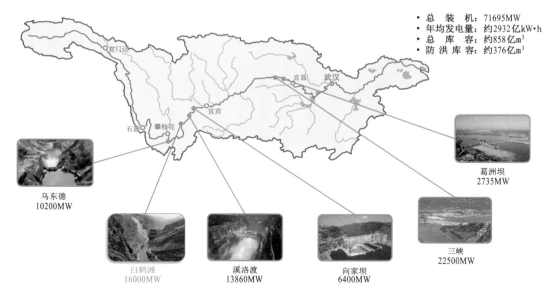

- 总 装 机：71695MW
- 年均发电量：约2932亿kW·h
- 总 库 容：约858亿m³
- 防 洪 库 容：约376亿m³

乌东德
10200MW

白鹤滩
16000MW

溪洛渡
13860MW

向家坝
6400MW

三峡
22500MW

葛洲坝
2735MW

图 1.1-1　长江干流水电清洁能源走廊

图 1.1-2　白鹤滩水电站工程全景

　　在建设阶段，白鹤滩水电站为世界上规模最大、技术难度最高的水电工程，建成后也是仅次于三峡工程的世界第二大水电站，如图 1.1-3 所示。白鹤滩水电站是国家"西电东送"的骨干电源，是长江流域防洪体系的重要组成部分，是促改革、调结构、惠民生的大国重器，其开发任务为以发电为主，兼顾防洪、航运，并促进地方经济社会发展。

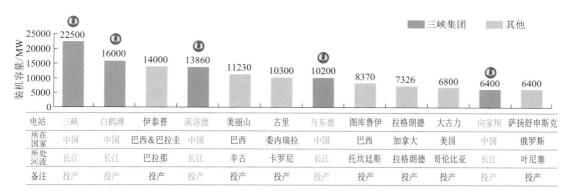

图 1.1-3 世界前十二大水电站一览图

　　白鹤滩水电站工程规模巨大，地质条件复杂，气候恶劣，面临首次运用柱状节理玄武岩作为特高拱坝基础、巨型地下洞室群围岩开挖稳定、特高拱坝抗震设防烈度最高、首次全坝使用低热水泥混凝土、高流速巨泄量无压直泄洪洞高标准建设等一系列世界级技术难题，主要技术指标位居世界水电工程前列，综合技术难度为同类工程之首。

　　白鹤滩水电站枢纽由拦河坝、泄洪消能设施、引水发电系统等主要建筑物组成，如图 1.1-4 所示。拦河坝为混凝土双曲拱坝，坝后设水垫塘与二道坝。坝顶高程834.00m，最大坝高289m；枢纽泄洪设施由 6 个表孔、7 个深孔和左岸 3 条无压直泄洪洞组成，坝身最大泄量为30000m³/s，泄洪洞单洞泄洪规模为4000m³/s；地下厂房采用首部开发方案布置，左、右岸各布置8台单机容量100 万 kW 的大型水轮发电机组，机组的研发、制造、安装全部实现国产化；引水隧洞采用单机单管供水，尾水系统2 台机组合用一条尾水洞，左、右岸各布置 4 条尾水隧洞，其中左岸 3 条、右岸 2 条结合导流洞布置。

　　白鹤滩水电站工程为Ⅰ等大（1）型工程，挡水建筑物、泄洪建筑物、电站进水口洪水标准采用 1000 年一遇洪水设计，10000 年一遇洪水校核；电站厂房采用 200 年一遇洪水设计，1000 年一遇洪水校核；水垫塘及二道坝等消能防冲建筑物按 100 年一遇洪水设计，1000 年一遇洪水校核。

　　白鹤滩水电站多年平均发电量为 624.43 亿 kW·h，在满足同等电力系统用电需求的条件下，每年可节约燃煤 1968 万 t，减少排放 CO_2 约5160 万 t、SO_2 约 17 万 t、NO_x 约 15 万 t，减少烟尘排放量约 22 万 t，环境效益显著，对促进国家能源结构优化、实现碳达峰碳中和目标具有重要作用。工程建成后，可使下游各梯级电站保证出力增加85.3 万 kW，年发电量增加24.3 亿 kW·h，枯水期电量增加92.1 亿 kW·h，明显改善下游各梯级的电能质量，梯级效益显著。

　　白鹤滩水电站正常蓄水位为825m，死水位为765m，防洪限制水位为785m。水库总库容为 206.27 亿 m³，调节库容为 104.36 亿 m³，防洪库容为 75 亿 m³，为长江干流防洪体系的骨干工程，可有效减少长江中下游地区的成灾洪水和分洪损失。水库蓄水后，形成的常年回水区河段长 145km，通过金沙江下游 4 座水库的综合运用，可进一步提升长江航运"黄金水道"的功能。

3

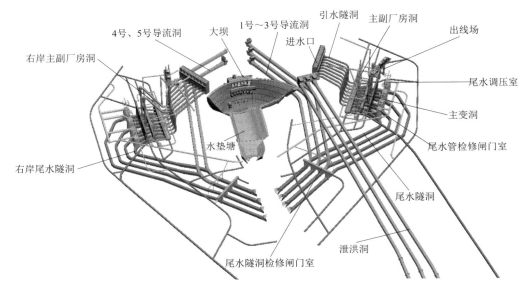

图 1.1-4　白鹤滩水电站枢纽建筑物布置图

白鹤滩水电站建设期间直接用于枢纽工程和库区建设的资金超过 1700 亿元，拉动四川省、云南省 GDP 增量合计超过 3000 亿元，有效促进了地方经济发展，增加了就业机会和税收，实现了地方产业结构、交通条件、基础设施等的全面升级，生态环境明显改善，人民生活水平显著提高，电站建设对金沙江下游地区经济社会发展意义重大。

白鹤滩水电站工程总工期 144 个月，其中准备期 40 个月，主体工程施工期 80 个月，完建期 24 个月。工程建设的主要里程碑如下：

2006 年 5 月，《白鹤滩水电站预可行性研究报告》通过审查。

2010 年 10 月，国家发展和改革委员会批复同意白鹤滩水电站开展前期工作。同月，工程开始筹建。

2011 年 1 月，四川、云南两省人民政府发布白鹤滩水电站"封库令"。

2015 年 11 月，国家环境保护部批复通过《金沙江白鹤滩水电站环境影响评价报告书》。

2016 年 3 月 3 日，国家环境保护部对白鹤滩水电站"三通一平"等工程进行竣工环境保护验收。

2016 年 6 月，《白鹤滩水电站可行性研究报告（枢纽部分）》通过审查。

2016 年 11 月，《白鹤滩水电站建设征地移民安置规划报告》通过审查。

2017 年 7 月 31 日，白鹤滩水电站工程通过国家核准。

2021 年 3 月 15 日，白鹤滩水电站工程通过蓄水阶段环境保护验收。

2021 年 3 月 19 日，白鹤滩水电站工程通过蓄水阶段水土保持设施验收。

2021 年 4 月 6 日，完成枢纽工程蓄水验收，水库开始蓄水。

2021 年 6 月 28 日，首批机组投产发电。

2022 年 10 月 24 日，首次蓄水至正常蓄水位 825m。

2022 年 12 月 20 日，全部机组投产发电。

1.1.2　地下厂房工程概况

白鹤滩水电站左右岸地下厂房各布置 8 台单机容量为 100 万 kW 的水轮发电机，单机容量位居世界第一。施工区隧洞总长度达 217km，洞室开挖量达 1300 万 m³。四大洞室开挖边界空间范围内的挖空率高达 37%，地下洞室群规模世界第一。

如图 1.1-4 所示，白鹤滩水电站左右岸引水发电系统由进水口、压力管道、主副厂房、主变室、尾水调压室及尾水管检修闸门室、尾水隧洞、尾水隧洞检修闸门室、尾水出口等建筑物组成。

引水建筑物和尾水建筑物分别采用单机单洞和两机一洞的布置形式，左岸 3 条尾水隧洞、右岸 2 条尾水隧洞均结合导流洞布置。

电站进水口采用岸塔式，8 个进水口平面上呈"一"字形分布。进水口均按分层取水设计，拦污栅和闸门井集中布置。进水口塔体最大高度为 105m。

压力管道按单机单管竖井式布置，由进口渐变段、上平段、渐缩段、上弯段、竖井段、下弯段、下平段组成，其中上平段采用钢筋混凝土衬砌，其余采用钢衬。

白鹤滩地下厂房采用首部开发方案布置，长 438m，岩壁梁以上宽 34m，岩壁梁以下宽 31m，高 88.7m，为世界上已建水电工程中跨度最大的地下厂房。

主变洞布置在主副厂房洞的下游侧，由母线洞与主副厂房洞相连，两者间岩壁净距为 60.65m。主变洞总长 368m，宽 21m，高 39.5m。

尾水管检修闸门室布置于主变洞与尾水调压室之间，闸门室跨度为 12.1~15.0m，长 374.5m，直墙高 30.5~31.5m。

尾水调压室两机共用一室，采用圆筒阻抗式。1 号~8 号尾水调压室开挖直径为 43~48m，调压室开挖高度为 107.91~124.65m。

尾水隧洞采用两机一洞的布置格局，左、右岸各布置 4 条尾水隧洞，平面上呈近似平行布置，中心线间距为 60m。左岸单条尾水隧洞总长 1110.1~1695.8m，右岸单条尾水隧洞总长 1006.8~1744.9m。

尾水出口采用地下竖井式，检修闸门室通长布置，开挖跨度为 9.1（闸室）~15.0m（顶拱），长 250.0m，高 22.53m。

1.2　地下厂房建设发展历程及现状

1.2.1　国外地下厂房建设情况

第一座地下式电站为 Lonza AG 公司于 1897 年修建的瑞士 Vernayaz 电站，此电站位于 L'Eav Noire 河（莱茵河支流），装有 3 台水斗式水轮机，一部分安装在厂房内，一部分置于岩体中。水头为 500m，流量为 0.1~1.5m³/s。几次增容改造后，装机容量约 5100kW。1907 年，德国建造了另一座同类型的半地下式水电站——布赫伯尔格米列（Buchbergmuhle）发电站，厂房局部埋入地下。该电站分两级开发，发电机位于地上的主机室内，第二级的水轮机安装于地下。第一级装有 4 台卧轴混流式机组，水头为 72m，引用流量为 $4m^3/s$，总装机容量为 2400kW（3×550kW+1×750kW）；第二级电站位于埋深 65m、直径 4m 的竖井中，装有 2 台立轴混流式机组，由第一级电站的尾水经奥黑（Ohe Creek）河改道提供 $0.5m^3/s$ 的流量进行发电，净水头为 26m，总装机容量为 1500kW（2×750kW）。

1907—1940 年，全球共建造了 29 座地下水电站，总装机容量约 100 万 kW。1940—1956 年，投入运行的地下水电站达 97 座，总装机容量达 1100 万 kW。欧洲国家率先掀起建造地下水电站的浪潮，如意大利、瑞典、瑞士、挪威和法国等，第二次世界大战后，地下水电站的建设在美洲、非洲、亚洲以及澳洲各国加速发展。当时，很多国家地下水电站的发电量占全部水电站发电量的比重较大，例如在意大利，地下水电站发电量超过全部水电站发电量的 30%，在挪威超过 40%，在瑞典约为 50%。

20 世纪 50 年代以来，由于新的挖掘技术和大型施工机械的出现，世界上很多国家，如加拿大、澳大利亚和巴西等国，都在短期内修建了特大容量和规模的地下水电站，发展十分迅速。以加拿大为例，于 1954 年建成了装机容量 165 万 kW 的季马诺（Kemano）水电站地下厂房，接着于 1967 年建成了装机容量为 237 万 kW 的贝内特（Bennett）水电站地下厂房，1974 年建成当时世界上最大的、装机容量为 522.5 万 kW 的丘吉尔瀑布（Churchill Falls）水电站地下厂房。据不完全统计，至 20 世纪 90 年代，建成的地下水电站约有 350 座，总装机容量近 4000 万 kW。最大的一座为加拿大的拉格朗德二级（La Grande Ⅱ）水电站，装机 16 台，容量为 533 万 kW，地下厂房尺寸为 483.0m×26.0m×47.3m（长×宽×高），岩石开挖量为 250 万 m^3。其次是加拿大的丘吉尔瀑布水电站，装机 11 台，容量为 522.5 万 kW，地下厂房尺寸为 300.0m×24.5m×45.5m（长×宽×高），岩石开挖量为 175 万 m^3。

此外，同时期的抽水蓄能地下水电站发展迅速。据 1970 年统计情况，美国地下水电站装机容量为 550 万 kW，其中 430 万 kW 为抽水蓄能地下水电站装机容量，比重达 78%。意大利抽水蓄能地下电站装机容量占总地下水电站装机容量的比重约 31%，瑞士为 24%，法国和比利时为 38%，日本为 40%，奥地利为 46%。

据统计，至 2017 年，挪威每年的发电量为 1500 亿 kW·h，其中 99% 以上的电力来自水力发电。而自 1950 年起，地下水电站开始逐步成为挪威电力的主要来源。在全球 600~700 座地下发电站中，有 200 多座地下电站位于挪威，约占全球总数的三分之一。

1.2.2 我国地下厂房发展历程

与该领域的其他先进国家相比，我国的水电站地下厂房建设起步相对较晚。20 世纪 50 年代以前，在经济技术水平十分薄弱的条件下，我国开始了地下水电站建设。20 世纪 80 年代之后，我国通过对先进技术的引进、消化、吸收和改进，设计理论不断创新，施工技术更新换代，又好又快地建成了一批高水平的地下水电站，并积累了丰富的经验。近 20 年，在我国西南高山峡谷地区水能资源的开发过程中，地下厂房成为选用最多的电站布置形式，地下电站的相关工程技术得到了高速发展，并建立了世界范围内的领先优势。

整体而言，我国的水电站地下厂房建设大致可以划分为起步、跟跑、并跑、领跑 4 个阶段。

（1）起步阶段。1939 年，我国建成了最早的溶岩地下电站、我国第一座地下水力发电厂——天门河水电站，装机容量为 580kW，标志着我国进入了水电站地下厂房建设的起步阶段。中华人民共和国成立后，我国第一座地下水电站厂房——古田溪一级水电站于 1956 年投入运行，装机容量为 6.2 万 kW。在这一阶段，地下厂房工程的特点表现为发展极其缓慢、数量极少、规模很小。地下工程施工以手风钻开挖爆破、人工出渣为主，围岩稳定性控制以支架支撑防止塌方的被动支护为主，施工速度慢，效率低，安全问题突出。

（2）跟跑阶段。20 世纪 50—80 年代，白山（装机 90 万 kW，1974 年投产发电）和刘家峡（装机 122.5 万 kW，1984 年投产发电）等一批水电站地下厂房工程陆续建成，地下水电站总装机容量步入百万千瓦级，单机容量达到 30 万 kW，标志着我国进入了水电站地下厂房发展的跟跑阶段。1963 年，陆浑水库增建泄洪洞，开始研究光面爆破技术，采用喷锚支护设计，取得了良好的成效。在这一阶段，我国的地下厂房工程建设取得了一定的发展，技术也得到了相应的提高，但由于经济、技术等多方面受限，我国在地下水电站建设方面仍然落后于发达国家。

（3）并跑阶段。从 20 世纪 80 年代初至 20 世纪末，广蓄一期（装机 120 万 kW，1993 年投产发电）、广蓄二期（装机 120 万 kW，1999 年投产发电）、天荒坪（装机 180 万 kW，1998 年投产发电）、二滩（装机 330 万 kW，1998 年投产发电）等一批大型地下厂房的成功建设，极大地推动了我国地下厂房设计、建设和安全控制技术的发展。截至 1999 年，我国已建成地下厂房近 40 座，标志着我国在地下厂房建设方面实现了质的突破。我国水电站地下厂房洞室群建设水平逐渐达到国际先进水平，进入了并跑阶段。在这一阶段，我国地下厂房工程的特点表现为：设计质量高、施工速度快、安全性好，普遍达到了预期目标。

（4）领跑阶段。从 21 世纪初开始，我国陆续开工建设了龙滩、三峡右岸、向家坝、溪洛渡、白鹤滩、乌东德、锦屏、小湾等水电站的巨型地下厂房，以及泰安、西龙池、惠州、丰宁、长龙山等大型抽水蓄能电站地下厂房。溪洛渡水电站、白鹤滩水电站的地下厂房规模位居世界前列，为这一阶段的里程碑工程，标志着我国进入了水电站地下厂房发展的领跑阶段。这一时期地下厂房建设特点为单机大容量、洞室大跨度、开挖大规模、稳定高难度。这些工程的建设，不仅积累了丰富的地下工程设计与施工经验，而且将我国的地下工程建设推上一个崭新的高度。许多方面赶上了世界先进水平，诸多技术指标已领先于全世界。

当前国内外部分代表性大中型地下厂房的洞室尺寸比较如表 1.2-1 所示。

表 1.2-1　国内外部分大中型地下厂房洞室尺寸

工程名称	国家	围岩特性	厂房尺寸（长×宽×高）/(m×m×m)	上覆岩体厚度/m	相邻洞室最大洞跨/m	洞室间岩柱厚度/m
白鹤滩	中国	柱状节理玄武岩	438.0×34.0×88.7	260~540	34	60.65
溪洛渡	中国	玄武岩、角砾熔岩	439.7×31.9×75.6	300~400	31.9	47.65

工程名称	国家	围岩特性	厂房尺寸（长×宽×高）/(m×m×m)	上覆岩体厚度/m	相邻洞室最大洞跨/m	洞室间岩柱厚度/m
乌东德	中国	灰岩、大理岩、白云岩	333.0×32.5×89.8	250~550	32.5	45.0
小湾	中国	黑云花岗片麻岩和角闪斜长片麻岩	399.0×31.5×77.6	300	31.5	54.0
龙滩	中国	砂岩、粉砂岩和泥板岩互层	388.5×30.3×74.6	200	30.3	43.0
丘吉尔瀑布	加拿大	RQD 为 95%~100%	296.0×25.0×46.9	256	25.0	29.6
瀑布沟	中国	中粗粒花岗岩	290.7×32.1×70.0	300	32.1	45.0
二滩	中国	正长岩、辉长岩及变质玄武岩	280.3×30.7×65.4	200~400	30.7	35.0
锦屏一级	中国	大理岩夹绿片岩	285.2×29.6×68.7	180~250	29.6	43.15
向家坝	中国	砂岩，平均 RQD 为 82.7%	255.4×33.4×85.5	110~200	33.4	39.0
三峡	中国	闪云斜长花岗岩及闪长岩	235.0×32.0×83.8	80~90	32.0	34.1
小浪底	中国	页岩、砂岩	251.5×26.2×57.9	70~100	26.2	32.8
卡布拉巴萨	莫桑比克	岩体完整性较好，无断层，少量岩脉	216.7×28.9×57.0	230	28.9	44.0
新高瀬川	日本	岩体比较完整，有 2 组明显的共轭节理	163.0×27.0×54.5	276	27.0	41.5
玉泉抽水蓄能电站	日本	岩石节理少，岩石细密、坚硬	116.0×28.5×44.5	270	28.5	39.6

1.2.3 我国地下厂房建设技术发展

随着我国能源、水利发展战略的实施，受我国水电资源的禀赋决定，在高山峡谷区建设大型水电站，大多采用地下引水发电系统的开发方式。此外，抽水蓄能电站也以地下工程为主，大型调水工程中的深埋长大水工隧洞与地下泵站不断涌现。依托这些国家重点工程、重大项目的建设，通过集成创新与自主创新，我国水利水电地下工程的建造技术取得了巨大的进步，为"确认中国水电发展处于全球领先地位，并且在国际上也发挥着越来越重要的作用"做出了卓越的贡献。

截至 2015 年，我国已建成 120 余座地下水电站，尤其是随着龙滩、小湾、三峡右岸、彭水、构皮滩、官地、瀑布沟、糯扎渡、锦屏一级、锦屏二级、向家坝、溪洛渡、乌东德、白鹤滩等水电站的建成与投产，标志着我国已成为全球建造地下水电站数量最多、综合建造能力最强、技术水平领先的国家。我国在地下水电站建造领域所取得的技术进展主要反映在以下 3 个方面。

1. 勘察设计理念和技术的不断进步

通过引进、借鉴、消化、吸收、改进国外地下工程建设的先进技术，我国在地下工程的地质勘察技术、岩体力学理论与方法、原位观测设备和技术等方面不断更新换代，推动了地下厂房洞室群设计理论和方法的不断突破，实现了理念上的转变和技术上的创新。

（1）围岩稳定性和支护概念的转变。围岩的卸荷与变形、松弛、破坏、失稳机理、围岩与支护的联合承载机制是围岩支护新技术的理论基础。20 世纪 70 年代，新奥法的引进改变了先前单纯视围岩为荷载的旧概念，建立了围岩自承载体的新思路，实现了设计理念的重大突破。

（2）原型观测与数值仿真技术的有效结合。原位测试和仿真技术的进步为理论计算和分析方法的改进提供了强有力的支持。在围岩稳定分析工作中，已逐步建立并成熟应用"反复校正、逐步贴近、及时调控"的动态设计方法。根据具体工程的结构特征、围岩特性及工程需要，选用适宜的数值仿真分析方法，通过预设计和多次反演校正，建立包括支护参数、开挖程序、支护时机在内的实施方案，并在施工过程中加强监测和反馈分析，及时发现问题，采取适宜的补强措施。由此，形成了一整套动态支护技术，使围岩支护措施更为有效、更加合理。

（3）厂房岩壁吊车梁技术的引进与推广应用。自从 1985 年鲁布革水电站地下厂房首次引进挪威的岩壁吊车梁技术后，我国地下厂房基本废弃了传统的混凝土柱子支撑吊车梁的方案。岩壁吊车梁的应用也是地下工程设计理论更新的重要标志，即视围岩为承载体。在地下厂房开挖过程中，在相应部位开挖岩台安装两排受拉锚杆和一排受压锚杆后即可浇筑岩壁梁，厂房开挖尚未完全结束便可安装和调试吊车，并为混凝土浇筑和肘管、蜗壳等金属结构预埋件安装提供吊运手段，从而大大加快了后续工序的进程。

（4）先进勘察技术在地质勘探中的应用。地下厂房初步选址一般根据地质测绘及勘探结果，经过比选确定。针对初选的厂房位置，在厂顶高程附近布置纵横交叉的勘探平洞，再在平洞中布置钻孔进行厂区地质条件的全面勘察。目前，平洞节理裂隙采集与网络模拟、岩土试验、钻孔彩色电视录像、水压致裂、应力解除、声发射初始地应力场测量、施工地质超前预报等先进手段广泛应用于地下厂房的勘探工作中。这些技术的应用极大提高了地质勘探的工作效率和成果的准确性。

2. 地下厂房工程施工技术的日趋成熟

20 世纪 80 年代以前，我国地下工程一直采用手风钻钻孔、钢木支撑的传统施工方法。以鲁布革水电站建设为转折点，开始采用喷锚支护和其他先进施工技术。经过二三十年的探索与实践，我国地下工程的总体施工水平有了很大的提高，主要表现在如下方面。

（1）科学优化总体施工方案。大型地下水电站的洞室群多达百余个，通过合理布置施工支洞，使洞室群成为既不互相干扰又能有机联系、得以实现多工作面平行施工的整体。根据地下厂房尺度大、工序多的特点，采用"平面多工序、立体多层次"的施工方法，为洞室群的顺利快速施工创造了有利条件。

（2）多项措施保证围岩稳定。根据围岩荷载释放规律，合理确定开挖层高度，控制围岩荷载释放速率，避免围岩过快变形。采取中心超前拉槽、两侧保护层跟进的措施以及应用预裂爆破等技术，减轻开挖爆破对围岩的破坏。合理安排相邻洞室的开挖顺序，减少相互影响、避免不利因素的叠加。

（3）采用先进的造孔和爆破技术。先进测量技术和导向定位架的应用得以精确控制钻孔方向，有助于提高爆破效率和效果。光面爆破技术、预裂爆破技术以及高性能爆破器材、精密引爆网络设计的有效配合，提高了岩壁吊车梁岩台等高难度轮廓控制部位的成形质量，使得总体开挖质量有了很大提高；采取控制爆破技术，有效控制了爆破质点振动速度、降低了对保留岩体性能的不利影响。

（4）建立现场监测快速反应机制。有针对性地布置现场监测系统，根据开挖过程中暴露出来的地质情况，结合监测采集的数据，及时采取包括调整爆破参数、优化爆破措施、改进开挖方案和支护加固等调控手段，对确保洞室群的围岩稳定和安全顺利施工发挥了很大作用。

（5）新技术、新工艺、新设备的应用。通过钢纤维及聚丙烯微纤维喷混凝土、水泥基药卷式锚杆、预应力锚索钢板锚墩、多臂凿岩台车、钻杆三联机等新技术、新工艺、新设备的应用，提高了开挖与支护效率，大大加快了施工进度。

3. 开挖施工机械化的发展与开挖技术的完善

开挖是地下工程施工的关键环节，占据施工成本、施工周期的绝大部分。钻爆法是水工隧洞开挖施工最成熟的方法，"精细爆破、适时锚喷、监测反馈"是其技术核心，该方法适应的地质条件范围广，可实现各种断面施工，应变能力强，建造成本可接受程度高。随着国产地下工程施工装备的发展和进步，隧道掘进机、反井钻机等大型成套机械化设备在地下厂房洞室群开挖中得到了有效的推广应用。

（1）隧道掘进机（Tunnel Boring Machine，TBM），至今已有 60 多年的发展史，在技术上日趋成熟。掘进机分全断面掘进机和部分断面掘进机（悬臂式掘进机）。全断面掘进机又分为全断面岩石掘进机和盾构机两大类，为扩展全断面岩石掘进机对复杂地层的适应性，开发了单护盾、双护盾、三护盾掘进机。TBM 法机械化程度高，施工安全、速度快，劳动强度相对较小，施工环境良好。

（2）反井钻机引入水电系统。以往水电系统打斜井和竖井的导井时，一般采用 Alimak 爬罐或用手风钻通过上山法和下山法施工。Alimak 爬罐开挖导井成本高、工作面的作业环境差；用手风钻施工则速度慢。在反井钻机引入水电系统后，立即显示出了其强大的生命力。当前，地下洞室群的斜井、竖井多利用反井钻机打导井，该方法适应性强、效率高，不受高度限制；在需要的时候，可在适当的地方打通风井以改善地下洞室群的施工环境。

综上所述，经过 20 多年的发展，我国地下水电站建设的工程规模和技术水平都有了很大的发展和进步，在设计理念、勘测技术、施工技术、施工装备等方面都取得了巨大的进步，已具备在异常复杂、不良地质条件下建设超大地下电站的勘察设计技术及施工能力，为我国后续的高山峡谷区水电枢纽工程、抽水蓄能电站建设储备了坚实的技术基础，将有效推动水电建设事业的全面发展，对促进国家能源结构优化、实现碳达峰碳中和目标具有重要推动作用。

1.3　白鹤滩水电站地下厂房工程技术进展

1.3.1　关键技术难题

白鹤滩地下电站单机容量、主厂房跨度、尾水调压室尺寸及洞室群规模均为世界最大，集中布置程度位居前列，地质条件复杂。洞室开挖围岩稳定变形控制是地下工程建造的核心，按期为机电设备安装与调试运行创造条件，是决定白鹤滩水电站工程顺利投产的关键。白鹤滩水电站地下厂房施工需要解决的关键技术难题主要有地下厂房洞室群施工规划与布置、深埋地下洞室群通风散烟系统、复杂地质条件下巨型洞室群围岩稳定控制、深大竖井群安全开挖、大型地下厂房混凝土快速施工等几个方面。

（1）地下厂房洞室群施工规划与布置。白鹤滩水电站地下厂房洞室群数量众多、立体交叉、布置密集、相互关联，施工工序多，施工强度大，各洞室施工相互干扰大。如何有效进行地下厂房的分期/分区施工规划、进度统筹与安排、各部位/各阶段的施工通道布置、施工通排风布置、风水电供应是保障白鹤滩水电站地下厂房工程顺利建设的前提与关键。

（2）深埋地下洞室群通风散烟系统。通风散烟历来是地下洞室群施工的重点和难点，也是安全文明施工与改善作业环境的重要因素。拥有世界最大规模地下洞室群的白鹤滩水电站尤为之甚，其庞大的规模、复杂的布局以及高埋深给施工期通风散烟带来巨大的困难。

（3）复杂地质条件下巨型洞室群围岩稳定控制。白鹤滩水电站地下厂房区域地质条件异常复杂，围岩实测最大地应力超过 30MPa，以构造应力为主，最小强度应力比小于3，属高地应力区，层间（内）错动带发育、岩石硬脆易碎，围岩稳定控制难度极大，安全风险高，综合技术难度在世界水电史上名列前茅。

（4）深大竖井群安全开挖。白鹤滩水电站地下厂房洞室群包含规模庞大的竖井群，具有数量多（合计 74 条）、高度大（最高 288m）、断面大（最大直径 48m）等特点，存在受限空间内施工人员及物料垂直运输的安全风险，层间层内错动带、断层、长大裂隙发育、高地应力等复杂地质条件下的开挖变形风险，渗水或涌水治理等技术难题。深大竖井群的安全、高效开挖与支护难度极大。

（5）大型地下厂房混凝土快速施工。白鹤滩水电站地下厂房洞室群混凝土施工涵盖了进水塔混凝土、压力钢管外包混凝土、机组混凝土、岩壁吊车梁混凝土、隧洞衬砌混凝土、尾水调压室混凝土、竖井结构混凝土、框架结构混凝土等施工项目，各项目的施工环境、施工方法、技术要求差异很大，其混凝土施工环境复杂、质量安全要求高、浇筑工期紧。在提升施工质量、保障施工安全、提高施工效率等方面需要攻克诸多技术难题。

1.3.2　重大举措

针对白鹤滩水电站地下厂房工程建设中的施工布置与通排风、洞室群围岩稳定控制、深大竖井安全高效施工、混凝土快速施工，以及各系统、各专业间的施工协调等技术与管理难题，在工程实践中提出并有效实践了以下举措。

（1）明确建设目标和建设理念。建设伊始，就确立了"打造世界一流地下厂房，安全高效建成精品地下电站"的建设目标，建设过程始终秉承"立足工程定位、把握主要矛盾，防控重大风险，追求卓越品质，开创一流业绩、实现多方共赢"的建设理念。

（2）重大技术问题超前研究。在工程筹建期和主体工程开工前，即对相关技术难题开展专题研究，采取"设计为主、专业咨询、专家研讨、博采众长、结合实际、优化调整"的解决思路。通过设计单位与建设管理单位平行开展研究，综合行业专家意见和各方研究成果，逐步形成并不断优化实施方案。

（3）提出"认识围岩、利用围岩、保护围岩"的围岩稳定控制理念。通过开展"开挖一层、分析一层、反馈一层、总结一层"的仿真反馈分析工作，对围岩稳定进行预控预判，动态优化设计和指导施工；建立地质预报、支护预警、安全监测等安全风险预警预控措施。

（4）业主采购关键设备。由业主主导，采购先进的通排风设备，保证通风设备正常运行，保障健康、优良的作业环境，建立有效的运行机制；由业主牵头，在招标阶段组织国内有经验的施工、科研单位进行施工规划布置研究，经过评审后形成招标方案。

（5）全面开展精品工程建设。建设管理单位联合参建四方制定涵盖开挖与支护工程、混凝土工程、灌浆工程、金属结构工程、机电安装工程等各专业高于行业规范要求的精品工程质量标准，在建设实践中全面贯彻和实施。

1.3.3 技术发展与创新

针对白鹤滩水电站地下厂房工程的建设条件和技术要求，通过多方联合技术攻关与实践，相关技术难题得以顺利解决，实现了良好的工程建设成效。取得的主要技术创新成果如下。

（1）复杂地质条件下巨型洞室群围岩稳定控制。研究揭示了高地应力下玄武岩多层次力学特性和错动带不连续变形规律，提出了该条件下的高地应力玄武岩巨型地下洞群设计原则，形成了玄武岩巨型地下洞群稳定性控制的关键技术。其中，高地应力硬脆岩体下巨型洞室顶拱、岩壁梁、高边墙和机坑隔墩等特定部位的围岩稳定控制组合技术为国内外首创，创新提出了通过主洞与支洞联合控制贯穿性错动带不连续变形的抗剪结构型式，解决了白鹤滩水电站巨型洞室建造的关键岩石力学问题。

（2）地下厂房洞室群施工规划与布置。地下厂房洞室群是十分复杂的系统工程，施工布置与各部位的施工程序、施工方法密切相关。白鹤滩水电站地下厂房工程借鉴同类工程正反两方面的经验，围绕进度目标开展了标段划分、施工通道、风水电供应、施工排水等规划与布置的研究工作，总结形成了适用于大中型地下厂房洞室群施工规划与布置的指导性原则并成功实践。

（3）深埋地下洞室群通风散烟系统。提出了"三结合"与"分期设计"的地下洞室群施工期通风系统规划和设计理念，研究了复杂地下洞室群开挖期通风散烟的特点和规律，提前规划并实施了与各主要洞室贯通的专用排风洞，建立了一套高效节能的"进+排"通风系统。通过对大型地下洞室群施工通风系统的设备选型与配置、安装验收、运行维护等方面的研究，形成了一整套通风效果良好、高效节能的变频施工通风系统运行管理体系。

（4）深大竖井群安全开挖。白鹤滩水电站拥有庞大的地下竖井群，其深大竖井的施工安全问题十分突出。通过采用大直径反井钻机施工溜渣井替代人工扩挖，采用矿用绞车、桥式起重机、门式起重机替代卷扬机提升系统，并制定了竖井施工提升设备的安全管理制度和竖井施工不良地质的预警管理制度，保证了深大竖井群的安全施工，实现了快速安全成井。

（5）大型地下厂房混凝土快速施工。创新研发并应用了引水发电系统混凝土施工成套装备，形成了厂房系统混凝土快速优质施工技术，创造了 18 个月完成厂房机组一期埋件安装和混凝土浇筑并向机电安装交面的行业新纪录。另外，通过对岩壁吊车梁钢模台车、变断面钢模台车、门槽二期混凝土吊滑模、自爬升模板等新型台车、新型模板技术等的研发和应用，对快速、优质完成引水发电系统混凝土施工发挥了积极作用。

十年磨一剑，一朝试锋芒。白鹤滩水电站地下厂房工程建设者发扬团结协作、攻坚克难、勇攀高峰的精神，攻克了高地应力、长大错动带、硬脆玄武岩等复杂地质条件下建造巨型地下洞室群的技术难题，安全稳定完成地下洞室群开挖，优质快速地完成厂房系统混凝土浇筑，建成了世界最大的水电地下厂房工程，顺利实现了发电目标。

第 2 章　引水发电系统布置

2.1　工程地质条件

白鹤滩水电站坝址区围岩为峨眉山组玄武岩（$P_2\beta$），厚度达 1500m。以紫红色凝灰岩为标志层，按喷发时序共划分为 11 个岩流层，主要包含斑状玄武岩、隐晶质玄武岩、杏仁状玄武岩、角砾熔岩、凝灰岩，各岩流层中下部隐晶质玄武岩中发育有柱状节理的岩体，称为柱状节理玄武岩。

白鹤滩水电站的地下厂房深埋于坚硬、较完整的块状玄武岩中，以 $\mathbb{III}_1$、$\mathbb{II}$ 类围岩为主，局部分布有少量 $\mathbb{IV}$ 类围岩，整体成洞条件较好，但地应力高，局部分布有软弱的层间/层内错动带、陡倾角的断层（破碎带）等不利地质条件，对大型地下洞室群的围岩稳定产生巨大影响。

2.1.1　基本地质情况

1. 左岸

如图 2.1-1 所示，白鹤滩水电站左岸地下厂房洞室群布置在拱坝左侧山体内，水平埋深为 800～1050m，垂直埋深为 260～330m；地下厂房洞室群赋存区为单斜岩层，岩层总体产状为 N42°～45°E、SE∠15°～20°。左岸地下厂房洞室群围岩主要由 $P_2\beta_2^3$、$P_2\beta_3^1$ 及 $P_2\beta_3^2$ 层新鲜状隐晶质玄武岩、斑状玄武岩、杏仁状玄武岩、角砾熔岩等组成。岩体新鲜、坚硬，完整性较好，多呈块状、次块状结构，有少量的块裂结构。围岩类别以 $\mathbb{III}_1$ 类为主、占 62%，$\mathbb{II}$ 类围岩占 25%，$\mathbb{IV}$ 类围岩占 10%，其余为 $\mathbb{III}_2$ 类围岩。

2. 右岸

如图 2.1-2 所示，白鹤滩水电站右岸地下厂房洞室群布置在拱坝右侧山体内，水平埋深为 480～800m，垂直埋深为 420～540m。地下厂房洞室群赋存区为单斜岩层，岩层总体产状为 N48°～50°E、SE∠15°～20°。右岸地下厂房洞室群围岩主要由 $P_2\beta_3^3$～$P_2\beta_6^1$ 隐晶质玄武岩、斑状玄武岩、杏仁状玄武岩、角砾熔岩、凝灰岩等组成，岩体多为微风化或新鲜状态，坚硬且完整性较好，多呈块状、次块状结构。围岩类别以 $\mathbb{III}_1$ 类为主、占 80%，$\mathbb{II}$ 类围岩占 5%，$\mathbb{IV}$ 类围岩占 10%，其余为 $\mathbb{III}_2$ 类围岩。

总体来看，白鹤滩左右岸地下厂房围岩的完整性较好，地质强度指标 *GSI* 一般在 50～70 之间。除受层间错动带等构造影响的局部部位为 $\mathbb{IV}$ 类围岩外，其他洞段都为 $\mathbb{II}$、$\mathbb{III}_1$ 和 $\mathbb{III}_2$ 类围岩，且以 $\mathbb{III}_1$ 类围岩占比最高。

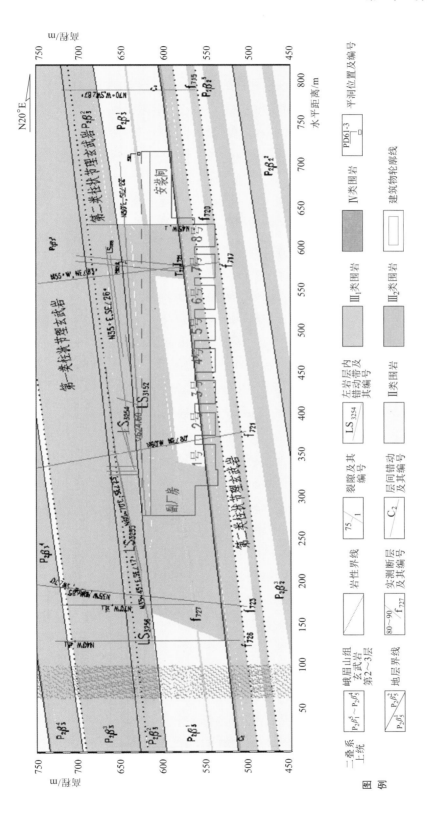

图 2.1-1　左岸地下厂房洞室群工程地质剖面图

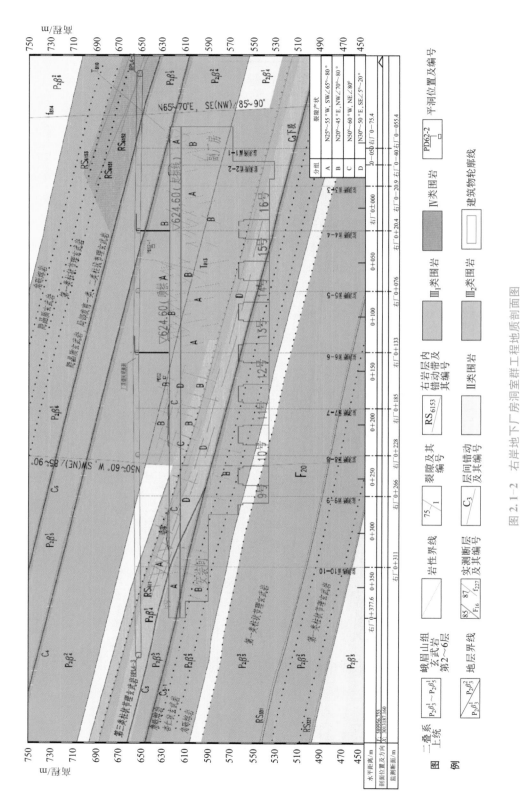

图 2.1-2　右岸地下厂房洞室群工程地质剖面图

2.1.2　地质特性分析

2.1.2.1　硬脆玄武岩

工程场区玄武岩分为熔岩类、火山碎屑岩类（凝灰岩）、火山碎屑熔岩类（角砾熔岩）三大类；熔岩类又分为块状玄武岩、柱状节理玄武岩两个亚类；块状玄武岩细分为斜斑玄武岩、隐晶质玄武岩、杏仁状玄武岩。隐晶质玄武岩为致密块状构造，主要分布于岩流层的中下部。位于岩流层顶部的凝灰岩由小于 2mm 的岩屑、晶屑、玻屑和小于0.01mm 的玻璃质火山尘组成，胶结不紧，遇水软化。工程场区玄武岩属坚硬岩，每类岩性特征各异，微新隐晶质玄武岩、杏仁状玄武岩、斜斑玄武岩的饱和单轴抗压强度平均值分别为 112MPa、99MPa、90MPa，抗拉强度分别为 5.5MPa、4.5MPa、4.5MPa，启裂强度低、峰后残余强度低，具有显著的"硬""脆"特征。

2.1.2.2　柱状节理玄武岩

白鹤滩水电站地厂区域柱状节理玄武岩呈灰黑色，主要为隐晶质玄武岩、含斑玄武岩，斑晶及微晶为斜长石、辉石，基质为玄武玻璃组成。左岸主厂房区地层为 $P_2\beta_2^3 \sim P_2\beta_3^1$ 层，岩性为块状玄武岩、角砾熔岩，夹薄层凝灰岩，柱状节理不发育。右岸主厂房区岩性为 $P_2\beta_3^3 \sim P_2\beta_6^1$ 层，岩性主要为块状玄武岩、角砾熔岩，$P_2\beta_3^3$ 层第一类柱状节理玄武岩在地下厂房北侧底部局部小范围出露，$P_2\beta_6^1$ 层第二类柱状节理玄武岩在南侧 8 号尾水调压室穿顶局部小范围出露，夹薄层凝灰岩。白鹤滩水电站厂区典型柱状节理玄武岩如图 2.1-3 所示。

2.1.2.3　层间错动带

白鹤滩两岸地下厂区岩层较多，缓倾角层间、层内错动带等结构面发育，长大软弱结构面与左右岸地下厂房洞室群的关系如图 2.1-4 所示。

左岸主要发育 $P_2\beta_2^4$ 层凝灰岩内层间错动带 C_2，该错动带斜切整个左岸地下厂房洞室群。层间错动带 C_2 是左岸厂区规模较大、贯穿性的 II 级结构面，为泥夹岩屑型，沿 $P_2\beta_2^4$ 层凝灰岩中部发育，错动带厚度为 10~60cm，平均厚约 20cm。右岸 $P_2\beta_4^3$ 层凝灰岩中发育有层间错动带 C_3（分上、下

图 2.1-3　白鹤滩水电站厂区典型
柱状节理玄武岩

段）、C_{3-1}、C_4、C_5。在空间位置上，C_3 和 C_{3-1} 斜切主厂房高边墙，C_4 斜切地下厂房南侧顶拱，C_4 和 C_5 在尾水管检修闸门室和尾水调压室边墙或顶拱出露。在力学特性上，结构面类型以泥夹岩屑为主，具有软弱破碎、裂隙发育、遇水软化等特点，层间错动带结构力学参数低、抗剪切能力差。

2.1.2.4　地应力

白鹤滩水电站地下厂房区域的山顶面海拔为 2000~3000m，左岸地下厂房水平埋深为800~1050m、垂直埋深为 260~330m，右岸地下厂房水平埋深为 480~800m、垂直埋深为

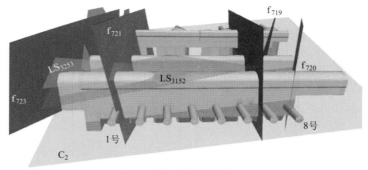

（a）左岸地下厂房洞室群

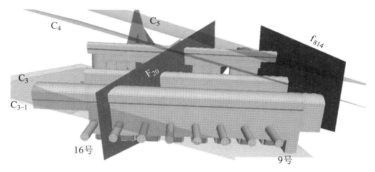

（b）右岸地下厂房洞室群

图 2.1-4　白鹤滩地下厂房区域内的错动带和断层分布

420~540m。通过现场应力解除法和水压致裂法测量洞室群区域岩体的初始地应力，并结合厂址区早期探洞的片帮破坏分析成果，白鹤滩水电站地下厂房区域的地应力以构造应力为主。

左岸、右岸地下厂房区实测地应力的第一主应力量值分别为 19~23MPa、22~26MPa，走向分别为 NWW 向、NNE 向，最大水平地应力分别为 33.39MPa、30.99MPa，岩体强度应力比（R_b/σ_1）分别为 3.22~5.89、2.85~5.09，均属高应力区，洞室具备发生应力型破坏的条件。

左岸地下厂房区最大主应力方向与主厂房轴线大角度（50°~70°）相交。右岸地下厂房区最大主应力方向与主厂房轴线小角度（10°~30°）相交，其第二主应力也相对较大，方向与地下厂房轴线近乎垂直。白鹤滩水电站左右岸地下厂房洞室群区域的地应力分布如图 2.1-5 所示，部分地质钻孔的饼状岩芯如图 2.1-6 所示。

2.1.2.5　断层

根据左岸厂房区勘探平洞揭露，左岸厂房区发育 16 条规模较小的断层，主要为硬性结构面和岩块岩屑型，其共同特征为：走向总体上在 N40°~70°之间，具有 75°以上的陡倾角，性质以平移或走滑为主。其中 f_{717} 断层、f_{721} 断层、f_{723} 断层及 f_{726} 断层等的规模相对较大，厂区有多个勘探平洞揭露，宽度基本为 15~30cm，延伸长度为 300~500m，其余小断层规模较小。f_{728} 断层、f_{727} 断层、f_{726} 断层、f_{725} 断层、f_{724} 断层及 f_{723} 断层从建筑物

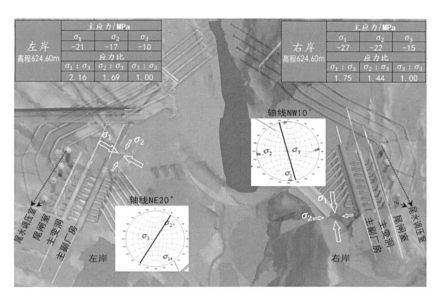

图 2.1-5　左右岸地下厂房洞室群区域的地应力分布图

（a）CZK11孔深139.80～141.20m岩饼

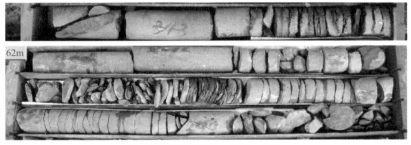

（b）CZK13孔深86.00～88.25m岩饼

（c）CZK14孔深57.00～58.80m岩饼

图 2.1-6　地下厂房洞室群部分地质钻孔的饼状岩芯

上游外侧岩体穿过，f_{722}断层斜切尾水闸门室上游及 1 号尾水调压室，f_{721}断层斜切主厂房 2 号机组、主变洞、尾水闸门室和 1 号尾水调压室，f_{721}断层斜切主厂房 1 号机组、主变洞及 2 号尾水调压室，f_{717}断层斜切主厂房 7 号机组、主变洞、尾水闸门室及 3 号尾水调压室，其余小断层对地下厂区建筑物影响较小。

右岸地下厂房区主要发育 8 条断层，大部分断层走向以 N40°~65°W 为主，倾角多大于 75°，其中 F_{16} 断层规模较大，属于Ⅱ级结构面，其余规模相对较小，为Ⅲ级结构面。F_{16} 断层从右岸地下厂房区外侧通过，距离主厂房约 75~85m，F_{20} 断层规模相对较大，各平洞均有揭露，陡倾角斜切 9 号和 10 号机组隔墩、主变洞及 7 号和 8 号尾水调压室隔墙，断层带内见 1~2cm 的断层泥。在右岸厂房区共揭露 6 条规模较小的其他断层，以岩屑夹泥和岩块岩屑为主，其中小断层 f_{814} 局部溶蚀张开，其宽度为 5~7cm，陡倾角斜切副厂房、主变洞及 8 号尾水调压室。此外小断层 f_{823}、f_{822} 断层、f_{817} 断层及 f_{816} 断层等也斜切主变洞、6 号及 7 号尾水调压室，但规模较小。

2.1.3　地质条件对地下厂房布置的影响分析

白鹤滩水电站的地下厂房深埋于坚硬、较完整的块状玄武岩中，以Ⅲ₁、Ⅱ类围岩为主，局部分布有少量Ⅳ类围岩，整体成洞条件较好，具有修建大型地下洞室的工程地质条件。但地应力高，且局部分布有断层（破碎带）、层间（内）错动带等不利地质条件，对大型地下洞室的布置产生了一定的影响。

1. 不良地质构造的影响

左右岸地下厂房区域均有断层、层间（内）错动带、长大裂隙等不良地质构造。其中左岸的错动带 C_2、右岸的错动带 C_3~C_5 或斜切整个地下厂房洞室群或在地下厂房主要建筑物上出露，劣化了沿线附近围岩质量，其与洞室相切处围岩质量为Ⅳ类，并在空间上与断层、长大裂隙等陡倾角构造组合成不利地质体，不仅影响地下厂房的布置位置和开挖尺寸选择，并且对后期爆破开挖过程中的围岩稳定控制及施工安全带来巨大挑战。

2. 柱状节理玄武岩的影响

柱状节理玄武岩的完整性相对较差，具有"硬、脆、碎"的特点，可能导致围岩变形相对增大。其中第一类柱状节理玄武岩开挖后易产生卸荷松弛，对围岩的稳定性产生极为不利的影响。因此，左右岸地下厂房区域在布置建筑物时，应尽可能避开或者少出露完整性较差的第一类柱状节理玄武岩。

3. 高地应力的影响

在高地应力赋存区域，爆破开挖卸荷会引起围岩应力重分布，改变围岩的应力状态，导致岩体松弛变形，应力集中会导致岩体屈服，产生破裂和破坏，从而影响围岩稳定。

左右岸地下厂房区域总体来说均以水平向的构造应力为主，埋深较大的部位片帮普遍发育且较严重，局部有岩爆产生，错动带附近会形成局部应力场。因此，在考虑地下厂房埋深及布置四大洞室时，需结合所处埋深的地应力水平及岩石力学条件来选择洞室的布置轴线及开挖尺寸。

2.2　布置方案的研究与选择

2.2.1　布置方案比选背景

2.2.1.1　坝址和坝轴线的比选

在可行性研究阶段，将自三滩至白鹤滩共 5km 长的河段划分为上坝址（右岸三滩至大寨沟）、中坝址（右岸大寨沟至神树沟）、下坝址（右岸神树沟至白鹤滩）三个白鹤滩水电站的初拟坝址，并分别以上坝址的黏土心墙堆石坝、中坝址的混凝土双曲拱坝、下坝址的混凝土重力拱坝作为代表性坝型开展坝址、坝型的比选工作，选择坝址的同时选定坝型。

通过综合分析上述三个坝址的水能条件、地形地质条件、工程布置及建筑物、建坝技术难度、施工条件、建设征地、环境保护及水土保持、工程投资等各方面因素，审查同意白鹤滩水电站以中坝址为选定坝址，混凝土双曲拱坝为选定坝型。

针对选定的坝址和坝型，又进一步开展了坝轴线比选的专题研究。根据地形地质条件，坝轴线比选阶段拟定了上坝轴线、下坝轴线两个方案。综合考虑地形地质条件、枢纽布置及坝肩稳定性、边坡稳定条件、工程难度等因素，白鹤滩水电站可行性研究阶段最终推荐中坝址的上坝轴线方案。

2.2.1.2　机组容量的确定

在可行性研究阶段的前期，白鹤滩水电站按照总装机容量 1400.4 万 kW、单机容量 77.8 万 kW 的方案开展相关工作。随着研究工作的进展，对装机容量、单机容量进行了深入研究，并经过相关的咨询审查，基于适用性、可行性、应用前景，可行性研究阶段推荐并最终确定白鹤滩水电站总装机容量 1600 万 kW、单机容量 100 万 kW 的方案。

白鹤滩水电站枢纽区山体为玄武岩，岩性坚硬，岩石较完整，成洞条件较好，具备布置大型地下厂房的条件，具备采用 100 万 kW 水轮发电机组的工程条件。白鹤滩水电站对外交通条件相对较好，采用百万机组没有对重大件运输增加额外的要求。

开展 100 万 kW 级水轮发电机组研究并将其成果运用于白鹤滩水电站工程，不仅可以推动我国大型水轮发电机组制造技术的全面发展，而且可以提高我国高端装备设计及制造技术，促进大型水轮发电机组配套设备制造技术的发展。为我国未来安装超高水头、大容量水轮发电机组的水电站开发，提高国内水电行业竞争力，走出国门开发大型水电站奠定了坚实的技术基础。

2.2.2　厂房开发方式

研究并确定采用的白鹤滩水电站中坝址方案，坝型为混凝土双曲拱坝，坝址区属中山峡谷地貌，河谷狭窄，岸坡陡峻，地震烈度高，坝身泄洪量大。

若采用地面引水式厂房，受泄洪消能建筑物布置和泄洪雾化的影响，高压引水隧洞较长，需设置规模较大的上游调压室。由于两岸岸坡陡峻，厂区开挖边坡较高，又处于Ⅷ度地震区，边坡处理和防护的工程量大，存在较大的技术难度和工程风险。白鹤滩水电站坝址区的地层岩性为峨眉山组玄武岩，岩体坚硬，完整性较好，两岸均具备修建大型地下厂房洞室群的条件，故采用全地下厂房的水电站布置方式。由于水电站装机容量大、机组台数多，分左右两岸布置，各安装8台100万kW水轮发电机组。

按照地下厂房在引水发电系统的位置不同，地下厂房又进行了首部开发、中部开发、尾部开发三种开发方式的比选。通过对这三种开发方式的枢纽布置、主要建筑物、施工导流和施工方法等的深入研究，对地形地质条件、枢纽布置、水力条件、运行条件、施工条件、工程造价等诸多因素进行综合比较，确定合理的地下厂房开发方式。

（1）首部开发方式：如图2.2-1所示，地下厂房布置在坝体上游库区的两岸山体内，位置选择以不设引水调压室为原则。引水发电系统由进水塔、引水隧洞、压力管道、主副厂房洞、主变洞、尾水调压室、尾水隧洞、出线竖井及地面出线场等组成。

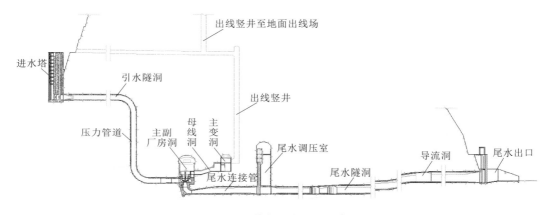

图2.2-1 首部开发方式示意图

（2）中部开发方式：如图2.2-2所示，地下厂房布置在坝肩附近山体内，引水发电系统由进水塔、引水隧洞、引水调压室、快速闸门室、压力管道、主副厂房洞、主变洞、尾水调压室、尾水隧洞、出线竖井及地面出线场等组成。

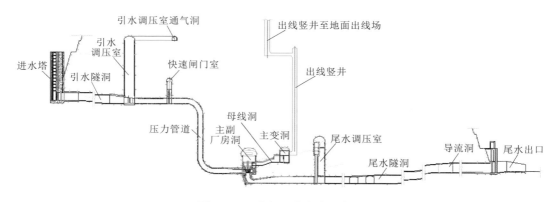

图2.2-2 中部开发方式示意图

（3）尾部开发方式：如图 2.2-3 所示，地下厂房布置于二道坝下游山体内，引水发电系统由进水塔、引水隧洞、引水调压室、快速闸门室、压力管道、主副厂房洞、主变洞、尾水隧洞、检修门槽等组成。

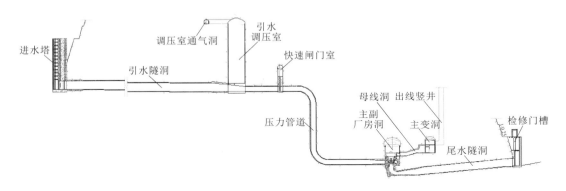

图 2.2-3　尾部开发方式示意图

对白鹤滩水电站地下厂房的三种开发方式进行了地质条件、枢纽布置、施工条件、工程造价的综合比较。

（1）中部开发方式：右岸地下厂房主要洞室的一部分位于一类柱状节理密集带，地质条件较差。上下游均需设置调压室，枢纽布置复杂，水力学条件较复杂。帷幕设置比较靠下游，内水外渗对拱坝坝肩稳定构成不利影响。洞室多，埋深大，增加施工期通风、施工通道布置难度，施工系统占地范围大。工程可比投资最高，比首部方式高 3.54 亿元。

（2）尾部开发方式：二类柱状节理玄武岩及断层 F_3 对地下厂房部分洞段的围岩稳定有一定的影响。地下厂房埋深较浅，尾水隧洞数量较多，尾水隧洞出口多、边坡高，岩体卸荷和顺坡向结构面对边坡稳定不利。引水系统绕过坝肩，隧洞内水外渗影响坝肩和岸坡的稳定，存在一定的安全风险。尾部开发方式施工通道较短，地下厂房系统施工干扰较小，施工通风易解决。但导流隧洞不能与尾水隧洞结合，尾水隧洞出口围堰布置有一定的难度，导流施工费用最高，工程可比投资比首部开发方式高 3.11 亿元。

（3）首部开发方式：工程可比造价低。尾水隧洞与导流洞结合段长，建筑物布置紧凑、合理，运行管理方便，尾水隧洞出口围堰布置相对简单。引水隧洞混凝土衬砌段布置在防渗帷幕的上游，防渗帷幕可有效降低坝基和两岸坝肩的渗透压力，提高坝肩和两岸高边坡的稳定性。局部层间错动带对左右岸地下厂房的影响可通过局部加强支护和置换处理等措施解决。

白鹤滩水电站拱坝坝高近 300m，大坝安全至关重要，首部开发方式的引水隧洞混凝土衬砌段布置在防渗帷幕的上游，有利于坝肩和两岸高边坡的稳定，优势显著，综合考虑地质条件、枢纽布置、施工条件、工程造价等因素，确定采用首部开发方式。

2.2.3 厂房的位置和轴线方向

白鹤滩水电站两岸的地下厂房均采用首部开发方式。在此基础上，地下厂房位置及轴线的选择需要综合考虑枢纽布置、水力学条件、地质构造和地应力方向等因素，经过综合比选后确定。

地下厂房的布置应综合考虑枢纽布置条件及水流条件，兼顾进水口、压力管道、尾水隧洞、泄洪洞、导流洞等的布置，使输水系统布置尽量顺畅，缩短引水隧洞长度，减少水头损失。同时，首部方案中的地下厂房临近水库，地下厂房与水库之间的山体应有一定厚度，以减少地下厂房围岩渗透压力。

白鹤滩水电站地下厂房洞室群规模大，地质条件复杂，可供类比的工程较为有限，地质构造和地应力是影响围岩稳定的主要因素，与工程风险和造价密切相关。因此，在选择地下厂房位置及轴线时，应根据具体的地质构造及地应力情况，结合枢纽布置条件进行综合分析，尽量减少厂区主要不利地质构造及初始地应力场对地下厂房洞室群围岩稳定的影响，使地下厂房的围岩稳定问题通过良好的厂房布置方案得到有效控制，从源头上减少不利地质条件对围岩稳定的影响，降低工程风险。

2.2.3.1 左岸厂房的位置和轴线方向选择

左岸进水口下游布置有泄洪洞，上游河道边坡较陡，地形凸向河道，可移动的范围有限。由于地下厂房洞室群规模较大，厂区主要洞室不可能完全避开不利地质构造。综合考虑地形地质条件、枢纽布置等因素，左岸地下厂房主要洞室顶拱布置在层间错动带 C_2 的上盘，厂房与进水口之间距离约 $260 \sim 600m$，垂直埋深 $250 \sim 400m$。

综合考虑枢纽布置、地应力方向、不利地质构造等因素，拟订左岸厂房位置及轴线选择的重点比较方案为方案 1（N20°E）、方案 2（N65°E）、方案 3（N80°E）。

因为左岸地下厂房洞室围岩的主要破坏形式为结构面控制型破坏，洞室围岩的应力型破坏不占主导地位。所以，左岸地下厂房位置及轴线选择应重点关注构造组合及其和厂房洞室的相对关系对围岩稳定的影响。其中，层间错动带 C_2 在不同的出露位置对厂房围岩稳定的影响较为突出，是围岩稳定分析中重点关注的内容之一。

分析表明：①在方案 2 中，层间错动带 C_2 斜切主厂房中上部和尾水调压室中上部的边墙，且影响主厂房的岩壁吊车梁部位；②在方案 3 中，层间错动带 C_2 斜切主厂房中上部边墙、尾水调压室上部边墙，斜穿主厂房及尾水调压室顶拱，并与其他不良构造组合，对厂房围岩的稳定性不利；③在方案 1 中，由于层间错动带 C_2 在主厂房的出露部位较低，仅影响北端 5 个机组段的下部边墙，对厂房洞室围岩稳定的影响相对较小，枢纽布置条件也较为顺畅。

综合上述相关因素，确定左岸地下厂房的厂房轴线方向为方案 1（N20°E），与进水口距离约 $320m$，垂直埋深为 $260 \sim 330m$。

2.2.3.2 右岸厂房的位置和轴线方向选择

右岸受拱坝坝体布置和大寨沟的制约，进水口布置的调整余地较小。受进水口位置、导流洞布置和断层 F_{16} 的制约，厂房可移动的范围有限。综合考虑各种因素，右岸地下厂房布置在断层 F_{16} 北侧坝轴线附近，地下厂房垂直埋深 $420 \sim 540m$。

综合考虑枢纽布置、地应力方向、不利地质构造，拟定右岸厂房位置及轴线选择的重点比较方案为方案 1（N5°E）、方案 2（N10°W）、方案 3（N20°W）、方案 4（N40°W）。

经过围岩稳定、水头损失数值计算等综合分析：

（1）在方案 1 中，地下厂房轴线与主要陡倾角结构面及优势裂隙发育方向的夹角较大，与厂区的最大主应力夹角较小，围岩稳定条件较好。但输水发电系统布置不顺畅，尾水隧洞的转弯角度较大，输水系统的水头损失最大。

（2）在方案 3 和方案 4 中，枢纽布置较为顺畅，但地下厂房轴线与主要陡倾角结构面及优势裂隙发育方向的夹角较小，与厂区的最大主应力夹角较大，围岩稳定条件较差。考虑到白鹤滩水电站洞室规模巨大，右岸厂区地应力较高，方案 3、方案 4 的工程风险较大。

（3）方案 2 的水流条件不如方案 3、方案 4 顺畅，但是水头损失与方案 3、方案 4 相差很小，且与最大地应力夹角较小，围岩稳定条件相对较好。

综合考虑枢纽布置、水流条件及围岩稳定条件，确定右岸地下厂房的轴线方向为方案 2（N10°W），距进水口水平距离约 240~440m，垂直埋深为 420~540m。

2.2.4 尾水调压室的结构

水电站调压室属于平水建筑物，分为引水调压室和尾水调压室。通过设置调压室，可以减少因机组经常性启闭造成的水体往复运动引起的水锤现象，达到平压和改善机组运行条件的效果。调压室的功能包括：反射水锤波、减少水锤压力、改善机组在负荷变化时的运行条件。

2.2.4.1 尾水调压室的形状

白鹤滩水电站的机组台数多、引用流量大，尾水调压室的尺寸巨大。受枢纽布置条件的制约，尾水调压室区域的地质条件较复杂，其围岩稳定性是影响水电站安全的控制性因素之一。选择合理的调压室形状是改善其围岩稳定条件的首要方法。从地质条件、围岩稳定、枢纽布置、水力条件、运行条件、施工条件、工程规模和投资、工程类比等方面进行了详细的比较和分析，重点比选了长廊形尾水调压室和圆筒形尾水调压室两种形式。

围岩稳定性数值计算结果的对比分析表明：①长廊形方案同时面临顶拱的高应力集中和边墙的大范围松弛问题，而圆筒形方案的穹顶应力集中程度和范围均较小，圆筒形方案边墙仍保持较高的初始应力水平，有利于维持边墙的稳定；②长廊形方案面临较为严重的高边墙变形和块体稳定问题，而圆筒形方案的块体稳定性良好；③长廊形方案中隔墙的安全裕度较低，而圆筒形方案基本不存在岩柱稳定性问题。由此可见，圆筒形方案对改善拱顶应力集中、高边墙大变形、块体稳定、中隔墙稳定问题都具有明显优势。

从枢纽布置条件角度：圆筒形方案的尾水调压室位置调整较灵活，若采用尾水连接管斜向布置形式，与长廊形方案相比，尾水隧洞布置更顺畅。从运行条件角度：圆筒形方案无法共用闸门，每孔均需设置固定式卷扬机，安装、检修相对不便。从水力学条件角度：圆筒形方案岔管汇流流线更平顺，水头损失略小，调压室内流态较稳定。从施工条件角度：圆筒形方案中的施工通道可结合尾水调压室的通气洞布置，且支洞长度较短。从工程投资角度：圆筒形方案较长廊形方案节省投资约 3.59 亿元。

综上所述，圆筒形方案在围岩稳定方面具有较明显的优势，通过系统支护和加强支护工程措施，可满足尾水调压室的整体和局部稳定性要求，且圆筒形方案在布置条件、水力学条件、施工条件、工程投资等方面具有相对优势，白鹤滩水电站的尾水调压室形状选择采用圆筒形。

2.2.4.2 尾水调压室的水力型式

常见的调压室的水力型式有简单式、阻抗式、水室式和差动式等，各自具有不同特点和适用条件。水室式调压室适用于托马稳定断面面积较小、对控制涌波波幅有较高要求的电站。白鹤滩水电站调压室所需的稳定断面面积巨大，水室式调压室的优点难以发挥，同时受布置条件制约，布置大规模水室的难度较大，因此水室式尾水调压室对白鹤滩水电站的适应性不强。白鹤滩水电站尾水调压室水位变幅和波动周期均有限，差动式调压室的水力条件无明显优势，同时差动式调压室升管与大井存在较大水压差，结构复杂，其可比性明显较差。因此，重点分析、比较阻抗式尾水调压室和简单式尾水调压室两种方案。

阻抗式调压室可有效抑制涌波幅度，有利于降低边墙高度，尾水调压室底部水头损失较小，但对水锤波的反射能力受阻抗孔影响，阻抗板压差较大，阻抗式圆筒形尾水调压室的结构如图2.2-4所示。简单式调压室结构简单，水锤波反射充分，但涌波幅度较大。

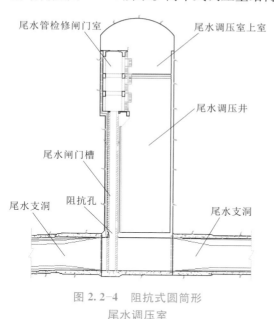

图 2.2-4　阻抗式圆筒形
尾水调压室

两种方案在水力学布置上的差异主要在于调压室底部结构和调压室高度。阻抗式方案利用尾水连接管检修闸门门槽作为阻抗孔，尾水调压室大井底部设置2m厚阻抗板；简单式方案中的尾水隧洞和调压室大井之间不设阻抗板；调压室高度受最高、最低涌波控制，简单式尾水调压室需要比阻抗式更大的结构规模，才能满足涌波要求。和阻抗式方案相比，简单式方案中的上室高度增大10m，底板高程降低5m，整体高度增大15m。简单式方案中的穹顶向上抬高后，与不利地质结构接触范围更大，对尾水调压室穹顶围岩稳定不利。此外，简单式尾水调压室边墙总高度增加约15m，开挖规模较大，围岩稳定条件相对较差。

虽然简单式调压室的结构形式简单，反射水锤波的效果好，但调压室底部流态紊乱、涌波幅度大、波动衰减较慢、开挖规模较大，在水力条件、围岩稳定条件、施工条件、工程投资等各方面均不如阻抗式，因此白鹤滩水电站的尾水调压室水力型式选择采用阻抗式。

2.2.5 尾水管检修闸门室布置

针对白鹤滩水电站的尾水调压室与尾水管检修闸门室的布置形式，分析论证了结合布置方案和分离布置方案两种形式。

1. 结合布置方案

尾水管检修闸门室结合尾水调压室布置，闸门门槽兼作阻抗孔，阻抗孔尺寸为 3m× 14m。左右岸各设 8 扇尾水管检修闸门，闸门的孔口尺寸为 12m×18m，采用固定式卷扬机 启闭。尾水管检修闸门室与尾水调压室的结合布置方案如图 2.2-5 所示。

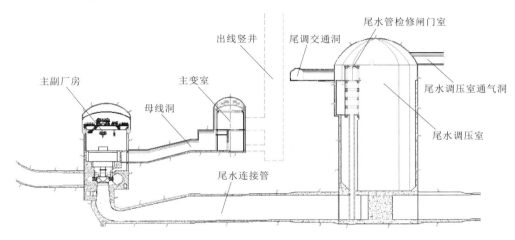

图 2.2-5　尾水管检修闸门室与尾水调压室的结合布置方案

2. 分离布置方案

将尾水管检修闸门布置于独立的尾水管检修闸门室内。尾水管检修闸门室布置于主变 洞和尾水调压室之间，轴线方向与机组中心线平行，尾水闸门的门槽中心线距离主变洞中 心线 56.5m、距离尾水调压室中心线 74m。尾水闸门室设 2 个检修平台，启闭机室开挖跨 度为 12.1~15.0m，长 374.5m，直墙高度为 30.5~31.5m。单岸设 4 扇尾水管检修闸门， 通过 2 台台车启闭，闸门孔口尺寸为 12m×18m。尾水管检修闸门室与尾水调压室的分离 布置方案如图 2.2-6 所示。

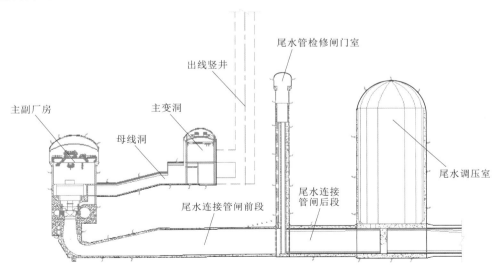

图 2.2-6　尾水管检修闸门室与尾水调压室的分离布置方案

2个方案的枢纽布置条件、地质条件、施工条件基本相当。分离布置方案的运行检修条件和水力条件较优，尾水调压室最大开挖直径可控制在50m级，也可降低调压室的高度，有利于改善尾水调压室单洞的围岩稳定性、降低开挖巨型穿顶的工程风险，同时增加的投资有限。经过综合分析、论证，白鹤滩水电站尾水管检修闸门室与尾水调压室采取分离布置方案。

2.2.6　尾水隧洞布置

2.2.6.1　尾水隧洞的流速与断面尺寸

通过综合采用敏感性分析、经济洞径分析、工程类比等多种方法确定尾水隧洞的合理流速。尾水隧洞洞径的敏感性分析表明：白鹤滩水电站合理的尾水隧洞直径在16~18m之间；尾水隧洞的经济洞径分析表明：尾水隧洞经济流速在4~6m/s之间；工程类比分析表明：尾水隧洞流速应控制在4~5m/s之间。

经过综合比选，确定尾水隧洞断面尺寸为14.5m×18m（宽×高），等效洞径为17.6m，相应流速为4.5m/s。

2.2.6.2　尾水隧洞的洞机组合方案

在白鹤滩水电站地下厂房建设的可行性研究阶段，根据地下厂房的开发方式及引水发电系统布置格局，并结合以往工程经验，提出了尾水隧洞洞机结合的"三洞方案"和"四洞方案"，并对这两种方案进行了比选和论证。

在"三洞方案"中，左右岸各布置3条尾水隧洞，其中结合导流洞的2条尾水隧洞和1条专用尾水隧洞分别采用"3机1洞"和"2机1洞"的布置形式。在"四洞方案"中，尾水系统全部采用"2机1洞"的布置形式，左右岸各布置4条尾水隧洞，其中左岸3条、右岸2条尾水隧洞结合导流洞布置。

2个方案中的洞室群规模均较大，由于白鹤滩水电站地下厂房区域的地质条件复杂，围岩稳定条件和水力学条件是影响洞机组合选择的关键性因素。根据2个方案的枢纽布置特点，主要从地质条件、围岩稳定条件、水力学条件、枢纽布置条件、工程风险、工程规模和投资等方面进行综合比较，确定合适的洞机组合方式。

经过比较，"三洞方案"与"四洞方案"均具备可行性。白鹤滩水电站装机容量达1600万kW，工程规模和效益巨大。进行洞机组合方案比选时，应以保证工程在全生命周期内实现效益最大化为首要目标，以适当留有余地为原则，优先选用运行可靠、总体风险较低的方案。

虽然"四洞方案"的洞室群规模及工程投资相对较大，施工条件较复杂，但投资增加幅度有限，施工条件并不构成制约性因素。白鹤滩水电站单机容量达100万kW，机组设计和制造技术难度高，有必要在水工布置方面为巨型机组的安全稳定运行尽量留有余地。"四洞方案"中的单个隧洞尺寸较小，单个水力单元连接的机组台数较少，布置更简单，技术难度较低、工程风险较小，较好地体现了"满足功能、安全可靠、风险可控、技术经济、留有余地"的布置原则。经过综合分析与论证，尾水隧洞的洞机组合确定采用"四洞方案"。

2.2.6.3　尾水隧洞的纵剖面布置

白鹤滩水电站 5 条导流洞均与尾水隧洞结合布置，其中左岸 3 条，右岸 2 条。受导流洞运行条件及尾水隧洞施工条件的制约，难以保证尾水隧洞在所有工况下均处于满流状态，尾水隧洞在一定的下游水位及机组运行工况下将产生明满交替流的现象。为限制明满交替流的影响范围，结合类似工程经验，尾水隧洞在立面上采用了"缓坡段+陡坡段+平坡段"的布置形式，即：与尾水调压室相接的洞段采用深埋缓坡的布置形式，与导流洞的结合段或者专用尾水隧洞出口洞段采用平坡，两者之间采用 12% 的陡坡段相连，将明满交替流的影响范围限制在平坡段及陡坡段内，缓坡段则始终保持有压流运行。为减缓明满交替流对尾水隧洞的影响，根据白鹤滩水电站工程枢纽布置条件，在陡坡段及平坡段的洞顶设置了 2~3 道直径为 2m 的垂直通气孔，垂直通气孔与尾水调压室的通气洞通过水平通气洞相连。尾水隧洞明满流段的立面布置如图 2.2-7 所示。

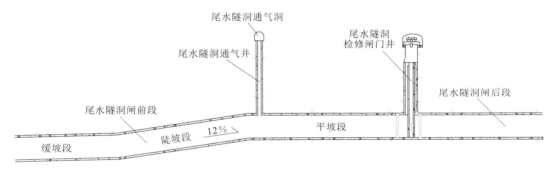

图 2.2-7　尾水隧洞明满流段的立面布置图

2.2.7　压力管道布置

2.2.7.1　洞机组合方式

白鹤滩水电站左右岸引水发电系统的厂房均采用首部开发方式，首部开发方式的引水系统长度较短，单管单机方案中的压力管道规模适中，布置较顺畅，一管多机方案在布置上不具优势。由于白鹤滩水电站单机容量巨大，为保证水电站的安全运行，必须在发电进水口设置快速闸门，单管单机方案中的压力管道或机组检修不影响其他机组发电，便于运行管理。因此，白鹤滩水电站引水系统的洞机组合方式采用单管单机的布置形式。

2.2.7.2　竖井方案与斜井方案的比选

压力管道采用单管单机布置，左、右岸各布置 8 条，立面上均具备布置竖井或斜井的条件。竖井式压力管道布置方案如图 2.2-8 所示，斜井式压力管道布置方案如图 2.2-9 所示。

从建筑物布置条件角度：竖井方案的布置灵活、顺畅，斜井方案的布置较局促、洞线调整余地有限。从地质条件角度：斜井方案中左岸的上弯段出露层间错动带 C_3、C_{3-1}，围岩稳定条件略差。从水力学条件角度：斜井方案的水头损失比竖井方案小 0.15m 左右。从施工条件角度：斜井方案中的上平段施工支洞布置较局促，开挖、混凝土衬砌、灌浆等作业均较竖井方案困难，竖井方案施工条件较好。从工程规模及投资角度：左岸斜井方案

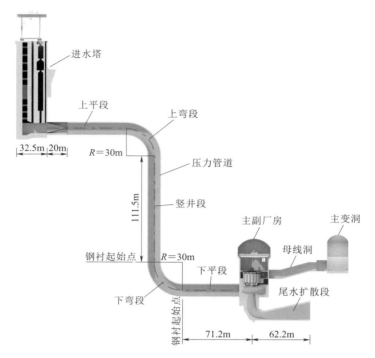

图 2.2-8　竖井式压力管道布置方案

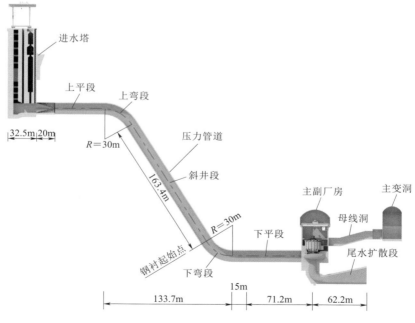

图 2.2-9　斜井式压力管道布置方案

的投资可节省 3156 万元，占竖井方案总可比投资的 4.1%；右岸斜井方案的投资可节省 2290 万元，占竖井方案总可比投资的 2.9%；总体差别不大。

综上所述，竖井方案的布置灵活、顺畅，洞室围岩稳定受断层影响较小，施工较便利，水头损失值和工程投资额增加有限，白鹤滩水电站压力管道确定采用竖井布置方案。

2.2.7.3　竖井段经济洞径的确定

水电站压力管道常见的衬砌结构有钢筋混凝土衬砌和钢板衬砌两种形式。根据白鹤滩水电站压力管道的布置条件和运行条件，经分析论证：上平段和下平段分别采用钢筋混凝土衬砌和钢板衬砌较合理；竖井段水头较高、地质条件较复杂，均具备采用钢板衬砌或钢筋混凝土衬砌的可能性，由于这两种衬砌型式的技术经济特征存在差异，有必要分别进行经济洞径分析。

类比国内已建和在建的类似水电站，钢板衬砌拟订 7.0m、9.0m、9.4m、9.8m、10.2m、10.6m、11.0m、12.0m、14.0m 九个方案进行经济洞径比选；钢筋混凝土衬砌拟订 8.0m、9.0m、10.0m、10.4m、10.8m、11.2m、11.6m、13.0m、15.0m 九个方案进行经济洞径比选。

根据竖井段的经济洞径分析成果，钢板衬砌方案和钢筋混凝土衬砌方案的经济洞径分别在 10.2~12.0m 和 10.8~13.0m 之间时，总费用的现值相差较小，补充单位电能投资逐渐增加，但都小于其本身的单位电能投资。两个方案在技术上均可行。因此，从控制投资角度出发，结合工程类比分析成果，选择压力管道钢板衬砌方案洞径为 10.2m，相应流速为 6.76m/s；钢筋混凝土衬砌方案洞径为 11m，相应流速为 5.82m/s。

2.2.7.4　压力管道的衬砌型式

白鹤滩水电站引水发电系统压力管道承担的最大静水头为 262m，最大动水头超过 300m。考虑厂区洞室开挖卸荷的影响，结合工程类比分析，近厂段构造钢板衬砌段的长度按 0.3 倍静水头考虑，即下弯段起始端至厂房之间的压力管道采用钢板衬砌。其余洞段有钢筋混凝土衬砌和钢板衬砌两种常见型式可以选择。

采用钢筋混凝土衬砌的压力管道必须满足设置透水衬砌的"三大准则"，即挪威准则、最小地应力准则和围岩渗透准则。若压力隧洞不满足其中的任何一个准则，则衬砌须采用钢板衬砌。左岸压力管道挪威准则下的安全系数为 2.2~3.1，最小主应力的安全系数为 3.1~3.3；右岸压力管道挪威准则下的安全系数为 2.5~5.4，最小主应力的安全系数为 3.8~4.6。左右岸压力管道均满足挪威准则和最小地应力准则。因此，围岩渗透的稳定性是决定衬砌型式的关键因素。

由于内水水头较低，压力管道上平段采用钢筋混凝土衬砌，结合混凝土置换和灌浆等措施可满足防渗要求。按照构造要求，下弯段起始端至厂房之间的压力管道采用钢板衬砌。竖井内水水头较高，钢筋混凝土衬砌开裂难以避免，考虑到竖井距离厂房洞室群较近，内水外渗对水电站运行影响较大，因而竖井段成为压力管道衬砌型式选择的重点对象，重点比选钢筋混凝土衬砌强化方案和钢板衬砌方案。

钢筋混凝土衬砌强化方案如下：①压力管道采用钢筋混凝土衬砌，仅针对存在潜在渗漏风险的洞段进行强化处理，采取局部扩挖后，回填置换混凝土，后期进行高压固结灌浆，增强围岩的抗渗性；②针对存在渗漏风险的主要构造，在帷幕上游采用截渗洞进行拦截，降低层间错动带部位帷幕的渗透梯度。

（1）从渗透稳定性角度：左岸压力管道竖井段若采用钢筋混凝土衬砌强化方案，则整个厂房洞室几乎均处在地下水位以下，而竖井钢板衬砌方案中的防渗帷幕渗透梯度降低明显。

（2）从工程风险角度：由于竖井下部水头较高，混凝土衬砌开裂难以避免，同时防渗帷幕存在局部失效的可能性，钢筋混凝土衬砌强化方案存在高压水经陡倾结构面绕渗后沿 C_2 等层间、层内错动带发生渗透失稳的风险，并且一旦发生渗透失稳，则直接危及地下厂房洞室群的正常运行。而钢板衬砌方案从根本上杜绝了内水外渗风险，厂区渗透安全性更有保障。

（3）从工程投资角度：钢板衬砌方案比钢筋混凝土强化方案可比投资增加 0.13 亿元。

（4）从施工条件角度：两方案施工上均是可行的，且均不属于关键线路，仅施工通道尺寸及钢管加工厂布置存在差异，施工难度差异不大。

综上所述，钢板衬砌方案虽然工程投资较钢筋混凝土衬砌强化方案略有增加，但能够有效控制压力管道内水外渗，明显降低高压水沿 C_2 等层间、层内错动带发生渗透失稳的风险，运行安全性大大增加。因此左岸压力管道竖井采用钢板衬砌方案。

右岸岩体质量总体好于左岸，地下水不发育，但层间错动带 C_4、C_5 在竖井中上部出露，采用混凝土置换、灌浆结合截渗洞等工程措施后仍存在一定渗透失稳风险。考虑到白鹤滩水电站工程规模巨大，为最大限度减少压力管道内水外渗对水电站安全稳定运行带来的风险，右岸压力管道竖井也采用钢板衬砌方案。

经研究比选确定，渐变段、上平段及渐缩段采用钢筋混凝土衬砌，衬砌厚度为 1.5m，上平段衬砌内径为 11m；上弯段至下平段均采用钢板衬砌，衬后内径为 10.2m，管外回填厚 1.0m 混凝土。防渗帷幕线布置在钢板衬砌起始点位置，即上弯段起始点。

2.2.8 尾水出口布置

1. 左岸尾水出口

左岸尾水出口自然边坡的高高程与低高程均为陡壁，中间夹有一级宽度为 90~120m 的斜坡，坡角约 25°~35°。根据左岸尾水出口的地形地质条件，对地下竖井式、岸塔式、岸坡竖井式三种尾水出口建筑物的布置形式作了比选、论证。三种布置形式分别如图 2.2-10~图 2.2-12 所示。

地下竖井式方案中的检修闸门位于地下，出口距围堰内坡脚相对较远，有利于改善出口处施工围堰的布置条件；岸塔式方案和岸坡竖井式方案中的出口建筑物结构尺寸较大，距围堰内坡脚相对较近。从尾水出口建筑物的布置条件角度，地下竖井式方案略优。

地下竖井式方案和岸塔式方案中的出口边坡后缘均未触及高程 660.00~740.00m 的陡壁，边坡高度可控制在 160m 范围以内。岸坡竖井式方案边坡后缘触及高程 660.00~740.00m 的陡壁，边坡高度达 250m 以上，边坡稳定条件较差。

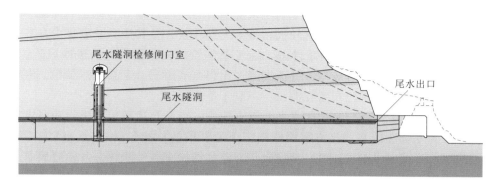

图 2.2-10　地下竖井式尾水出口

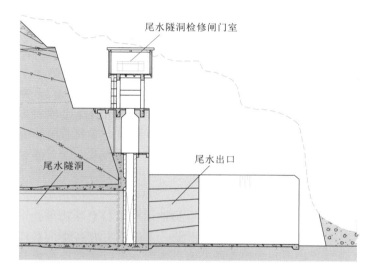

图 2.2-11　岸塔式尾水出口

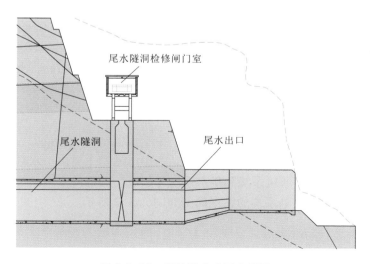

图 2.2-12　岸坡竖井式尾水出口

地下竖井式方案中的出口明挖施工与尾水隧洞检修闸门室施工的相互干扰较小，岸塔式方案、岸坡竖井式方案则相互干扰较大、施工工期较紧；尤其是岸坡竖井式方案中的开挖边坡高达 250m 以上，材料运输条件差，施工条件较差，存在较大的进度风险。另外，由于尾水隧洞出口的底板高程较低，导流期隧洞出口可能出现一定的泥沙淤积，岸塔式方案、岸坡竖井式方案中的闸门布置在洞口，不利于下闸封堵。

地下竖井式方案中的闸门和启闭设备布置在洞内，可避免边坡滚石风险和泄洪雾化问题，长期运行的安全性较好，该方案检修闸门下游洞段的检修条件较差。但工程经验表明，运行期尾水隧洞内水水头较低、流速较小，总体结构承载性能较好，检修概率低，通过加强衬砌结构后可满足运行要求。岸塔式方案和岸坡竖井式方案中的检修闸门布置在出口处，尾水隧洞检修条件较好，但运行期间的边坡滚石和泄洪雾化对启闭设备带来的安全风险较大。

从工程投资角度，三个方案的可比投资相差不大，地下竖井式方案比岸塔式方案多 1307.1 万元、比岸坡竖井式方案少 4095.6 万元。

综上所述，地下竖井式方案中的尾闸室布置在洞内，出口布置简单，建筑物布置条件略好；其地面建筑物规模明显较小，能大幅缓解边坡开挖与出口混凝土结构间的施工干扰，改善施工条件，提高实现工期目标的保证率；运行期可避免边坡滚石风险和泄洪雾化带来的安全风险，长期运行的安全性有保障；闸门下游洞段隧洞的检修概率较小，通过增加混凝土衬砌厚度，可进一步减少隧洞运行破坏风险。综合考虑以上各方面因素，白鹤滩水电站左岸尾水出口选用地下竖井式方案。

2. 右岸尾水出口

右岸尾水出口地形总体较为陡峻，尾水隧洞轴线与出口自然边坡走向夹角约 60°，导致尾水出口开挖体型不对称性强，上游侧地形低，下游侧边坡高陡，不具备布置岸坡竖井式出口的条件。根据右岸尾水出口处的地形地质条件，出口建筑物布置形式比较了地下竖井式和岸塔式两种形式。从投资角度分析，地下竖井式方案为 29764.12 万元，岸塔式方案为 33197.10 万元，前者较后者节省 3432.98 万元。经过综合比较与分析，地下竖井式方案在建筑物布置、高边坡稳定性、施工干扰、运行条件、工程投资等方面更具综合优势，右岸尾水出口选用地下竖井式方案。

2.3　地下电站的布置

白鹤滩水电站地下厂房采用首部开发方案，由于水电站装机容量大、机组台数多，地下电站分左右两岸布置。左右岸基本对称布置，两岸电站均主要由引水系统、地下厂房系统、尾水系统、出线系统、通风系统和排水系统等组成。白鹤滩水电站枢纽布置的三维模型如图 2.3-1 所示，引水发电系统的纵剖面图如图 2.3-2 所示。

2.3.1　左岸地下电站的布置

白鹤滩左岸地下电站工程由进水口、压力管道、主副厂房洞、母线洞、主变洞、出线

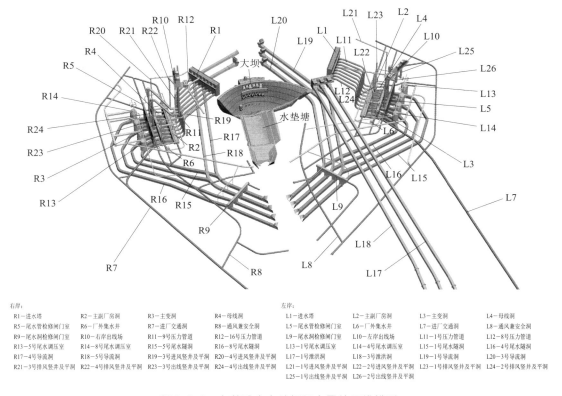

图 2.3-1　白鹤滩水电站枢纽布置的三维模型

右岸：
R1—进水塔	R2—主副厂房洞	R3—主变洞	R4—母线洞
R5—尾水管检修闸门室	R6—厂外集水井	R7—进厂交通洞	R8—通风兼安全洞
R9—尾水洞检修闸门室	R10—右岸出线场	R11—9号压力管道	R12—16号压力管道
R13—5号尾水调压室	R14—8号尾水调压室	R15—5号尾水隧洞	R16—8号尾水隧洞
R17—4号导流洞	R18—5号导流洞	R19—3号进风竖井及平洞	R20—4号进风竖井及平洞
R21—3号排风竖井及平洞	R22—4号排风竖井及平洞	R23—3号出线竖井及平洞	R24—4号出线竖井及平洞

左岸：
L1—进水塔	L2—主副厂房洞	L3—主变洞	L4—母线洞
L5—尾水管检修闸门室	L6—厂外集水井	L7—进厂交通洞	L8—通风兼安全洞
L9—尾水洞检修闸门室	L10—左岸出线场	L11—1号压力管道	L12—8号压力管道
L13—1号尾水调压室	L14—4号尾水调压室	L15—1号尾水隧洞	L16—4号尾水隧洞
L17—1号泄洪洞	L18—3号泄洪洞	L19—1号导流洞	L20—3号导流洞
L21—1号进风竖井及平洞	L22—2号进风竖井及平洞	L23—1号排风竖井及平洞	L24—2号排风竖井及平洞
L25—1号出线竖井及平洞	L26—2号出线竖井及平洞		

图 2.3-2　白鹤滩水电站引水发电系统的纵剖面图

竖井、尾水管检修闸门室、尾水调压室、尾水隧洞、尾水隧洞检修闸门室、尾水出口、灌排廊道、交通系统、通风系统及地面出线场等组成。其三维模型如图 2.3-3 所示，主要参数如表 2.3-1 所示。

左岸发电进水塔布置有 8 个进水口，平面上呈"一"字形分布。进水口均按分层取水设计，前缘总长度为 277.2m，顺水流方向宽 32.5m，进水塔最大高度为 103m。

布置有压力管道 8 条，按单机单管竖井式布置。压力管道上平段采用钢筋混凝土衬砌，其余洞段采用钢板衬砌。钢筋混凝土衬砌段衬后洞径为 11m，钢板衬砌段衬后洞径为 10.2m。

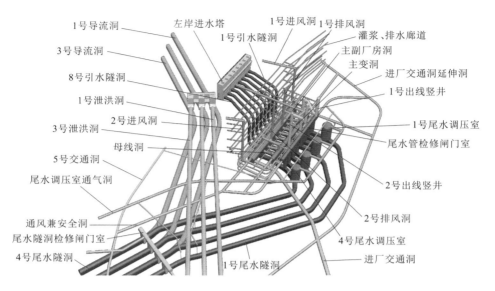

图 2.3-3　左岸地下洞室群的三维模型

表 2.3-1　左岸地下电站工程主要参数表

名　称		尺寸（长×宽×高）/（m×m×m）	备　注
进水口		277.2×32.5×103	
压力管道		$D=10.2$、11	8 条
主副厂房洞	副厂房	32×31×56.2	总长 438m，岩壁梁以下宽 31m
	辅助安装场	22.5×34（31）×93.2	
	机组段	304×34（31）×88.7	
	安装场	79.5×34（31）×35.2	
主变洞		368×21×39.5	
母线洞		60.65×9.6（12）×10（11.5）	括号内为大断面洞段
出线竖井		$D=11.3$	2 个
地面出线场		175×50	
尾水管检修闸门室		374.5×12.1（15.0）×30.5（31.5）	括号内为宽轨距段
尾水调压室		$D=48$、47.5、46、44.5	1 号～4 号尾水调压室
尾水隧洞		14.5×18（17.5×22）	括号内为结合段尺寸
尾水隧洞检修闸门室		250×15×22.53	

　　左岸地下电站的主要洞室包括主副厂房洞、主变洞、尾水管检修闸门室、尾水调压室，各洞室平行布置。地下厂房布置在拱坝上游山体内，洞室水平埋深 800～1050m，垂直埋深 260～330m，纵轴线 N20°E；主副厂房洞长 438m，高 88.7m，岩壁吊车梁以下宽为

31m，以上宽为 34m，机组安装高程为 570.00m；主变洞布置在主副厂房洞的下游侧，由母线洞与主副厂房洞相连，两者间岩壁净距为 60.65m。主变洞总长 368m，宽 21m，高 39.5m。

尾水管检修闸门室布置于主变洞与尾水调压室之间，每条尾水连接管设一道检修闸门，闸门室跨度 12.1~15.0m，长 374.5m，直墙高 30.5~31.5m。尾水调压室布置在尾水管检修闸门室的下游侧，与厂房机组中心线的间距为 220m，两机共用一室，采用圆筒形阻抗式尾水调压室。1 号~4 号尾水调压室的开挖直径分别为 48m、47.5m、46m、44.5m，调压室的开挖高度为 107.91~124.65m，衬砌厚度为 1.5m，底部的分岔结构和阻抗板衬砌厚度为 3.0m，阻抗板对应流道位置分别设置直径为 7.6m 的阻抗孔。

尾水系统采用两机一洞的布置格局，左岸布置有 4 条尾水隧洞。左岸靠山内侧的 1 号尾水隧洞为专用尾水隧洞，2 号、3 号、4 号尾水隧洞与 1 号、2 号、3 号导流洞结合布置。尾水隧洞为城门洞形结构，采用钢筋混凝土衬砌，衬砌厚度 1.1~2.0m。1 号尾水隧洞的衬后过水断面尺寸为 14.5m×18m（宽×高），2 号、3 号、4 号尾水隧洞不结合段的过水断面尺寸为 14.5m×18m（宽×高），结合段的过水断面尺寸为 17.5m×22m（宽×高）。左岸尾水隧洞单洞总长 1110.1~1695.8m。

2.3.2　右岸地下电站的布置

白鹤滩右岸地下电站工程由进水口、压力管道、主副厂房洞、母线洞、主变洞、出线洞、尾水管检修闸门室、尾水调压室、尾水隧洞、尾水隧洞检修闸门室、尾水出口、灌排廊道、交通系统、通风系统及地面出线场等组成。其三维模型如图 2.3-4 所示，主要参数如表 2.3-2 所示。

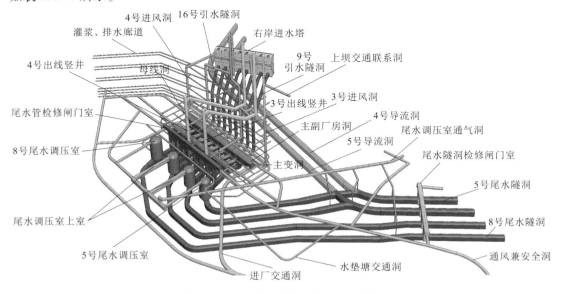

图 2.3-4　右岸地下洞室群的三维模型

表 2.3-2　右岸地下电站工程主要参数表

名　称		尺寸（长×宽×高）/（m×m×m）	备　注
进水口		277.2×32.5×103	
压力管道		$D=10.2$、11	8条
主副厂房洞	副厂房	32×31×56.2	总长438m，岩壁梁以下宽31m
	辅助安装场	22.5×34（31）×93.2	
	机组段	304×34（31）×88.7	
	安装场	79.5×34（31）×35.2	
主变洞		368×21×39.5	
母线洞		60.65×9.6（12）×10（11.5）	括号内为大断面洞段
出线竖井		$D=11.3$	2个
出线场		180×45	
尾水管检修闸门室		374.5×12.1（15）×30.5（31.5）	括号内为宽轨距段
尾水调压室		$D=43$、45.5、47、48	5号~8号尾水调压室
尾水隧洞		14.5×18（17.5×22）	括号内为结合段尺寸
尾水隧洞检修闸门室		250×15×22.53	

　　右岸发电进水塔布置有8个进水口，平面上呈"一"字形分布。进水口均按分层取水设计，前缘总宽度为277.2m，顺水流方向长32.5m，进水塔最大高度为103m。

　　布置有压力管道8条，按单机单管竖井式布置。压力管道上平段采用钢筋混凝土衬砌，其余洞段采用钢板衬砌形式。钢筋混凝土衬砌段衬后洞径为11m，钢板衬砌段衬后洞径为10.2m。

　　右岸地下电站工程主要洞室包括主副厂房洞、主变洞、尾水管检修闸门室、尾水调压室，各洞室平行布置。地下厂房布置在拱坝上游山体内，洞室水平埋深480~800m，垂直埋深420~540m，纵轴线N10°W。主副厂房洞室长438m，高88.7m，岩壁吊车梁以下宽31m，以上宽34m。主变洞布置在主副厂房洞的下游侧，由母线洞与主副厂房洞相连，两者间的岩壁净距为60.65m，主变洞总长368m、宽21m、高39.5m。

　　尾水管检修闸门室布置于主变洞与尾水调压室之间，每条尾水连接管设一道检修闸门，闸门室跨度12.1~15.0m，长374.5m，直墙高30.5~31.5m。尾水调压室布置在尾水管检修闸门室的下游侧，与厂房机组中心线间距为220m，两机共用一室，采用圆筒阻抗式。布置有4个调压室，5号~8号尾水调压室开挖直径分别为43m、45.5m、47m、48m，调压室竖井开挖高度112.10~117.45m，衬砌厚度为1.5m；底部的分岔结构和阻抗板衬砌厚度为3.0m，阻抗板对应流道位置分别设置直径为7.6m的阻抗孔。6号~8号尾水调压室在其下游侧结合通气洞设置上室。

　　尾水系统采用两机一洞的布置形式，右岸布置4条尾水隧洞。靠山内侧的7号、8号尾水隧洞为专用尾水隧洞，5号、6号尾水隧洞与4号、5号导流洞结合布置。尾水隧洞为城门洞形结构，采用钢筋混凝土衬砌，衬砌厚度1.1~2.0m。7号、8号尾水隧洞的过水断面尺寸为 14.5m×18m（宽×高），5 号、6 号尾水隧洞不结合段的断面尺寸为 14.5m×18m（宽×高），结合段的过水断面尺寸为 17.5m×22m（宽×高）。右岸尾水隧洞单洞总长 1006.8～1744.9m。

2.4　思考与借鉴

（1）引水发电系统布置的比选是一个复杂的过程，需要考虑的因素繁多，涉及地质条件、水力学条件、运行安全条件、施工条件和经济性等方面，需进行综合分析，选择合理可行的方案。

（2）引水发电系统的布置应遵循"满足功能、安全可靠、风险可控、技术经济、留有余地"的原则。在此前提下，既要满足工程本体安全，又要尽量降低施工过程的安全风险。

（3）应尽可能避开不利地质条件，减少不利地质体对主要建筑物的影响，从源头上降低处理不利地质体的技术难度和成本。

（4）在主体建筑物布置确定后，应结合建设期、运行期的需要，对厂区交通主干道、通风主通道、监测主通道等进行深化布置。

第3章　建设管理

白鹤滩水电站地下厂房洞室群规模巨大、布局复杂，因高埋深和复杂地质产生的围岩稳定问题突出，通风散烟困难，施工展布范围广，多专业、多工序穿插，给建设管理带来了空前的挑战。立足于"打造世界一流地下厂房，安全高效建成精品地下电站"的建设总目标，白鹤滩水电站地下厂房洞室群建设始终秉承"立足工程定位，把握主要矛盾，防控重大风险，追求卓越品质，开创一流业绩，实现多方共赢"的建设理念，高质量、高标准地开展各项管理工作。

建设伊始，统一参建各方的建设目标，提出科学务实的管理理念，构建多方联动的管理体系，采取创新管理制度和机制，实施个性化、针对性的管理措施，做好进度管理、质量管理、安全管理、技术管理、环境管理、组织与协调等相关工作，推动地下厂房安全文明高质量建设，打造精品地下厂房工程。

3.1　进度管理

3.1.1　总体思路

水电站工程一般以河床截流、大坝浇筑一线为关键线路，地下厂房一线为次关键线路，主要是地下厂房系统可以创造条件提前施工，外部制约因素相对较少。

白鹤滩水电站以实现机组安全准点投产发电为目标，精心谋划地下厂房工程总进度计划、拟订标段划分原则、制定科学合理的厂房施工时空布置规划；以实现主体工程尽早启动为重点，按照"应早尽早、应备尽备"的原则，全面提前形成施工通道、通风、风水电讯、附属企业等辅助工作；以按期实现厂房开挖与混凝土施工转序、土建向机电安装交面、下闸蓄水为要点，把控关键线路、抓牢关键工序，做好总体与局部、主线与分支之间协同匹配，强化过程监督检查，及时纠偏、适时调整优化；以不断优化施工工艺、研发应用先进设备机具为手段，实现厂房优质、安全、高效施工。

3.1.2　精心制定工期总规划

根据白鹤滩水电站工程机组投产发电的总目标，按照"厂房开挖支护—机组混凝浇筑与埋件安装—机组安装与调试—下闸蓄水—首批机组发电—后续机组依次安装、调试、投产"的关键线路，拟定地厂各阶段的工期规划。过程中重点把控厂房开挖支护安全稳定、机组混凝土浇筑与埋件有机协同、土建向机组安装交面有序衔接、各子系统下闸蓄水目标协调一致等重要环节，注重厂房发电系统与引水、尾水、出线、渗控等子系统间的相互协同统一，做到主线清晰明了、节点合理可靠、专业衔接有序、调节适度有余。

　　针对地下厂房洞室群空间立体纵横交错、平面布置错综复杂，多专业交互并进、各工序间紧密关联的特点，按照主厂房优先、蓄水优先、首批发电机组优先的原则，统筹规划施工总布置，提前筹划资源配置，合理进行标段划分，科学调配洞室群的施工节奏，加强专业间的协同配合，确保工程优质、安全、高效、整体协同推进。

3.1.3　周密部署各项准备工作

　　针对巨型地下洞室群及百万千瓦水轮发电机组的特点，结合现场实际情况，在总体规划阶段周密部署附属企业、交通网络、风水电讯等各项主体工程准备工作，按照使用需求时间节点有序组织实施，及时形成系统保障条件。

　　（1）料场。白鹤滩水电站地下厂房工程土石方开挖总量为 3300 万 m^3，其中明挖 2000 万 m^3、洞挖 1300 万 m^3。主体工程开工之前，结合左右岸泥石流冲沟治理，左右岸分别形成一个主要弃渣场，满足了明挖弃渣需求，结合左岸下游、右岸上游砂石混凝土系统的建设，同步形成有用料堆存场，满足了洞挖有用料回采存放需要。

　　（2）交通。主要洞室开挖前，左右岸施工区内分别形成了贯穿上下游的高、中、低主要通道，并架设了三道跨江临时索道桥，构建了上下游、左右岸互联互通的交通保障体系。随着主体工程的推进，下游永久桥及对外交通的建成，进一步满足大件运输、场内高峰运输等方面的需求。针对地下洞室群空间布置密集、作业面交互穿插的特点，对于引水、厂房、尾水三大系统，本着充分利用永久洞室作为施工通道的基本原则，优先实施主要通道洞室，施工过程中及时打通关键节点，形成环向交通网络，必要时在空间上设置双层通道，充分保障洞室群施工需要，形成空间立体交互、平面环向分流的交通体系。

　　（3）风水电信。针对地下洞室群作业面多、风水管网及照明线路复杂、各类用电设备点多面广、风水电讯时空需求调整变化大等特点，建立左右两岸相互独立又互为备用的永久电源。综合考虑施工分区、负荷容量，合理设置骨干风水电供应源点及支线网络，为地下洞室群施工提供全方位、全过程安全可靠的风水电供应保障，并依托供电系统建立全覆盖的地下洞室群通信网络系统。

　　（4）附属企业。白鹤滩地下厂房混凝土浇筑 500 万 m^3，钢筋加工 49 万 t，金属结构 76362t，机组埋件 25000t，现场生产加工任务重。通过科学合理地建立现场附属企业，提前建成综合仓储系统、炸药库、机械修理厂等附属企业。重点在左岸下游和右岸上游分别建成砂石混凝土系统，实现上下游、左右岸就近供应且互为补充，通过地厂开挖料回采就近利用，缩短了混凝土生产骨料供应链，保障了施工进度。在场地受限的条件下，充分利用各阶段临时场地的窗口期形成施工平台，在左右两岸分设了金属结构加工厂、钢管组圆厂、钢筋加工厂，保证了高峰期压力钢管、机组埋件、钢筋加工制造需求，完成任务后及时拆除，保证了蓄水目标的顺利实现。

3.1.4　把控工程关键线路进度

　　白鹤滩水电站地下厂房工程建设过程中面临高陡峡谷地形及复杂水文气象条件，柱状节理玄武岩开挖卸荷问题突出，层间层内错动带及陡倾角裂隙发育，巨型地下洞室群工程规模及工程量巨大等诸多挑战，按期实现下闸蓄水、机组投产发电工期紧张，全面做好工程本体进度控制要求高。

1. 技术方面

首先根据白鹤滩水电站工程总体目标，精心制订主线清晰、重点突出、目标明确、首尾呼应、节点可控的地下厂房工程系统网络进度计划，充分合理配置各方面资源，通过全过程跟踪研判，及时识别、有效化解各方面风险，保障重要节点目标安全准点实现。

在开挖支护阶段，不断地深入认识围岩特性、揭示围岩变形破坏机理、掌握保护和利用围岩的系统方法，精心运用"立体薄分层、平面细分区、分序分步推进""顶拱提前锚固、掌子面跟进支护、结构面预锚保护一次成型"的成套技术，布设大量的安全监测断面、全面感知围岩变形情况，动态反馈分析、实时调整开挖支护方案，合理安排各洞室群之间的时空次序。面对右岸主厂房小桩号部位及 8 号尾水调压井突发大变形，通过反馈分析研判、及时加大资源投入、集中攻坚应急处置等一系列措施，保证了重要节点不发生重大偏离。

在混凝土及机组埋件施工阶段，针对主厂房复杂结构混凝土、百万机组埋件、主变GIS 室和副厂房层数多且结构复杂、空间受限物料运输困难等特点，利用前期精心布设的施工通道，综合布设和利用垂直、平面运输手段，研发应用一系列新型入仓设备、调整混凝土浇筑及埋件安装次序、动态优化混凝土分层分块分序，实现了主副厂房 32 万 m^3 混凝土、2.5 万 t 机组埋件与主变系统板梁柱混凝土高效协同快速推进，创造了单机组 18 个月完成混凝土浇筑及埋件安装并向机组安装交面的行业新纪录。

2. 管理方面

针对地厂工程中最为重要的引水、发电、尾水三大系统，围绕主厂房发电系统、四大核心洞室，以确保下闸蓄水和机组发电为目标，开展多专业、多标段、多系统、多工序、多单位的全方位、全过程、全面系统协调，多位一体相互配合与衔接，实现项目有机协同整体推进。

针对现场混凝土生产与供应、机组埋件与金属结构设备制造运输需要，制定施工图与埋件提示单多专业会审会签、洞室贯通预警、厂房桥机调度、标段间工作面相互交接等联合协调机制，实现土建、机电、装修、渗控、安全监测各专业有机高效协同一体化推进。

合理安排洞室群各部分贯通次序，有序做好开挖支护阶段收尾及验收工作，提前制订混凝土阶段重大技术方案及措施，谋划并做好物资设备、通道、临建设施、场地、队伍等资源转换，实现开挖与混凝土转序无缝衔接。

按照发电计划精心安排土建向机组安装交面顺序，提前形成大件吊装手段、机电大件组拼工位，公用系统工作面一次性完整移交，各机组机坑有序提前移交，交面工作实现零尾工，为机电安装提供良好环境与条件，顺利实现机组安装工作全面展开。

精心安排尾水系统、引水系统的进度，根据机组发电顺序做好尾导结合段转序，按照挡水过流计划全面完成各类闸门安装调试，统筹协调流域梯级调度做好尾水出口围堰爆破拆除，安全准点实现导流洞下闸蓄水、闸门全面挡水、引水尾水过流及机组充水调试等重要目标。

3.1.5　新装备新技术提高工效

在白鹤滩水电站地下厂房施工过程中，应用先进装备、创新工艺，实现工程建设的安全与高效。

（1）开挖支护成套新设备。应用锚索快速施工成套装备，保证及时跟进支护；应用大口径反井钻机，实现深大竖井安全高效施工；全面使用多臂凿岩台车，实现"机械化换人、自动化减人"。通过实施全时空多维度分层分区分序弱爆破开挖、及时跟进支护、控制初期变形，防止高地应力环境下岩石向深层次产生变形，过程中动态反馈分析，实现了复杂地质条件下巨型地下洞室群全周期的安全稳定；创新应用新型预锚技术，实现厂房重要结构面一次开挖支护保护成型；实施大洞室顶拱提前锚固，有效控制敏感部位变形的发展。

（2）钢筋混凝土成套新设备。应用岩壁梁混凝土钢筋、钢模台车，以及变断面、可伸缩、自行走衬砌台车，实现岩壁梁混凝土安全、优质、高效施工，洞室群衬砌混凝土资源灵活调度；采用深大竖井衬砌混凝土多孔口一体化动态监测自调平滑模系统、可移动式旋转分料系统，保证深大竖井群复杂结构的优质、高效建造，实现压力钢管外部混凝土多点下料、均匀连续上升。实施锥管直埋混凝土整体浇筑方案，优化机组埋件与混凝土协同配合工序；进水塔结构混凝土采用整体式液压自爬升模板系统，实现了资源优化配置、高塔安全优质连续上升；厂房整体应用清水混凝土施工工艺，带动了行业技术创新。

（3）压力钢管与机组埋件施工新技术。采用肘管和锥管大组节摆节吊装、座环整体吊装，提升机组埋件安装工艺水平，加快了厂房整体进度；压力钢管采用外部支撑结合移动式自动化压缝台车、竖井升降式多层施工平台、优化凑合节设置，提升了压力钢管整体安装焊接工艺水平及工作效率。

（4）高效通排风新技术。按照永临结合、送排分流、节能环保的原则，采用了高效变频分流通风设备，实现对各作业面通排风的精细管控，配合 LNG 运输设备，始终保持作业面空气清新，解决了高埋深条件下超大规模地下洞室群通风散烟难题，实现良好的施工通风散烟效果，缩短洞室开挖循环作业时间，为白鹤滩地下洞室群的高效快速施工提供了良好的环境，保障了作业人员职业健康，提升了工程整体施工进度，树立了高效节能的通排风系统行业"新风"。

3.1.6　进度管理成效

白鹤滩水电站地下厂房洞室群数量众多、立体交叉、布置密集、相互关联，洞室总开挖量高达 1300 万 m³，混凝土结构形式多样、质量要求高、施工条件复杂多变。通过以上进度管理工作以及相应的技术研究与实践，实现了优质高效施工。

白鹤滩水电站地下厂房工程于 2014 年 6 月开工建设，2018 年 12 月开挖支护完成，2021 年 6 月首批机组投产发电。创造了 18 个月完成百万千瓦级机组混凝土浇筑的行业新纪录，为按期向机电安装交面、实现机组投产发电目标提供了可靠的进度保障。

3.2 质量管理

在白鹤滩水电站地下厂房工程建设过程中，践行"千年大计、质量第一，追求卓越、臻于至善"的质量方针，建立了精品质量标准与评价体系，全面推行标准化施工工艺，全面把控地下工程施工质量要点，采取系列措施有效防范工程质量风险，实现了理想的工程建设质量效果。

3.2.1 建立精品质量标准及评价体系

白鹤滩水电站锚定"建设世界一流精品工程，成就水电典范传世精品"的质量目标，在既有三峡企业标准基础上，在行业现行规范"合格""优良"质量等级上，提出"精品"质量等级并编制对应标准，建立了开挖、支护、混凝土、灌浆、金属结构、机电等专业的精品质量标准体系，以单元工程为基础开展精品工程质量评定。部分精品工程手册如图 3.2-1 所示。

白鹤滩水电站精品工程手册（第一册）

中国三峡建工（集团）有限公司白鹤滩工程建设部

二〇二一年三月

图 3.2-1　部分精品工程手册

3.2.2 推行标准化施工工艺

为实现施工质量的规范化、标准化，按照"试验先行、样板引路、总结固化、标准施工"的原则，通过对重要部位、关键工艺、主要工序的不断改进提升，固化形成了白鹤滩水电站工程全面创建标准化施工工艺体系。通过场外试验、生产性试验，系统总结、优化现有施工工艺，制订了各专业的标准化工艺手册。

1. 样板引路

推行样板引路机制，以样板为标杆，向标杆看齐，以点带面，促进白鹤滩水电站工程施工质量管理，不断提升工程实体质量。鼓励施工单位创建和推广样板工程。根据项目难度、重要性和创建影响力，建设管理单位分档配套奖金，并按照"突出贡献、倾斜一线"的原则进行奖金分配。通过实施"样板引路、奖励兑现"机制，有效激发了施工单位解决质量难题、创建优质工程的主动性，对于提升工程质量、营造创优氛围发挥了积极的促进作用。

2. 标准工艺

通过"试验先行，样板引路"机制总结施工经验，编制各类标准化工艺手册，大力推行标准化工艺，对每一道工序、每一个环节、每一个细节均明确质量工艺标准，实现施工工艺的标准化。加强质量技术交底和质量培训工作，严格按照标准工艺施工，以施工过程的标准化保证精品质量的实现。部分标准化施工工艺手册如图 3.2-2 所示。

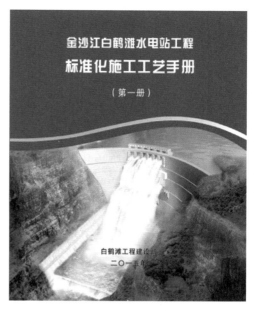

图 3.2-2　部分标准化施工工艺手册

3.2.3　把控地下工程施工质量要点

白鹤滩水电站地下厂房工程施工的质量管理要点主要包括开挖、锚喷支护、混凝土工程施工中的相关要素和环节。

1. 开挖工程质量

开挖工程的质量控制要点：平整度、半孔率、超欠挖，岩体损伤，爆破振动控制。

2. 锚喷支护工程质量

（1）锚杆质量控制要点：锚杆型号、长度、间排距（数量），砂浆密实度。

（2）喷混凝土质量控制要点：原材料，喷混凝土厚度，抗压强度、粘黏强度。

（3）锚索质量控制要点：钻孔深度、锚索长度，锚索型号，张拉锁定，注浆质量。

3. 混凝土工程质量

混凝土工程质量控制要点：振捣密实，堵头混凝土无渗漏，埋件外包混凝土无抬动，大体积混凝土无裂缝，流道混凝土平整光滑。

3.2.4　防范质量风险的主要措施

1. 洞室施工测量控制网

各标段工程开工前，施工单位向监理单位提交《施工测量技术设计书》，包括加密控制点的平面和高程方案、地下开挖工程贯通测量方案、地下洞室布设基本导线点的埋设设计方案等内容。

2. 原材料质量管理

对于工程质量有较大影响的钢筋机械连接套筒、止水橡胶带、速凝剂、接地用铜绞线和扁铁、钢纤维等承包人自购材料，实施市场准入制度。其供应商必须在建设管理单位公布的、通过市场准入资格审查的生产厂家中选择。钢材、水泥、粉煤灰、外加剂、铜止水、油品和炸药等物资，由建设管理单位负责统一采购与供应。

3. 锚喷支护"三量"统一

针对大型洞室、竖井等部位地质条件多变、支护形式与施工参数复杂多样的特点，为避免支护施工工序出现交叉混乱，按单元绘制支护（锚杆/锚索、排水孔、喷混凝土等）的平面展开图，以不同形状的符号区别不同支护参数，在施工过程中对照、检查、清点，确保计算书工程量、施工工程量、资料工程量"三量"统一。

4. 隐蔽工程量清点与影像留存

制定并严格执行隐蔽工程中的钢筋、锚杆清点与影像留存制度，将工程量清点表与影像资料作为计量签证的必要依据之一。特别需要对隧洞、竖井内的锚杆在复喷前进行重点清点；在小洞室衬砌混凝土浇筑前、浇筑中，对钢筋工程量进行重点清点。建设管理单位和监理单位定期检查清点情况和影像资料留存情况。

5. 机电埋件安装质量管控

制定机电埋件安装提示表，建立多专业会签制度，严格履行机电、土建交面与反交面程序，落实金属结构、土建联合验仓制度，防止机电埋件漏埋、错埋。定期采用穿线法或通水试验检查预埋管路的通畅性，并在管口焊接钢板或打压板封堵管口，防止管路堵塞。制作统一醒目的机电埋件标识牌，确保标识清晰、美观，并能反映埋件种类、规格及走向等关键信息。

6. 第三方质量检测

委托第三方开展爆破振动监测，根据爆破振动监测成果优化调整爆破设计方案，监督施工单位严格按照爆破设计方案进行爆破作业。在施工单位自检、监理单位抽检的基础上，委托第三方按一定比例独立开展锚杆无损检测和衬砌钢筋无损探测。其中，锚杆无损检测抽检比例如表 3.2-1 所示。

表 3.2-1　白鹤滩水电站工程锚杆无损检测抽检比例

锚杆类型	检测比例/%		
	施工单位	监理单位	第三方检测单位
临时工程	不小于 3%施工总数，且不小于 5 根/单元	3%~5%施工总数，且不小于 5 根/单元	5%施工总数，且不小于 5 根/单元
常规部位永久锚杆	不小于 10%施工总数，且不小于 10 根/单元		
岩壁吊车梁等关键部位	100%检测，且不小于 20 根/单元	50%施工总数，且不小于 10 根/单元	50%施工总数，且不小于 10 根/单元

7. 巡检与旁站

建立并实施关键工序通报制度，由现场监理人员在微信群通报。建设管理单位每周随机进行抽查，检查旁站监理人员和施工质检人员在岗履职情况。

8. 大体积混凝土取芯

按随机性与针对性相结合、代表性与典型性相结合的原则进行大体积混凝土的质量检查。混凝土质量检查方法包括钻孔取芯检测、检查孔压水试验检测，以及超声波或回弹仪等无损检测方法。按 $2m/$ 万 m^3 钻取芯样，制作试件的芯样直径为 219mm，一般芯样直径为 168mm、76mm。压水试验应在钻孔冲洗后进行，采用"单点法"进行压水试验。

9. 单元验收评定后计量签证

推行单元工程的完工、验收、清量、资料整编"四同步"的管理制度。即单元工程质量验收资料、单元工程量计算书、现场计量签证资料与单元工程验收同步开展、同时完成。

10. 物资核销

受库存、已完未结算等因素影响，每年的第一季度，由建设管理单位牵头组织监理单位、施工单位对库存量、结算量、已完未结量进行联合清查，进行开工至当年第一季度的物资核销，发现问题及时查清、及时处理。

3.2.5　质量管理成效

白鹤滩左右岸地下电站的开挖体形控制精准，超欠挖、不平整度及半孔率控制较好，优良率达 94.7%；锚喷支护施工及时高效，优良率达 96.2%，锚索施工优良率达 95.5%；混凝土施工内实外光，质量数据良好，优良率达 98.3%。截至目前，地下厂房的相关监测数据均处于稳定状态、结构运行安全平稳。

3.3　安全管理

因地质条件、工程规模、技术难度等因素的影响，白鹤滩水电站地下厂房洞室群施工面临安全风险挑战。因此，白鹤滩水电站地下厂房工程建设始终坚持"安全第一"的原则，通过开展辨识地下工程施工风险、制订科学的技术方案、采用先进的施工装备、安全风险的预警与预控、持续开展隐患排查与治理、创新地下工程安全管理制度建设等举措，实现了理想的施工安全管理成效。

3.3.1　辨识地下工程施工风险

大型水电站地下厂房工程施工的安全风险主要有地质灾害风险、爆破作业风险、围岩失稳坍塌风险、机械作业伤害风险、密闭空间作业风险等几个方面。

（1）爆破气体、洞内赋存有害气体等未能得到有效监测并及时消散，造成因中毒、气体爆炸引起的人员伤亡。

（2）洞室开挖爆破作业时，人员未撤离至安全区域，或相邻洞室意外贯通，造成爆破伤害事故。

（3）洞室发生掉块、坍塌，造成下方作业人员因物体打击而伤亡。特别是在开挖支护施工向混凝土工程施工的转序阶段，掉块等安全风险最为突出。

（4）在深大竖井施工过程中，溜渣井开挖、全断面扩挖、混凝土浇筑、预制件安装等环节均存在较高的高处坠落、物体打击等安全风险。

（5）在多标段、多工作面交叉作业时，未落实"避让"和"工作面交接"造成人员伤亡。

（6）在各类机械设备作业时造成人员伤亡。

（7）施工期江水倒灌或渗漏量较大，造成地下洞室群淹没的风险。

（8）洞室内施工用电安全隐患。

3.3.2 制订安全可靠的技术方案

坚持技术先行，合理的设计方案、科学的施工方案和完善的安全措施是施工安全的前提与基础。

1. 设计方面的要求

（1）确保洞室群布置方案、结构与支护设计方案的结构可靠度，从源头降低工程施工风险，确保洞室群的围岩稳定。

（2）通过三维结构设计和地质模型，对不良地质段、空间相交洞室等特殊部位进行加强支护设计，支护强度宜强不宜弱。

（3）对于存在较大施工难度或安全风险的设计方案，由建设管理单位组织共同研讨，对设计方案进行优化调整。

2. 开挖与支护方面的要求

（1）根据围岩稳定性、施工安全性、支护及时性、支护设备作业的便捷性等确定洞室施工的分层分区、开挖方式等施工方案。通过采取增设施工通道或调整开挖方法等途径，避免自下而上的反向人工钻爆开挖；避免临时开挖面设置于顶拱，若确需如此，应增设临时支护措施；不良地质段的锚喷支护施工等避免由人工施工。

（2）针对平洞与高边墙、竖井与平洞、支洞与主洞等交叉部位制订专项的开挖支护技术措施；针对岩爆洞段和其他不良地质洞段制订专项的安全施工技术方案。

（3）高度重视锚喷支护作业的及时性、有效性，其可靠性直接关系到洞室群围岩的稳定和施工安全。根据洞室尺寸、地质条件等，制订详细的支护跟进距离和时间要求，以支护促开挖。

（4）采用安全监测反馈分析技术、精细化爆破技术、快速锚喷支护技术等保障洞室群的围岩稳定，实现工程本质安全。

3. 混凝土施工方面的要求

（1）在进行混凝土施工方案比选时，应优先保证技术可靠性和施工安全性。

（2）优先应用钢模台车，或采用钢结构、盘扣式脚手架作为混凝土模板的承重支撑系统；胸墙、阻抗板等结构的模板及支撑系统、施工分层，应综合考虑下部施工通道、上部荷载等要求进行确定；悬挑牛腿结构宜采用混凝土预制模板。

（3）根据施工条件和入仓强度要求，确定混凝土垂直运输方式，合理配置天泵、地泵或布料机等设备；需要设置溜槽、泵管时，配置专用的安装、维护通道和作业平台。

（4）采用高压泵泵送混凝土入仓时，顶拱仓内须设置排气管，防止因压力过大造成支撑系统的超载或垮塌。

（5）通过现场取样试件的强度测试，结合工程经验，确定不同结构部位的拆模时机，避免因过早拆模而发生坍塌事故。

3.3.3　采用先进的施工装备

（1）采用新型设备与技术方案替代传统方案，尽可能采用机械化作业替代人工作业，从源头上保障施工安全。除多臂凿岩台车、湿喷台车等大型机械设备外，推广应用矿山行业的大尺寸反井钻机、出线竖井门式起重系统、引水竖井桥式起重系统、尾水调压井双梁式起重系统，实现人货分离，可有效提高安全可靠性，实现了深大竖井群的安全高效施工。

（2）引进了高性能变频风机和优质风带，研发了巨型洞室群高效通排风系统，改善了地下洞室施工作业的环境条件，保障了人员健康和安全。

（3）通过采用移动式高效锚索钻孔平台与机具、速凝高强锚固剂等新技术，实现了锚索支护快速跟进开挖作业面、及时快速施加各种预应力锚索和锚杆支护、快速提供支护力的成效，有效调控了围岩开挖卸荷变形增长速率及变形稳定性。

（4）强制采用汽车吊的人工插杆防挤压装置，大力推广锚索自动下索装置、盘扣式脚手架，强制使用高压风管快速接头、洞内移动式照明小推车、轮式设备倒车声光警示装置、有害气体监测装置等施工安全装备与措施。

（5）通过采用新型钢模台车、液压自爬升模板和滑模系统，替代传统模板及支撑（提升）体系，解除了承重排架作业、大风天气下吊装作业、高临边作业等情况下的施工风险。

3.3.4　安全风险的预警和预控

（1）在设计阶段，通过块体稳定分析，从布置上避免出现不稳定的定位块体，针对少量的半定位块体和随机块体采取预支护措施。若缓倾角结构面在顶拱出露，必要时可主动挖除。

（2）白鹤滩水电站地下洞室群众多，空间交叉，平面相邻。为避免洞室爆破开挖过程中出现意外贯穿，导致重大安全风险，制定了洞室贯穿预警制度。根据工程进展，对直接贯通、空间交叉距离小于 1 倍洞径的开挖施工部位进行预警，在周、月、季、年度计划中列表重点关注。坚持技术先行，结合年、季、月、周生产安排，提前预控相邻洞室意外贯通风险。

（3）根据数值计算成果和围岩响应特点，预判洞室可能发生开裂掉块部位，提前挂设主动防护网，提前安装厂房吊顶施工台车，用于清撬排险和补强支护施工。厂房开挖期间顶拱主动防护网内堆积的掉块如图 3.3-1 所示，厂房顶拱安全检查平台如图 3.3-2 所示。

（4）设计单位负责对不良地质条件进行交底，适时发布地质简报（预报），对重大风险进行提示；现场研判地质风险，采取具体应对措施。

（5）制定了竖井施工不良地质预警管理制度，现场挂设竖井地质剖面图、不良地质段预警牌，当竖井开挖进入事先设定的预警范围，启动预警响应。通过挂牌预警，及时调整开挖进尺、爆破设计和支护参数。

图 3.3-1　厂房开挖期间顶拱防护网
内堆积的掉块

图 3.3-2　厂房拱顶安全
检查平台

（6）据同类工程经验，结合数值计算与反馈分析成果，确定并发布洞室群围岩稳定各阶段主要部位的安全监测预警值。安全监测预警值分为安全、预警和危险三个等级。当安全监测成果超过预警等级时，由安全监测单位发出预警信息；当达到危险等级时，立即暂停现场爆破开挖作业，召开专题会议研究处置措施。表 3.3-1 为右岸主副厂房第Ⅴ层开挖的围岩稳定管理标准。

表 3.3-1　右岸主副厂房第Ⅴ层开挖的围岩稳定管理标准

部位	管理标准值					
	安 全 等 级		预 警 等 级		危 险 等 级	
	变形增量 Δ/mm	变形速率 δ/(mm/d)	变形增量 Δ/mm	变形速率 δ/(mm/d)	变形增量 Δ/mm	变形速率 δ/(mm/d)
顶拱	$\Delta \leq 4$	$\delta \leq 0.2$	$4<\Delta<8$	$0.2<\delta<0.4$	$\Delta \geq 8$	$\delta \geq 0.4$
上游边墙	$\Delta \leq 15$	$\delta \leq 0.3$	$15<\Delta<30$	$0.3<\delta<1.0$	$\Delta \geq 30$	$\delta \geq 1.0$
下游边墙	$\Delta \leq 20$	$\delta \leq 0.3$	$20<\Delta<35$	$0.3<\delta<1.0$	$\Delta \geq 35$	$\delta \geq 1.0$

（7）保持敬畏，主动避让。安排有经验的管理和技术人员进行现场巡查，若发现坍塌征兆，立即组织下方作业人员撤离避让；当安全监测数据发出预警或发生剧烈的围岩响应时，相关施工区域内的人员先行撤离避让。

（8）研发了多工作面锚喷支护及时性预警系统，利用信息化技术从管理上保障了地下洞室群开挖面支护的及时跟进。研发并应用了"地下洞室支护预警系统"，通过互联网及时查询各作业面支护进展情况，通过标准制定、数据录入、系统反馈、预警预报、现场控制标准化等流程，实现了针对支护未按照要求及时跟进部位的快速预警，为控制支护及时性提供了可靠的管理手段。

3.3.5　持续开展隐患排查与治理

持续开展洞室群防坍塌专项检查、安全周检查与典型安全隐患剖析、洞室开裂掉块定期普查、起吊设备专项检查、施工用电专项检查等安全隐患排查工作。

（1）每周由监理单位、施工单位和建设管理单位联合开展安全大检查，防范重大安全风险，降低安全隐患基数，提高安全隐患整改的及时性。

（2）每月进行主厂房及周边洞室开裂掉块检查，并做好素描记录，采取清撬、挂设防护网或补强支护等措施及时消除开裂与掉块带来的安全隐患。

（3）不定期组织开展防坍塌专项检查、起重吊装设备专项检查、施工用电专项检查、轮式设备专项检查等工作，汛前和汛期开展防洪度汛专项检查。

（4）研发了隐患排查治理系统，通过信息化技术提高安全管理成效。该系统集成了隐患上报、整改闭合、统计分析等主要功能，具有安全隐患管理的实时性、交互性、科学性等诸多优点，进一步深化了安全隐患排查治理的长效机制。

3.3.6　创新地下工程安全管理制度建设

1. 爆破作业安全管理制度

地下工程进行爆破作业时，在洞口和其他部位应设置警戒和标志，防止其他人员误入爆破作业区。地下工程爆破和地面工程爆破不得同一时间起爆。各爆破作业面在钻孔、清孔、验孔等工序完成，以及无关人员提前撤出炮区后，方可进行装药，禁止边钻孔边装药。装药、连网、起爆等工序只能由取得爆破作业证的人员进行操作。

在爆破烟尘散除后，爆破员进入爆破地点进行爆后检查，重点检查和处理可能存在的拒爆炸药、雷管、导爆索等，防止下一循环钻孔时意外引爆或混入有用料中，防止在后期混凝土施工缝面人工凿毛时意外引爆，对作业人员造成伤害。

2. 交叉作业"要面"制度

交叉及相邻作业坚持"安全第一，预防为主"的原则。按要求履行申请审批程序，安全设施不满足要求时，禁止交叉作业，严格执行"避让"制度。平面相邻作业的施工单位在作业面至设计分界线 30m 时，应停止作业，提出"避让""要面"申请，由监理单位根据工作需要进行协调审批，施工单位根据审批结果进行单向施工作业，撤离暂停施工人员、机械设备，设立警戒区域。洞挖至明挖相邻作业需要"避让"或"要面"时，遵循洞挖优先原则。

3. 竖井设备维护检查制度

提升系统的安全、平稳运行是竖井施工安全的关键，建设管理单位组织编制了竖井施工提升设备安全管理制度，明确竖井施工安全运行存在的主要危险源及不同提升设备（门机、桥机、电动葫芦、卷扬机）的安全检查项目，供施工作业、安全管理人员掌握每条竖井的情况，指导开展竖井施工现场安全检查，防止安全事故的发生。每次下井验收、巡查时，均应按"竖井施工安全检查表""提升系统（桥机、门机）现场检查表""提升系统（电动葫芦）现场检查表"所列项目逐一进行检查，并填写记录表，确保发现的问题和隐患能够得以及时消除，确保设备始终处于安全状态。

3.3.7　安全文明施工标准化

在白鹤滩水电站引水发电系统的施工过程中，制定了与安全施工、文明施工相关的各项实施细则以及安全文明标准化作业图册，使得安全文明施工落到实处。例如，详细规定了对风、水、管和照明线路的布置要求；供风钢管应设加固措施，每 8m 设 φ25 插筋加固，要求承包人将供风管道统一涂为红色；供排水管道每间隔 5m 左右设角钢支架，供水管道颜色统一涂为绿色，排水管道为黄色；施工现场工作面一律采用箱式变压器，动力线与照明线分开架设，隧洞照明灯统一设置在隧洞两侧拱肩部位等。

3.3.8 安全管理成效

通过风险的识别与确定、预警与预控、隐患的排查和治理、风险隐患的采集与研判，实现了人、物、环、管等相关要素的精细化、科学化、一体化管理，为白鹤滩水电站地下厂房工程建设创建了良好的安全条件，实现了良好的安全管理成效。

3.4 技术管理

白鹤滩水电站地下厂房工程的多项技术指标与难度位居世界首位，在建设管理过程中开展了重大工程技术问题超前研究、重大施工方案建设管理单位牵头、建立反馈分析工作机制等技术管理工作。

3.4.1 重大工程技术问题超前研究

在白鹤滩水电站地下厂房的建设过程中，针对重大工程技术问题开展超前研究，采取"设计为主、专业咨询、专家研讨、博采众长、结合实际、优化调整"的技术管理思路。设计单位与建设管理单位平行开展研究，建设管理单位通过委托高等院校、科研机构和专业施工单位进行研究，根据研究成果对重大技术方案进行优化调整。

在工程筹建期，针对白鹤滩水电站地下厂房建设的重难点技术问题，开展了围岩渗流分析与施工期地下水防治、施工通道及施工期通风布置等专题研究。在主体工程开工前，开展了地厂围岩稳定分析、圆筒式尾水调压室开挖、主体工程分标规划等重大专题研究。

3.4.2 重大施工方案建设管理单位牵头

由建设管理单位牵头，通过专题研讨会研究重大施工方案。如尾水出口围堰拆除、锥管层混凝土浇筑、蜗壳外包混凝土浇筑、压力钢管安装、尾水调压室模板选型等关键施工方案，均是由建设管理单位组织专题研讨会研究确定最优方案。

在方案实施过程中，根据现场边界条件的变化，采取技术核定单、施工备忘录、碰头会纪要等形式，对相关技术方案进行优化与调整。

3.4.3 围岩稳定反馈分析

建立了由"建设+设计+施工+监理+监测+科研"多方结合的"管理-科研-生产"协同的技术研究工作模式，建立了认识围岩、利用围岩、保护围岩、监测反馈的技术体系，实施了"开挖一层、分析一层、预测一层、验收一层"的工作程序。如图 3.4-1 所示，根据地下厂房的工程进展，分阶段召开反馈分析会议，解决地下厂房建设中揭露的问题，预测后续建设中可能存在的风险，提出应对措施，确保地下厂房的建设和运行安全。

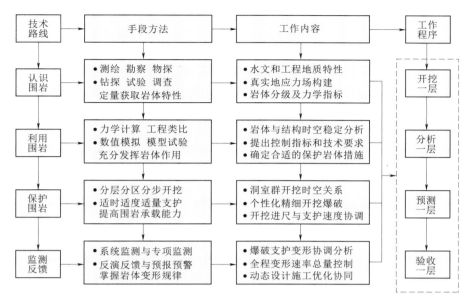

图 3.4-1　认识围岩、利用围岩、保护围岩、监测反馈技术体系

在白鹤滩水电站地下厂房洞室群建设期间，共召开了 9 次反馈分析专题会，历次会议基本信息如表 3.4-1 所示。

表 3.4-1　地下厂房洞室群围岩稳定反馈分析专题会统计表

序号	层号	开挖完成时间	支护完成时间	反馈分析时间	备　注
1	第 I 层	2014-12-21	2015-03-22	2014-12	
2	第 II 层	2015-05-27	2015-06-17	2015-07	
3	第 III 层	2015-12-23	2016-01-25	2015-12	
4	第 IV 层	2016-10-02	2016-10-18	2016-06	
5	第 V 层	2016-12-15	2017-01-04	2016-10	
6	第 VI 层	2017-03-25	2017-05-18	2017-03	
7	第 VII 层	2017-09-01	2017-10-28	2017-05	院士咨询
8	第 VIII 层	2018-01-06	2018-01-08	2017-12	
9	第 IX、X 层	2018-06-28	2018-06-30	2018-06	

除常规反馈分析专题会外，先后组织了 3 次咨询会，针对设计和施工方案进行了有效的讨论与研究。白鹤滩水电站地下厂房洞室群的围岩稳定咨询会统计如表 3.4-2 所示。

表 3.4-2　白鹤滩水电站地下厂房洞室群围岩稳定咨询会统计表

序　号	会议时间	会　议　名　称
1	2014-03	白鹤滩水电站地下厂房第一层支护设计专题会
2	2017-07	白鹤滩水电站地下洞室群围岩稳定专题咨询会
3	2019-04	白鹤滩水电站巨型地下厂房洞室群主要岩石力学问题及防控措施专家咨询会

3.4.4　技术管理成效

通过以上技术管理工作，在地下厂房洞室群施工规划与布置、深埋地下洞室群通风散烟系统、复杂地质条件下巨型洞室群围岩稳定控制、深大竖井群安全开挖、大型地下厂房混凝土快速施工等方面实现了技术进步与创新，攻克了高地应力、长大错动带、硬脆玄武岩等复杂地质条件下建造巨型地下洞室群的技术难题，为白鹤滩水电站地下厂房工程建设提供了坚实的技术保障。

3.5　环境管理

3.5.1　高效通风散烟系统

提前做好地下厂房的通风散烟方案并由建设管理单位负责设备采购。按照永临结合、分期布局、新污分流、变频节能的原则，首次在大型水电工程中采用变频风机及高效风带。通排风设备由建设管理单位统一采购后，免费提供给施工单位使用，风机运行电费据实核销。通排风系统的有序、高效运行，实现了白鹤滩水电站地下厂房绿色环保的作业环境，解决了大规模、高埋深洞室群施工期通风散烟的世界性难题。

3.5.2　洞挖料的回采利用

为实现节能减排、绿色施工的目标，对地下洞室群开挖的部分石料进行回采与综合利用。制定了有用洞挖料的管理规定，严格控制爆破块径，规范有用料的判定标准。设置公共地磅称重计量，确保有用料的堆存管理。

白鹤滩水电站左右岸地下厂房洞室群工程的开挖总量约为2088万t，约有1287万t的开挖料用作生产混凝土骨料的原材料，总体利用率达61.6%。

3.5.3　推广应用LNG动力工程车

白鹤滩水电站地下洞室群出渣运输中大力推广应用LNG动力工程车，用清洁能源LNG代替汽油、柴油，可以最大限度减少汽车尾气的排放，改善工区环境质量，如图3.5-1所示。通过LNG动力工程车在白鹤滩水电站地下厂房洞室群中的广泛使

图3.5-1　施工现场LNG动力工程车

用，有效改善了施工过程中洞室群内的空气质量和施工环境，实现了低碳节能减排、安全环保目标，对树立良好工区形象有着极大的促进作用。

3.5.4　环境管理成效

白鹤滩水电站地下厂房施工实现了友好的施工环境，洞内空气质量达到规范指标。

61.6% 的洞挖料用于生产混凝土骨料，实现了节能减排、绿色施工的目标。

3.6 思考与借鉴

（1）地下厂房工程建设具有地质条件的不确定性、作业环境的封闭性、施工交叉与干扰的复杂性等特点，在进度管理、质量管理、安全管理、技术管理、环境管理等工作中需要综合考虑以上特点，实现对以上建设管理要素与目标的综合协调和平衡。

（2）地下厂房工程需要对施工安全、技术方案等问题开展超前研究、做好提前规划，针对可能出现的情况做好预案、预警、预控。

（3）地下厂房工程施工安全风险隐患多，安全管理是重中之重，安全管理的制度建设、技术方案的安全性保证、各类风险的预警预控、信息技术等的有效应用都应在施工安全管理中得到充分重视和正确实践。

（4）各方的共同参与和分工协作是做好地下厂房建设管理的必要条件，充分发挥各自优势，建立各方权责明确、沟通协调通畅的建设管理模式，是保障工程顺利建成的必要基础。

第4章　施工规划与布置

4.1　进度规划与实施

4.1.1　工程施工分期规划

白鹤滩水电站工程建设划分为4个施工阶段：工程筹建期、工程准备期、主体工程施工期及工程完建期。各个施工阶段的划分与期间的主要施工项目如下。

（1）工程筹建期为工程正式开工前，为施工单位进场施工创造必要条件所需的时间段，其间需要完成对外交通、施工供电、施工通信等项目。由于白鹤滩水电站工程规模巨大，前期施工条件较差，主体工程施工所需要的场内交通布置形式十分复杂。因此，尽量在筹建期内安排了一部分与导流隧洞和右岸坝肩等控制性施工项目相关的场内道路工程项目。此外，筹建期内还包含了渣场的前期临时排水和防护等项目。白鹤滩水电站工程筹建期以左右岸低线沿江公路整治工程开工为时间起点。

（2）工程准备期包括场地平整、场内交通、导流工程、施工工厂和仓库、生活设施等项目。坝址区建筑物布置密集，各项目在施工过程中存在时间和空间上的干扰。同时，由于白鹤滩水电站工程建筑物规模巨大，施工周期较长，为了尽量缩短主体工程的施工工期并为主体工程创造良好的施工条件，将左右岸坝顶高程以上相关边坡开挖、两岸地下工程的部分排水廊道，以及锚固洞、置换洞和截渗洞的施工安排在工程准备期内实施。工程准备期以两岸导流隧洞和坝顶高程以上边坡开挖工程开工为时间起点。

（3）主体工程施工期包含第一批机组发电前实施的主体工程施工项目，主要包括大坝工程、水垫塘和二道坝、左右岸引水发电系统、泄洪洞工程、自然边坡治理工程和下游河道整治工程。白鹤滩水电站的大坝工程为控制总进度的关键项目，因此主体工程施工期以主河床截流为时间起点。

（4）工程完建期是指从第一批机组投产运行至工程完工为止，主要包括第一批机组发电后坝体混凝土浇筑、接缝灌浆、导流底孔封堵、坝体泄洪表孔闸门及启闭机安装、后续机组二期混凝土浇筑和机组安装调试等项目。工程完建期以第一批机组发电为时间起点。

4.1.2　地下厂房工程开工前的准备

在地下厂房的主体工程开工前，为了给主体工程承包人提供成熟的施工条件，以便使其进场后缩短施工准备期、尽快开工，需要在工程筹建期内完成部分准备工程。这些准备工程主要包括场内交通、施工供电、施工供水等。

以上项目在筹建期内完成后，场内外交通已具有一定的条件，已完成施工供电系统及施工给水系统等设施的建设，因此承包人进场后便可开展施工准备项目的实施。

白鹤滩水电站地下厂房洞室群规模巨大，施工工序多，施工强度大，各洞室施工相互干扰大，围岩稳定问题突出，通风散烟难度大，总体进度较同类工程偏紧。因此，为了确保总进度计划的实现，对地下厂房开工前的准备工作进行了细致的研究和安排，将地下厂房顶拱中导洞、厂房顶部锚固观测洞、尾调锚固观测洞及部分排风洞（井）、灌排洞、施工支洞交叉口、主通风通道、主监测通道等项目提前开工。其主要目的在于：①便于尽早形成良好的通风条件；②便于提前埋设主厂房、尾水调压室上部安全监测仪器；③便于尽早实施顶拱对穿锚索施工；④便于尽早具备洞室群大规模开挖施工条件。

4.1.3　地下厂房洞室群的总进度规划要点

白鹤滩水电站地下厂房洞室群划分为进水口及引水系统、厂房系统、尾水系统及防渗排水系统4个子系统，各子系统的施工过程既自成体系、相对独立，又相互关联、相互制约。在进行施工总进度规划时，应注重以下要点。

1. 以下闸蓄水发电为首要目标

对于引水及尾水一线的进度安排，除满足关键线路对其施工进度的要求外，还应满足水电站下闸蓄水及机组充水调试的要求。

防渗排水系统的施工应满足各阶段水电站安全度汛及蓄水计划的要求。

各施工支洞的封堵应满足机组充水调试的节点要求。

2. 以关键线路上的洞室为核心，其余洞室协同推进

地下厂房工程的关键线路为：主副厂房开挖与支护→首台发电机组混凝土浇筑至发电机层（穿插机电一期埋件安装）→首台机组安装、调试→首台机组试运行、发电→其他机组依次试运行、发电。

在开挖支护阶段，按照"先洞后墙"原则，将母线洞、引水下平洞、尾水支管、进厂交通洞等在厂房开挖至相应部位前，提前贯入厂房，并完成系统支护和环向预裂施工（视地质条件，必要时可提前衬砌），兼顾厂房后续开挖支护施工通道；在厂房开挖至相应高程前，提前完成周边排水廊道的开挖，满足对穿锚索施工的要求；尽早完成通排风通道，形成良好通风环境；三大洞室高程上错层开挖，控制塑性区范围；白鹤滩水电站布置了层间错动带置换洞，在厂房开挖至相应高程前，提前完成置换施工。

在混凝土浇筑阶段，尾水支管、引水下平洞、主变洞及母线洞为厂房提供不同高程浇筑通道，应注意在通道关系上满足要求；协调好引水压力钢管安装与蜗壳安装。

3. 以交面节点为目标，为机电安装及装修施工创造条件

主变洞、母线洞、出线系统等部位应在满足关键线路对其施工进度的要求外，还应以具备向下一标段交面条件为目标进行进度规划。

4. 错峰降峰，均衡生产

在满足以上各线路总体进度目标的前提下，应统筹规划同期施工的工作面数量，错峰降峰，均衡施工强度，节约建设投资。

4.1.4 地下厂房洞室群施工的统筹与协调

白鹤滩水电站地下厂房洞室群具有平面布置紧凑、立体纵横交错、洞室体型庞大的设计特点，以及施工强度高、施工程序复杂、相互关联紧密、多专业穿插并进的施工特点。统筹规划洞室群的施工布局，合理进行工程分标，有序安排洞室群的施工步骤，合理调控洞室群的施工节奏，创造相对独立的施工环境，是确保洞室群整体协同推进、安全快速施工的关键。

4.1.4.1 科学进行工程分标

1. 主体工程的分标原则

主体工程分标应根据工程特点，从有利于发挥专业优势、便于施工组织和协调管理，能充分实现公平竞争，方便工程质量、进度以及投资控制和管理的角度出发，同时应考虑国内施工企业的业绩特点和财务能力等因素。白鹤滩水电站的主体工程施工分标主要考虑以下原则。

（1）标段划分有利于增加投标竞争程度，也要有利于提高承包单位的积极性，充分发挥承包单位的工程管理潜力。

（2）有利于实现专业化施工，减少施工干扰和跨江运输，有利于节约用地并按区域进行工程组织和协调管理。

（3）满足工程控制进度的要求，部分主体工程项目需在筹建期统筹考虑。

（4）各标段规模合理，既要考虑减少标段界面，又要考虑各标段有足够的规模，保证承包单位充分投入施工力量。

（5）标段划分要有延续性，减少标段间的界面与责任，减少管理协调难度与风险。

2. 引水发电系统的分标方案

在实施规划方案的基础上，基于以上分标原则，通过研究各施工项目的招标范围、边界条件、招标方式、招标进度等内容，建立了白鹤滩水电站招标规划方案。

白鹤滩水电站左右岸引水发电系统的土建与金属结构安装工程各为一个标段（以下简称"土建标"）。土建标与机电安装标、厂区交通洞标、锚固灌排标、排风洞标、导流洞标、大坝标、安全监测标、建筑装修标、金属结构设备采购标等相邻、相关标段均划分了清晰的分标界面，其相互关系如下。

（1）与机电安装标关系。同类工程一般将机组埋件安装全部列入机电安装标，或仅将直锥管及以下机组一期埋件列入土建标。在白鹤滩水电站工程中，将机组一期埋件安装（含预埋管路）、辅助桥机安装等全部列入土建标。此外，土建标还负责永久桥机轨道、滑触线、天锚和地锚的安装施工。

（2）与厂区交通洞标、锚固灌排标、排风洞标关系。厂区交通洞标提前形成了大部分永临结合的地下施工主通道，并完成了引水隧洞、尾水连接管、尾水隧洞施工支洞在主通道的交岔口开挖；地下厂房顶拱中导洞、厂顶锚固观测洞及厂顶观测支洞、尾调锚固观测洞及交通洞、尾水隧洞施工支洞（上岔洞）、尾水隧洞排风竖井施工通道、部分排水廊道等由锚固灌排标提前实施；与施工期排风相关的排风平洞、排风竖井、排风连接洞等由排风洞标提前实施（尾水隧洞排风竖井由土建标实施）。

（3）与导流洞标、大坝标关系。导流洞的运行、维护、下闸、清淤、抽水与改建等工作均由土建标负责，导流洞永久堵头封堵由大坝标负责。

（4）与安全监测标关系。永久安全监测单独成标，土建标负责施工期安全监测，并为安全监测标提供监测仪器钻孔、安装和电缆牵引需要的脚手架、台车等登高设备的配合。

（5）与建筑装修标关系。主副厂房、主变洞的一次装修（顶拱防水层与除防潮墙以外的砖砌体）和出线楼、出线竖井、启闭机房、配电中心、配电房等建筑装修由土建标负责，主副厂房、主变洞的二次装修（一次装修以外部分）由建筑装修标负责，引水发电系统的永久照明安装、通风隔断由建筑装修标负责。

（6）与金属结构设备采购标关系。金属结构设备和二期埋件由金属结构设备采购标提供，一期埋件由土建标负责，金属结构设备和埋件安装均由土建标负责。压力钢管主材由建设管理单位供应，土建标负责压力钢管制作与安装。

4.1.4.2　首批发电机组优先

在施工过程中存在干扰和制约的情况下，以首批发电机组进度为优先考虑因素进行组织与协调。

在首批机组发电之前，进水口及引水系统、防渗排水系统原则上应完成全部施工项目；按照后续机组发电顺序确定厂房系统和尾水系统施工的优先次序。

为便于机组的吊运安装，并考虑到后期导流洞（尾水洞）的改建顺序，确定白鹤滩水电站机组发电的顺序为：从远离安装间的左岸 1 号（右岸 16 号）机组至靠近安装间的左岸 8 号（右岸 9 号）机组依次排列，左岸 8 号（右岸 9 号）机组段作为安装场地使用。在右岸地下厂房洞室群开挖过程中，由于围岩稳定控制的需要，调整了右岸 14 号~16 号机组发电顺序，14 号机组首发，然后依次是 15 号机组、16 号机组。

围绕 1 号机组、14 号机组的首发目标，优先组织对应的 1 号、7 号尾水系统的开挖支护、混凝土、金属结构设备安装、灌浆和支洞封堵退出、尾水出口围堰拆除等施工，以及 1 号、14 号、8 号、9 号机组段的机组埋件、混凝土和机电设备安装。母线洞、出线系统、主变、GIS 室等的土建和设备安装进度需要与首批机组调试进度匹配。

将主安装间作为桥机安装场，同时也是机组施工材料的中转站，待厂房第Ⅴ层开挖后优先安排其底板混凝土浇筑，为尽早进行永久桥机、辅助桥机和施工桥机的安装创造条件。

其他机组段和尾水系统后续项目根据机组发电顺序统筹安排。

4.1.4.3　厂房系统优先

在施工过程中，当厂房系统与其他部位存在干扰和制约的情况下，以厂房系统为优先组织协调。

厂房系统包括主副厂房及主副安装间、主变洞、母线洞、出线系统、进风及排风洞等结构部位。主要施工项目包括洞挖与支护、混凝土浇筑与灌浆、埋件安装、钢结构安装及建筑装修等。

优先组织进风及排风洞施工，以进一步改善厂区通风散烟条件。尾水扩散段、尾水连接管（施工支洞及其上游侧）、引水下平洞（施工支洞及其下游侧）、母线洞、主变洞的开挖支护和混凝土施工，以优先保证主副厂房施工通道为原则进行施工组织。作为厂房混凝土运输通道、出线竖井施工通道的灌排廊道，应优先完成开挖支护和路面混凝土施工。

在厂房系统优先的前提下，作为施工通道的部位还应根据机组发电目标倒排工期，合理调整施工通道，以确保通道占压部位的项目能按期完成施工。

在防渗排水系统的施工中，宜优先组织厂房中下部周边的灌浆、排水廊道的开挖支护施工，以尽早开展帷幕灌浆和排水孔施工，使帷幕灌浆进度满足中后期导流规划、安全度汛和水电站下闸蓄水的要求。

4.1.4.4 均衡规划土建和机电安装工期

根据国内类似规模的地下厂房系统施工经验，地下厂房施工划分为三个阶段：开挖支护阶段、混凝土与机组埋件阶段、机组本体安装阶段。在白鹤滩水电站工程中，开挖支护阶段的计划工期为35~36个月，混凝土与机组埋件阶段的计划工期为24~25个月，机组本体安装阶段的计划工期为16~17个月，共计75~78个月。

同类工程一般将机组埋件与机组本体安装划分为同一标段，白鹤滩水电站工程将机组埋件与混凝土工程划分为同一标段。这一分标方式的施工干扰少，对混凝土与机组埋件阶段的施工工期控制十分有利。

以左岸地下厂房为例：2014年6月1日开工，2018年6月开挖支护完成，2019年11月30日向机组本体安装移交1号机组，2021年6月28日1号机组投产发电，三个阶段的工期分配分别为48个月、18个月、19个月，共计85个月。

受围岩不利地质条件影响，白鹤滩水电站地下厂房开挖支护阶段实际工期大于计划工期，然混凝土阶段通过采用系列快速施工技术及先进设备，创造了18个月完成混凝土浇筑向机组本体安装交面的行业新纪录。

水电站地下厂房洞室群的规模越大、地质条件越复杂，开挖支护阶段工期不确定性越高，在三个阶段总体工期分配时应留有足够富裕度。混凝土与机组埋件阶段、机组本体安装阶段工期则可参照同类工程的平均水平。

4.1.4.5 进度检查与调整

白鹤滩水电站地下厂房工程的进度检查与纠偏主要通过总进度计划的逐层分解、各层级逐级把控的方式进行。总进度计划的逐层分解是指将实施阶段的施工总进度计划按照年、季、月、周、日、班进行分解，各层级逐层把控是指从微观到宏观由施工单位、监理单位、建设管理单位进行逐级检查把控。在施工过程中，通过施工单位的每日生产工作安排、监理单位组织的周协调例会、建设管理单位组织的月度/季度/年度生产例会进行检查落实。在保障重大节点的关键阶段，还采取了细化进度计划、专项进度计划、现场日碰头会等管控措施。其中，左岸地下厂房工程的控制性节点如表4.1-1所示。

表 4.1-1　左岸地下厂房工程的控制性节点

序号	工 程 项 目	完工或移交日期	
		招 标	实 际
1	本合同工程开工	2014-01-01	2014-06-01
2	主厂房置换洞（上段）施工完成	2015-02-28	2015-04-30

序号	工　程　项　目	完工或移交日期	
		招　标	实　际
3	主厂房置换洞（下段）施工完成	2016 – 02 – 29	2016 – 04 – 30
4	主厂房开挖及支护完成	2017 – 02 – 28	2018 – 07 – 31
5	岩壁吊车梁施工完成	2016 – 03 – 15	2016 – 06 – 15
6	主厂房吊顶混凝土开始施工	2017 – 03 – 01	2019 – 09 – 01
7	主厂房混凝土浇筑及 1 号机组预埋件安装完成	2019 – 01 – 31	2019 – 11 – 30
8	8 号机坑具备提交工位条件	2019 – 01 – 31	2019 – 11 – 30
9	向机电安装标 1 号机组安装交面	2019 – 01 – 31	2019 – 11 – 30
10	向机电安装标提交主变洞设备安装工作面	2019 – 03 – 31	2019 – 11 – 30
11	向机电安装标提交母线洞设备安装工作面	2019 – 08 – 31	2019 – 12 – 31
12	向机电安装标提交出线竖井设备安装工作面	2017 – 03 – 15	2020 – 03 – 31
13	向机电安装标提交出线场设备安装工作面	2018 – 02 – 15	2020 – 05 – 31
14	防渗帷幕排水系统工程完工	2019 – 05 – 31	2021 – 03 – 31
15	1 号引水发电系统具备充水条件	2020 – 04 – 30	2021 – 03 – 15
16	2 号引水发电系统具备充水条件	2020 – 10 – 31	2021 – 07 – 31
17	3 号引水发电系统具备充水条件	2021 – 04 – 30	2022 – 10 – 30
18	4 号引水发电系统具备充水条件	2021 – 08 – 31	2022 – 03 – 31
19	本合同工程完工	2022 – 04 – 30	2023 – 04 – 30

注　根据工程总进度，首批机组发电目标由 2020 年 7 月调整为 2021 年 7 月。

　　白鹤滩水电站地下厂房洞室群施工在整体遵循"首批发电机组优先""厂房系统优先"的同时，兼顾引水系统、尾水系统和防渗排水系统施工，在开挖支护向混凝土、帷幕灌浆、金属结构安装转序前，对各系统的实际进度对照总进度计划进行检查，当工期不能满足工程蓄水和机组发电目标要求时，须在保证质量安全的前提下，采取进度调整保障措施。其中的主要措施包括：①优化施工方案，如锥管一期直埋、座环整体吊装；②增加施工资源；③增加施工通道和工作面；④调整设计技术要求，解除施工制约；⑤调整施工程序；⑥选用新型高效施工装备等。

4.1.5　小结

1. 高度重视各标段的进度协调与统筹

　　在地下厂房洞室群的施工过程中，围绕主副厂房土建和机组安装等关键线路上的项目较易得到重视，容易忽视建筑装修、消防、空调、通风、电梯等辅助项目的施工与管理，在总体进度安排中缺乏相应的规划、协调与统筹，在实施过程中可能造成各专业之间的协同性不足，甚至相互干扰、相互制约。因此，在编制总进度时，除了增加辅助项目并详细规划外，可将部分以上项目纳入土建工程标段或与机电安装工程同期招标，在主体工程施工时同步实施。

2. 充分考虑特大型地下洞室群的进度预案和保障措施

由于地下厂房洞室群规模庞大、地质条件复杂，随着开挖进程的不断推进，洞室群围岩应力调整过程复杂、不可预见因素多，除了在工期安排上考虑一定的裕度外，还应有可靠的进度预案和保障措施，特别需要关注为大洞室顶拱的二次加强支护提供作业条件。

4.2　施工通道布置

4.2.1　施工通道布置的原则

地下洞室群的施工通道布置是否合理，直接影响到洞室群各系统的施工程序、施工安全和施工进度。在布置工作中，一方面应充分利用永久洞室作为施工通道，另一方面应合理布置临时施工通道，通盘考虑永久通道和临时通道，为实现多方位、多层次的平行和交叉作业创造条件。根据白鹤滩水电站地下厂房工程的布置特点和施工总布置规划方案，按如下原则进行施工通道布置。

（1）统筹考虑场内交通的总体布置方案和主要地下洞室的施工方案。

（2）在永久洞室满足稳定性的前提下，尽量利用永久洞室作为施工通道，以减少临建工程量。

（3）施工支洞布置需考虑物料运输方向，尽可能实现交通分流，以满足施工高峰期的交通运输需要，保证工程的均衡、有序施工。

（4）为保证工期，施工支洞布置需满足引水系统、厂房系统和尾水系统施工的相对独立性，为各主要洞室的平行施工作业创造条件；根据施工强度合理确定通道的数量，主要洞室采用双通道施工。

（5）施工通道的轮廓尺寸需要与开挖出渣设备、混凝土施工机械、永久机电设备、金属结构的通行或运输要求相适应，并考虑供风、供水、供电及通风管线的空间需求，并预留空间布置排水沟、人行道。施工通道的运输能力应满足施工高峰强度的要求。

（6）地下通道布置应充分考虑洞口和上部边坡开挖施工之间的干扰，洞口高程需满足防洪要求，同等条件下选择最短洞线方案。对于洞口为露天且整体降坡形式的施工支洞，进洞段宜采用升坡布置，升坡段的长度和升坡高度应满足安全度汛的要求，以防范汛期雨水倒灌的风险。

（7）施工通道布置应统筹考虑施工通风的需要，施工通风尽量与运行期通风及其他永久地下通道结合。

（8）施工支洞布置应尽量避免穿过大坝和地下厂房的防渗帷幕。当无法避开帷幕线时，应采取妥善的帷幕衔接和封堵措施。与帷幕线平行布置的施工支洞应与其保持足够的距离，一般不小于30m，防止灌浆压力过高导致漏浆。

（9）施工支洞的施工顺序应尽量与后续的封堵顺序和发电顺序相匹配。

（10）施工支洞的纵坡原则上不大于10%，局部最大纵坡不大于14%，以最大限度发挥后续施工的施工设备机械性能，提高施工效率，降低施工难度。

（11）在进行施工支洞与洞室交角设计时，需要考虑交通顺畅以及开口处与洞室之间保留岩体的稳定性。支洞与支洞之间、支洞与周边洞室之间需留有足够的安全距离。

4.2.2 引水隧洞的施工通道

由于引水隧洞的关键线路通常为竖井或斜井。因此，在与帷幕线保持足够距离的前提下，上平段和下平段的施工支洞应尽量靠近竖井或斜井，缩短占用直线工期的支洞洞长。上平段是否布置施工支洞与工程整体进度相关，若通过从水电站进水口进洞，在充分考虑进水口施工与上平段、竖井（或斜井）段之间施工干扰的前提下，施工进度仍能满足要求，则无需布置上平段的施工支洞。

根据小湾、溪洛渡、锦屏以及糯扎渡等水电站引水系统的施工经验，在考虑工程整体进度和竖井段压力钢管运输需要的前提下，白鹤滩水电站在上平段布置了一条贯穿全部压力管道底板的施工支洞，如图 4.2-1 所示。该施工支洞有效解决了引水竖井、上下弯段以及上平洞与水电站进水塔之间的施工干扰问题。

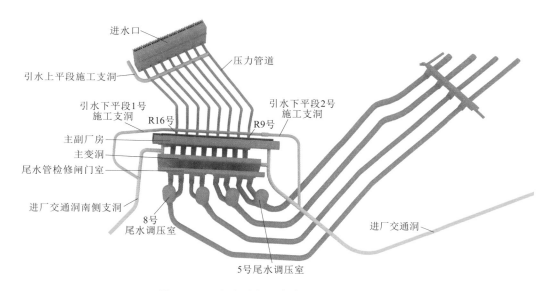

图 4.2-1 右岸引水系统施工通道布置示意图

白鹤滩水电站引水隧洞上平段施工支洞的开挖断面为 12m×8m，以满足压力钢管运输的空间需求。同时，在满足压力钢管运输尺寸、转弯空间需要的前提下，按照与帷幕线 35~40m 的间距布置洞轴线。

考虑到白鹤滩水电站地下厂房多机组布置的特点，结合类似工程的施工经验，引水隧洞下平洞的施工通道布置形式为：分别从厂房左右两端中层的施工通道（即进厂交通洞）接线引出并形成环线。

为避免对主厂房的施工干扰，下平洞的压力钢管从下平洞运输进洞。运输路线为：进厂交通洞→引水下平段 2 号施工支洞→引水下平洞。在靠近右岸 9 号（左岸为 8 号）下平洞的封堵段外侧布置尺寸为 12m×13m 的钢管翻转间，钢管翻转后，通过运输平台车立式转运至各条下平洞内。钢管翻转间之前支洞的开挖断面为 12m×8m，翻转间之后支洞的开挖断面则为 8m×13m。

4.2.3 尾水系统的施工通道

与引水系统的施工通道布置相比，因与主厂房、尾水管检修闸门室、尾水调压室、尾水连接管、尾水隧洞等主体项目的施工密切相关，尾水系统施工通道的布置更为复杂。在遵循施工通道总体布置原则的基础上，尾水系统施工通道布置还需符合以下布置要点。

（1）按照可以随着机组发电顺序依次封堵、退出的要求，顺向布置施工支洞，切忌采取逆向布置方案，具备条件时可以采用双向布置方案。

（2）尾水管与尾水隧洞的施工支洞既要独立布置，又需相互衔接，施工高峰期分流运行，封堵退出期互为备用。

（3）主厂房、尾水管检修闸门室主要使用尾水管及其施工支洞作为施工通道，尾水调压室优先使用尾水隧洞及其施工支洞作为施工通道。

（4）尾水管施工支洞与尾水管平交洞段的洞群密集，施工支洞、施工支洞与主洞交叉口的系统锚喷支护均应加强。

（5）尾水系统的施工支洞需要根据尾水隧洞和尾水支管的洞室尺寸进行设计，当洞室高度较大时，可考虑布置上下两层支洞，下层支洞通常作为后期长期使用的通道，上层支洞一般仅用于上层开挖支护，从下层支洞派生即可。若布置上下两层支洞，上层施工支洞宜在主洞上层开挖支护完成后及时封堵回填，以降低洞室群效应的不利影响。

按照施工通道的总体布置原则和以上布置要点，在主体工程招标阶段提前对白鹤滩水电站尾水系统的施工支洞进行了布置，右岸尾水系统施工通道布置方案如图4.2-2所示。

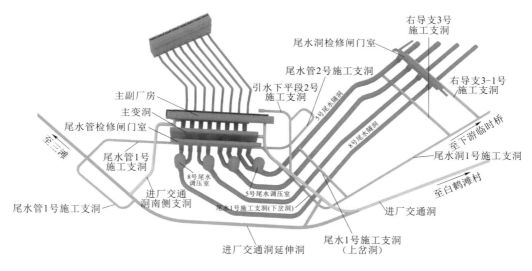

图 4.2-2　右岸尾水系统施工通道布置方案示意图

在以上布置方案的基础上，根据施工组织的需要，实施过程中做了进一步的优化与调整。主要的方案调整包括两个方面：①为减少尾水管1号施工支洞洞口与相邻洞室的施工干扰，特别是与进厂交通洞延伸洞之间的干扰，将尾水管1号施工支洞从进厂交通洞延伸洞右侧调整至进厂交通洞延伸洞左侧（与进厂交通洞南侧支洞同侧）；②为更好地解决与尾水调压室、尾水隧洞的施工干扰，利用尾水管 1 号施工支洞增设 1 条尾水管上层施工支洞，以满足尾水管上层开挖支护施工的要求。

4.2.4　四大洞室的施工通道

四大洞室的施工通道与永久通道结合，分别设置相对独立的双向施工通道，并利用洞室尺寸大的特点形成洞内坡道。在混凝土与机组埋件施工阶段，四大洞室的通道需在开挖支护阶段通道布置的基础上进行补充和完善。白鹤滩水电站右岸四大洞室的施工通道布置方案如图 4.2-3 所示。

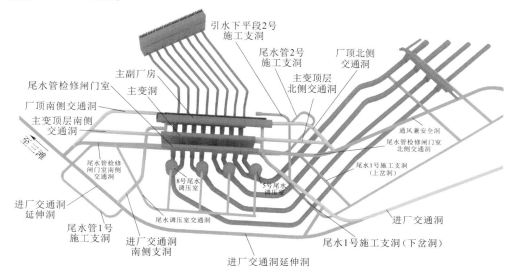

图 4.2-3　白鹤滩水电站右岸四大洞室的施工通道布置方案示意图

四大洞室的主要通道布置方案如下。

（1）主副厂房的施工通道。①上部通道：厂房顶部的南、北侧交通洞；②中部通道：进厂交通洞、进厂交通洞的南侧支洞、母线洞；③下部通道：引水下平洞、尾水管及其施工支洞。

（2）主变洞的施工通道。①上部通道：主变室顶部的南、北侧交通洞；②下部通道：进厂交通洞、进厂交通洞的南侧支洞。

（3）尾水管检修闸门室的施工通道。①上部通道：尾水管检修闸门室顶层的南、北侧交通洞；②下部通道：尾水管及其施工支洞。

（4）尾水调压室的施工通道。①上部通道：尾水调压室交通洞；②下部通道：以尾水隧洞及其施工支洞为主，必要时利用尾水管及其施工支洞。

在混凝土与埋件施工阶段，以上述布置方案为基础，补充和完善了主副厂房的施工通道。具体方案包括：①在厂房上游面，与安装场底板同高程增设一条人行钢栈桥（转序前形成），钢栈桥从辅助安装场延伸至主安装场，通过人行转梯下至各个机坑，主要作为人员进出机坑的通道，后期可作为发电机层混凝土浇筑的泵管入仓通道；②利用母线洞布置厂房混凝土布料机的送料通道；③结合与安装场同高程的灌排廊道，在厂房上游侧布置 3 条混凝土运输通道（随廊道开挖提前形成）；④开挖结束后，引水隧洞下平洞至厂房通道被操作廊道阻断，在引水隧洞下平段与机坑隔墩之间增设重载钢栈桥，作为机坑钢筋、混凝土等材料的运输通道；⑤在开挖支护阶段提前完成隔墩和下游岩桥盖重混凝土的浇筑，形成厂房内的施工通道和临时场地。

4.2.5　小结

1. 尾水系统施工通道布置的考虑

尾水系统布置两层通道时，上层支洞宜靠近尾水管检修闸门室、尾水调压室布置，尽早为竖井施工创造条件；下层支洞宜靠近厂房布置，尽早为厂房下部的开挖支护和混凝土浇筑提供通道。

2. 出线竖井下部出渣通道的规划

由于出线竖井下平洞通常从主变洞下游边墙派生，并在边墙中部出露，若利用主变洞作为出线竖井的开挖出渣通道，将长时间占压主变洞工作面，对主变洞施工进度不利。白鹤滩水电站在主变洞底部设计了联系平洞，解决了该问题。如不设置该联系平洞，可考虑利用主变洞下游排水廊道的扩大断面作为出线竖井下部的出渣通道，解除出线系统施工对主变洞的制约。

4.3　通排风系统布置

通风散烟是地下洞室群施工的重点和难点，对于拥有世界最大规模地下洞室群的白鹤滩水电站而言，因其具有庞大的规模、复杂的布局以及高埋深等特性，更是给洞室群施工期的通风散烟带来了巨大的挑战。在工程实践中，通过超前研究、设备优选、精细管理等措施，实现了白鹤滩水电站洞室群良好的施工通风散烟效果。在设计阶段，永久通风功能的设计兼顾施工期通风的需求；在施工准备期，超前进行地下洞室群通风散烟专题科研，为施工期通风方案的制订和通风设备的选型提供了理论依据；在实施阶段，结合工程实际及前期研究成果，形成最终的通风散烟规划布置方案并建立了运行管理体系。

4.3.1　通风规划

根据以往水电站地下工程的施工经验，施工期通风散烟的难题之所以难以有效解决，主要有以下 3 个方面的原因：①地下洞室群布局复杂，洞室之间相互交错，很难形成单机单洞的新风供给网络，导致风流网络紊乱；②地下洞室埋深大，通风设备供风能力不满足长距离供风要求，导致新风风量不足；③采用压入式供风时，缺乏排风通道，污风沿程回流并造成二次污染。因此，为更好地解决通风散烟的技术难题，首先需要做好风流网络的规划与设计，确保其顺畅性。

4.3.1.1　通风通道规划

在白鹤滩水电站的初步设计阶段，通过对地下洞室群通风通道的系统研究，在充分考虑施工期通风需要的基础上，提出了布置专用排风洞、通风竖井与平洞相结合、风道具备分阶段投入使用条件、提前实施主通风通道的设计方案，为施工期通风风道的选择提供了科学方案。

白鹤滩水电站左右岸各设计有进排风竖井 13 条、排风连接平洞 7 条、专用排风平洞 1 条。其具体布置方案如图 4.3-1 所示。

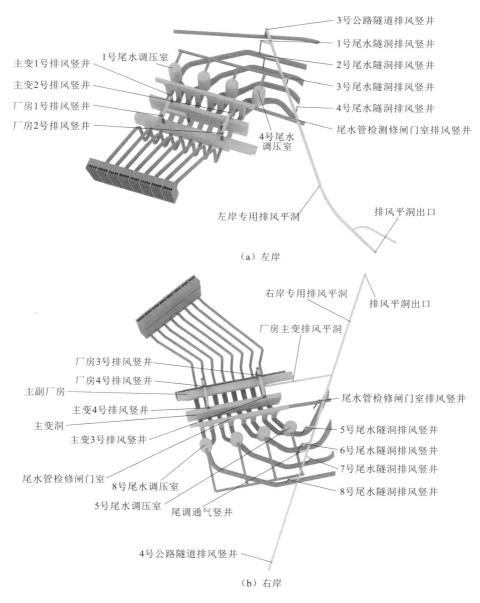

图 4.3-1　左右岸排风平洞及支洞、竖井布置方案

为了实现专用排风平洞与各洞室的连通，结合永久通风规划，左右岸各主要施工部位均布置有数条排风支洞和竖井。排风支洞和竖井的特征参数如表 4.3-1 所示。

鉴于左岸 3 号公路洞（左岸进厂交通洞）和 504 号交通洞分别是左岸三大洞室永久通风系统底部和顶部施工的关键线路和主通风通道，右岸 4 号公路洞（右岸进厂交通洞）和 603 号交通洞分别是右岸三大洞室永久通风系统底部和顶部施工的关键线路和主通风通道，为改善地下工程施工期通风条件，应优先实施，并提前采购安装永久通排风机，尽早创造通风条件。

表 4.3-1　排风支洞和竖井的特征参数

序号	排风支洞/竖井部位的连接部位	支洞长度/m	支洞断面尺寸/m	竖井高度/m	竖井直径/m
1	左、右岸主厂房	288.0、302.7	5.0×5.6	37.4、33.1	10.0
2	左、右岸主变洞	242.6、253.2	5.0×5.6	37.4、33.1	10.0
3	左、右岸尾水管检修闸门室	11.0	5.0×5.6	13.34、8.95	4.0
4	右岸尾水调压室	24.0	9.3×8.2	16.4	9.0
5	1号~8号尾水隧洞	15.0	5.0×5.6	89.5~96.9	3.5
6	3号、4号公路	204.9、79.5	5.0×5.6	51.6、53.4	4.2、3.5

4.3.1.2　风流网络设计

在施工准备期，通过对左右岸地下厂房工程施工期通风的专题研究，以初步设计阶段的通风通道规划成果为基础，进行了通风散烟的初步方案设计，再通过 CFD 法（Computational Fluid Dynamics）进行数值计算，验证初步方案的理论可行性。按照"新污分流、送排结合"的原则，经过初步设计→计算验证→优化调整→再计算→再调整，形成了优化的白鹤滩水电站地下洞室群通风风流网络。

如图 4.3-2 所示，白鹤滩水电站左岸地下洞室群的风流网络设计方案如下：南侧的主供风风道为进厂交通洞延伸洞、厂房、主变及尾水管检修闸门室南侧交通洞；北侧的主供风风道为通风兼安全洞、厂房、主变及尾水管检修闸门室北侧交通洞、尾水调压室交通洞等；排风风道为厂房、主变 1 号和 2 号排风竖井、尾水管检修闸门室顶部排风洞、尾水隧洞排风竖井、1 号和 2 号排风连接平洞以及尾水调压室通气洞。

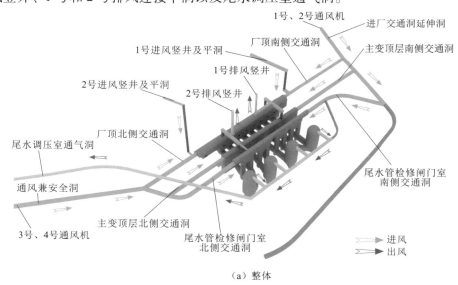

（a）整体

图 4.3-2（一）　左岸地下洞室群通排风风流网络

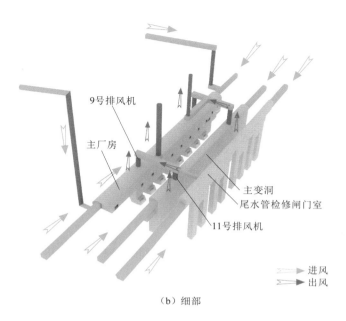

（b）细部

图 4.3-2（二） 左岸地下洞室群通排风风流网络

4.3.1.3 通风分期的划分与各期通风规划

针对白鹤滩水电站地下洞室群的结构特征、施工程序、爆破方式、施工进度等要素，按照施工时段的先后顺序，将施工期通风划分为三期。结合各期的通风边界条件，其相应的通风方案规划如下。

1. 一期通风

在本阶段内，虽然专用排风平洞已经形成，但各部位与专用排风平洞连接的排风支洞和竖井还未完成实施，各个开挖施工部位均为单头掘进的工作面。由于负压通风方式未形成，主要采用正压通风方式，即通过布置在各露天洞口外的风机，将洞外的新鲜空气通过风带压入各开挖工作面，如图 4.3-3 所示。

2. 二期通风

在本阶段内，各部位与专用排风平洞连接的排风支洞和竖井已经连通，并完成了排风竖井井口的负压风机安装和挡风墙砌筑，各部位的施工废气可以通过负压风机抽排至专用排风平洞内。对于两端均具有双向通道的三大洞室（主厂房、主变室、尾水管检修闸门室）及尾水隧洞，通过布置在各露天洞口外的风机，从两端向开挖工作面压入新鲜空气；施工废气上升后，通过布置在三大洞室顶拱的排风竖井及井口的负压风机抽排至专用排风平洞。引水隧洞、尾水调压室为单向通道，只能从一端压入新鲜空气，通风模式大致与三大洞室相同。白鹤滩水电站地下洞室群二期通风方式如图 4.3-4 所示。

3. 三期通风

在本阶段内，开挖施工已经基本结束，地下洞室群转序进入混凝土浇筑、灌浆和金属结构安装阶段。此时，四大洞室、引水隧洞、尾水系统均已相互贯通、连成一体，所有通至地面的洞（井）及辅助排风支洞、竖井均已贯通，可起到烟囱效应，将地下洞室内的施工废气排至地面或专用排风平洞内，基本可以形成自然通风。同时，为了防止气压、气温和湿度变化的影响，保留前期布置的一部分正负压风机辅助通风，白鹤滩水电站地下洞室群的三期通风方式如图4.3-5所示。

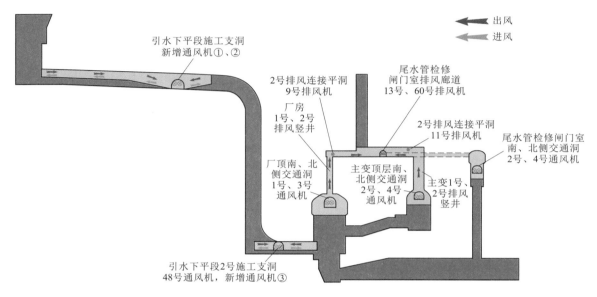

图 4.3-3　地下洞室群一期通风方式

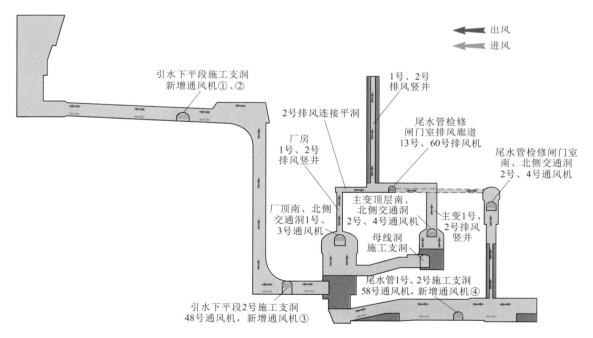

图 4.3-4　地下洞室群二期通风方式

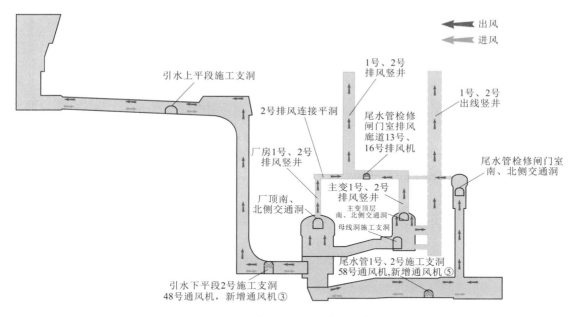

图 4.3-5　地下洞室群三期通风方式

4.3.2　通风标准的制定与需风量计算

4.3.2.1　通风标准的制定

为了实现白鹤滩水电站地下洞室群高标准的通风要求，根据《铁路隧道施工规范》（TB 10204—2002）和《水工建筑物地下开挖工程施工规范》（SL 378—2007）的规定，并参考 PIARC2007 标准（世界道路协会），制定了高标准的通风控制指标。

（1）地下厂房、主变室和尾水管检修闸门室采用从两端同时压入新鲜空气、顶拱排风竖井强制排风的方式，要求洞室内的空气置换速度不低于 1 次/h。

（2）引水隧洞、尾水隧洞、尾水连接管和尾水调压室的各工作面回风速度不小于 0.3m/s。

（3）第一层至第七层灌浆排水廊道、截渗洞等小洞室各作业面回风速度不小于 0.5m/s。

（4）按照 $3m^3/（kW \cdot min）$ 的标准计算柴油设备的空气消耗量，要求各工作面的通风量大于该工作面所有柴油设备的总空气消耗量。

（5）设计强制排风量大于进风量，并避免主交通洞受爆破污染物污染。

4.3.2.2　需风量的计算

通风参数计算的目的主要是在拟定的风流网络下，计算出各部位的需风量、通风设备的风压等关键参数，用于指导通风设备的选型。在这些参数中，需风量是整个系统的基础参数，也是后续详细通风方案设计的关键参数。

进行需风量计算时，以最不利工况也就是一期通风阶段为计算工况。洞室需风量按照排除炮烟、排出粉尘、人员呼吸、稀释内燃机废气和洞内最小风速等计算方法得出的最大值取值。

1. 爆破散烟需风量

按爆破最大单响药量计算需风量，采用式（4.3-1）计算：

$$Q_e = \frac{5Ab}{t} \tag{4.3-1}$$

式中：Q_e 为爆破散烟所需风量，m^3/min；A 为最大单响药量，kg；b 为炸药爆破时所构成的折合污染物体积，L/kg，一般采用 $40L/kg$；t 为通风时间，min。

2. 排出粉尘所需风量

排出爆破所产生粉尘的需风量按照式（4.3-2）~式（4.3-4）计算：

$$G_e = m_r K_{ed} K_d \tag{4.3-2}$$

$$m_r = \frac{m_e \rho_r}{k_{er}} \tag{4.3-3}$$

$$Q_e = \frac{G_e}{t(C_p - C_o)} \tag{4.3-4}$$

式中：G_e 为 $8h$ 内容许浓度的加权平均数，mg/m^3；m_r 为单次爆破岩石质量，kg；K_{ed} 为爆破产尘量与爆破岩石量比；K_d 为降尘措施对应系数；m_e 为单次爆破岩石所需炸药量，kg；ρ_r 为岩石密度，kg/m^3；k_{er} 为爆破炸药量与爆破岩石体积比；Q_e 为排出粉尘所需风量，m^3/min；C_p 为出风流中的粉尘浓度，mg/m^3；C_o 为进风流中的粉尘浓度，mg/m^3；t 为通风时间，min。

3. 作业面施工人员呼吸所需风量

作业面施工人员所需风量按照式（4.3-5）计算：

$$V_p = v_p m K \tag{4.3-5}$$

式中：V_p 为施工人员所需风量，m^3/min；v_p 为洞、井内每人所需新鲜空气量，一般按 $3m^3/min$ 计；m 为洞、井内同时工作的最多人数；K 为风量备用系数，取值为 $1.10 \sim 1.15$。

4. 稀释内燃机废气需风量

稀释内燃机废气的需风量按照式（4.3-6）计算：

$$V_g = v_0 N \tag{4.3-6}$$

式中：V_g 为使用内燃机时的通风量，m^3/min；v_0 为单位功率需风量指标，一般为 $2.8 \sim 8.1 m^3/(kW \cdot min)$，建议选用 $4.1 m^3/(kW \cdot min)$；N 为同时在洞内工作的内燃机总额定功率，kW。

5. 按满足工作面最小风速计算需风量

满足工作面最小风速的需风量按照式（4.3-7）计算：

$$V_d \geqslant 60 v_{min} S_{max} \tag{4.3-7}$$

式中：V_d 为保证洞内最小风速所需风量，m^3/min；v_{min} 为洞内允许最小风速，m/min；S_{max} 为隧洞最大断面面积，m^2。

依据以上各项需风量的计算准则和计算方法，白鹤滩水电站地下厂房各部位的需风量如表 4.3-2 所示，由此可以得到各部位通风散烟的控制因素和具体的需风量数值。

表 4.3-2 白鹤滩水电站地下厂房各部位的需风量 单位：m³/min

部 位	排除炮烟	排出粉尘	人员呼吸	稀释内燃机废气	洞内最小风速	控制因素
厂房	4250	1872	207	1468	668	排除炮烟
主变	2240	1440	138	1468	524	排除炮烟
尾闸室	1648	1042	104	1468	448	排除炮烟
单个尾调	2142	2640	104	448	326	排出粉尘
排风洞	—	—	—	—	978	最小风速

4.3.3 风机的选型与布置

4.3.3.1 风机的选型

白鹤滩水电站地下洞室群的埋深高、规模庞大，导致通风路径长，最长约 3.8km。在进行风机选型时，主要考虑 6 个方面的要素：①供风量满足要求；②全压满足要求；③噪声不超过 80dB；④所有风机从洞外获取新鲜空气，不采取接力方式；⑤漏风率小；⑥变频节能。

在经过对包括 FDZ 系列轴流风机、DT 及 2DT 系列动叶可调隧道单级轴流风机等多种国内外设备的调研后，依据以上考虑因素，经过综合比选，选择瑞典生产的进口变频风机及风带。所选风机具有风压大、送风距离长（风机在洞口串联后送风距离最长可达 4km 左右）、能耗低、噪声小等优点。所选风带具有阻力小、漏风少、易修补等优点。

风机型号确定后，再根据计算得出的各工作面上的需风量，即风带末端流量 Q_e，通过式（4.3-8）反算出各个风机出口的空气流量 Q_0。

$$Q_e = Q_0 \times \left[1 - (Leakage/100) \right]^{(L/100)} \tag{4.3-8}$$

式中：Q_e 为风带末端流量，m³/min；Q_0 为风机流量，m³/min；L 为风带长度，m；$Leakage$ 为漏风率，通常钻爆法施工的漏风率介于 1.0~2.0 之间。

4.3.3.2 风机的布置

白鹤滩水电站地下洞室群出露洞口较少，各交通洞无法满足风带布置的空间要求，需将正负压风机分别布置在不同的部位。为此，将正压通风的风机布置在露天洞口以外距洞口至少 20m 远的位置，在洞外获取新鲜空气，通过风带输送至各施工作业面。负压通风的风机布置在各排风竖井的井口，通过排风支洞将废气排至专用排风平洞内，排风机处设置挡风墙进行隔断、防止污风回流。

最终确定的左岸地下洞室群施工期风机整体布置方案如图 4.3-6 所示，其中四大洞室等主要部位的风机布置与典型配置参数如表 4.3-3 所示。

表 4.3-3 左岸四大洞室主要部位的风机布置与典型配置参数表

风机编号	台数×功率/kW	类型	安装部位	通风部位	最远通风距离/km	出口风量/(m³/min)	计算风量/(m³/min)	静压/Pa	总风阻/Pa
1 号	2×132	压入	3 号洞口	左岸主厂房南侧	1.66	3216	2879	1332	920
2 号	2×132	压入	3 号洞口	左岸主变室及尾闸室南侧	1.94	3216	2479	1332	1075

续表

风机编号	台数×功率/kW	类型	安装部位	通风部位	最远通风距离/km	出口风量/(m³/min)	计算风量/(m³/min)	静压/Pa	总风阻/Pa
3号	1×132	压入	504号洞口	左岸主厂房北侧	1.48	2904	2879	1078	820
4号	1×132	压入	504号洞口	左岸主变室及尾闸室北侧	1.57	2904	2479	1078	870
33号	2×200	压入	左岸排风洞口	左岸3号及4号尾水调压室	1.13	3288	3092	961	626
34号	2×200	压入	左岸排风洞口	左岸1号及2号尾水调压室	1.40	3726	3092	961	776
9号	1×110	抽出	2号排风竖井	左岸主厂房		4482	4400	1857	1282
11号	1×90	抽出	左岸主变2号排风竖井	左岸主变室		2976	2600	1503	1143
13号	1×75	抽出	左岸尾闸排风竖井	左岸尾水管检修闸门室		1986	1800	2058	1661
37号	1×90	抽出	左岸尾水调压室通气洞口	左岸尾水调压室		2772	2720	1579	1290
38号	1×90	抽出	左岸尾水调压室通气洞口	左岸尾水调压室		3018	2720	1579	1274

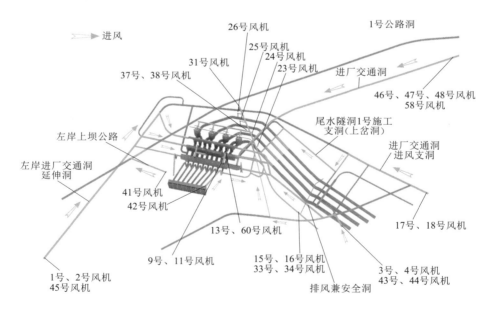

图 4.3-6　左岸地下洞室群施工期风机整体布置图

4.3.4　通风系统的安装与运行

4.3.4.1　通风系统的安装管理

通风系统的安装施工质量是影响通风效果的重要因素，常见的问题主要有风机设置随意、风管扭曲褶皱、风管修补不规范等。其中，针对风机设置随意的问题，制订了白鹤滩水电站专项管理措施：施工单位按照预先制订的方案将通风系统安装到位，严禁私自更改；新安装的风机需通过建设管理单位、风机生产厂家、监理单位、施工单位现场联合验收后，才能投入使用；将施工通风系统通过验收作为工作面开工的必要条件，未通过不允许开工。

为防止风管安装和修补不规范而增大漏风率或风阻，采用双吊点双支撑绳，按照厂家要求的标准工艺安装风管，保证风管的平、顺、直。风管安装完成后进行现场联合验收，采用专业仪器检测漏风率，满足要求后方能投入使用。左岸各主要洞室施工通风系统的风管漏风率测试结果如表 4.3-4 所示，主要通风路线风管漏风量均小于 9.5%，安装效果良好。

表 4.3-4　左岸主要洞室施工通风系统的风管漏风率

风机编号	通 风 部 位	风管直径 /m	进口端风量 /(m³/s)	出口端风量 /(m³/s)	漏风量 /%
1 号	主厂房南侧	2	49.3	46.29	6.11
2 号	主变及尾水管南侧	2	50.55	47.84	5.36
3 号	主厂房北侧	2	45.03	42.82	4.91
4 号	主变及尾水管北侧	2	52.6	47.61	9.48
17 号	尾水隧洞	2	69.05	64.14	7.11
33 号	尾水调压室	2	59.91	57.27	4.41

4.3.4.2　通风系统的运行维护管理

变频风机通过变频器根据工作面状况改变转速，控制供风量。由于风机风量与电机转速成正比，风机风压与电机转速的平方成正比，风机的轴功率等于风量与风压的乘积，即风机的轴功率与风机电机转速（供电频率）的三次方成正比。白鹤滩水电站地下洞室群变频风机每小时耗电量随频率变化曲线如图 4.3-7 所示。

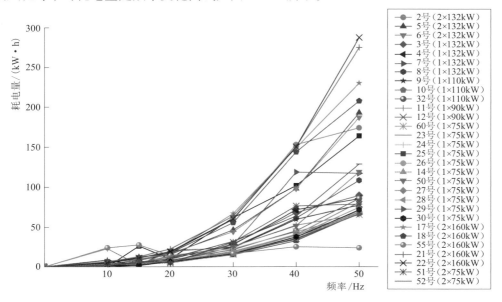

图 4.3-7　变频风机每小时耗电量随频率变化曲线

对 32 台变频风机每小时耗电量取平均值，其随频率变化曲线如图 4.3-8 所示。对曲线进行拟合可得到变频风机每小时平均耗电量 W 与风机频率 H 的关系式，如下：

$$W = 10^{-4}H^3 + 0.047H^2 - 0.31H + 0.15 \tag{4.3-9}$$

其电耗增速随频率变化的关系式为

$$W' = 3 \times 10^{-4}H^2 + 0.094H - 0.31 \tag{4.3-10}$$

风机工作频率区间为 10~50Hz，在该区间 $W'>0$，即风机电耗增速随风机频率增加而不断增大，因此根据不同工序调节风机开度，能有效减少能耗。

按不同工况控制风机开度，即爆破散烟（50Hz）、出渣及喷混凝土（40Hz）、钻孔（30Hz）。按开挖支护每班进尺一个循环计算电耗：每班 8h，各主要工序耗时分别为爆破散烟 0.5h、出渣及喷混凝土 4h、钻孔 3.5h，代入式（4.3-9）对应的电耗为爆破散烟 114.50kW·h、出渣及喷混凝土 70.86kW·h、钻孔 34.35kW·h，则每班变频风机电耗为460.92kW·h；若采用恒频风机，风机需要按照爆破散烟配置，其电耗恒为 114.50kW·h，每班风机电耗为 916.00kW·h，变频风机能够节省电能 49.6%，节能效果明显。

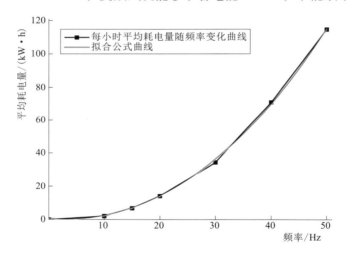

图 4.3-8　变频风机每小时平均耗电量随频率变化曲线

设置变频风机集中控制系统，组建专业运行维护队伍，经专业培训后上岗，配备车辆和设备，负责日常运行维护工作。每月通过漏风率、维护及时性、风机电耗等指标对维护管理队伍进行考核，合格后支付合同内的运行维护费用和风机电费，确保通风系统高效节能运行。

4.3.5　通风效果的测试

1. 二期通风污染物测试

为了实测施工过程中的通风散烟效果，分别在左、右岸地下厂房二期通风期间，对开挖工作面污染物进行了现场测试。测点分别设置在距离风带出风口 30m、60m、90m、120m 和开挖工作面处，在供风机和排风机处于最大功率状态时，对爆破前和爆破后20min、30min 的主要污染物（CO_2、CO、N_xO_y、粉尘 PM10）的浓度进行测试，每个测点测 3 次，取平均值为最终测试结果。测试时，洞外环境温度为 26℃，相对湿度为 58.7%，大气压为 625mmHg，CO_2 浓度为 594ppm。具体测试结果如表 4.3-5 所示。

表 4.3-5　地下厂房污染物测试分析

测试指标	规范要求	PIARC2007 要求	实测浓度		
			爆破前	爆破后 20min	爆破后 30min
CO_2 浓度/ppm	5000	—	620~694	622~892	620~792
N_xO_y 浓度/ppm	2.5	1	0.65~0.75	0.72~3.76	0.71~1.08
粉尘浓度 PM10/（mg/m³）	10	0.15	1.5~2.1	2.1~45.0	1.5~2.2

其他各开挖部位的测试结果与地下厂房大致相同。根据上述测试结果可知：各工作面在爆破后 30min 的 CO_2、N_xO_y 和粉尘 PM10 等主要污染物浓度达到《铁路隧道施工规范》（TB 10204—2002）和《水工建筑物地下开挖工程施工规范》（SL 378—2007）的要求，部分洞室满足或接近 PIARC2007 标准（世界道路协会）的要求，说明白鹤滩水电站地下洞室群的通风运行是成功的。

2. 专用排风平洞内的污染物浓度测试

在专用排风平洞内选取了 3 个测点，每个测点测试 3 次，取平均值为最终测试结果。测试时，洞外环境温度为 25℃，相对湿度为 52.4%，大气压为 712mmHg，CO_2 浓度为 605ppm。具体测试结果如表 4.3-6 所示。

表 4.3-6　专用排风平洞内的污染物测试结果

测点	温度/℃	CO_2 浓度/ppm	CO 浓度/ppm	N_xO_y 浓度/ppm	粉尘浓度/（mg/m³）	备注
1	24.52	1421	95	6.12	74	距离排风洞口 120m
2	24.73	1335	79	5.74	68	距离排风洞口 60m
3	24.92	936	68	4.72	35	排风洞口

通过测试结果可以看出，专用排风平洞内污染物浓度均超规范标准值的 2~7 倍，说明各开挖部位的污染空气大部分通过布置在辅助排风竖井井口的负压风机抽排至专用排风平洞内，专用排风平洞有效发挥了排放废气的作用。

3. 风速测试

结合变频风机的特点及现场试验成果，针对不同的施工工况，进行了风速测试。测试结果如下：①在爆破散烟工况下，风机按照 50Hz 全开度运行，地下厂房等主要洞室内中部风速可达到 3.0m/s 以上；②在出渣及喷混凝土工况下，风机按照 40Hz 开度运行，工作面风速可达到 2.0m/s 以上；③在钻孔工况下，风机按照 30Hz 开度运行，工作面风速可达到 1.5m/s 以上；④在其他工况下，风机按照 20Hz、15Hz 开度运行，工作面风速可达到 1.0m/s 以上。

4.3.6　小结

针对白鹤滩水电站大型地下洞室群的工程特点和洞室特性，制定了地下洞室群高标准的通风控制指标，引入了进口变频风机及风带，提出了分期布置、专用通风洞室与机械通风相结合、正压和负压混合式通风的施工期通风技术，布置了专用排风平洞和挡风墙，彻底分离正压送入的新鲜空气与负压抽排的废气，形成了一整套通风效果良好、高效节能的变频施工通风系统运行管理体系，有效解决了超大规模和埋深条件下的地下洞室群通风散烟难题，实现了地下洞室群高标准的通风控制效果。主要成果如下。

（1）制定了国内领先、国际先进的通风控制标准，引入了耗能低、通风效果良好、长期经济效益显著的变频风机及专用风带，为同类工程建设提供了引领和示范作用。

（2）提出了分期布置、专用通风洞室与机械通风相结合、正压和负压混合式通风的施工期通风思路，实现了世界最大规模地下洞室群内空气的有效、快速置换。

（3）左右岸各布置有专用排风洞、排风井构成的排风专用系统。该系统是白鹤滩水电站整个地下洞室群施工期通风的核心，对改善通风散烟效果起着至关重要的作用。

（4）压风机全部布置在露天洞口外，以获取新鲜空气，排风机全部布置在排风竖井井口并设置挡风墙隔断，将新鲜空气与废气彻底分离，有效提升通风散烟效率。

4.4 风水电供应与排水布置

4.4.1 布置原则

白鹤滩水电站地下厂房施工供风系统、供水系统、供电系统、排水系统的布置遵循以下原则。

（1）供风系统、供水系统、供电系统综合考虑施工程序、施工方法和进度计划的要求，结合施工分区、设备配置、施工通道布置等各相关因素，按照统一规划、分期建设的原则进行布置。

（2）按照工程总体的供风、供水、供电布置设计方案，架设施工供电系统、供水系统和排水系统的线径或管径，一次架设到位。随着工作面的推进，架设分支管线进入后续作业面，以确保后续施工的顺利进行。

（3）供风站、排水泵站、变配电站的建设，按照一次规划布置和一次扩挖到位的原则进行施工，并适当预留设备增容空间。压风机、水泵、变压器等设备的安装根据工程进展的实际情况分期进行。

（4）供风、供水、供电的接口需按照指定地点引入，相关设备均采用洞内布置方式。需在洞内扩挖以形成设备存放洞，用于部分供风站、泵站及变配电站的布置。同时，根据现场的实际情况，合理利用已有的施工支洞、旁洞及其回车道作为设备存放洞。

（5）在工程转序期与交通洞、施工支洞封堵期，还应根据实际情况，对供风、供水、供电和排水系统进行必要的改建。

4.4.2 供风、供水与供电布置

1. 供风系统布置

白鹤滩水电站主厂房的施工供风较为集中，引水系统、尾水系统、防渗排水系统的施工供风相对分散。地下厂房洞室群施工供风宜采取集中布置的固定式供风站为主，辅以分

散布置的固定式供风站和移动式供风站。左右岸地下厂房的高峰期总供风容量约为 4000m³/min。

白鹤滩水电站地下厂房在厂区顶层两端的施工通道各增设了一条专用联系洞，用于就近布置主洞室开挖阶段的集中供风站。集中供风站主要向主厂房、主变室、尾水管检修闸门室供风，并可在开挖施工的中后期，通过在空间交叉的上下层通道之间增设数个 φ250 导孔，布置 DN200 供风支管向厂区中下层、引水下平洞、尾水连接管等部位供风。每个集中供风站容量为 300~400m³/min，供风主管采用 DN300 钢管，供风支管采用 DN200 钢管，当供风距离超过 1km 时，增设 1 个储气罐以稳定压力。

2. 供水系统布置

白鹤滩水电站地下厂房施工用水采用水池供水的方式，由两岸上游、下游布置的主供水池集中供应，供水池在高、中、低高程均有布置，以满足不同部位施工用水需要。按照"高用高取、低用低取，主管取水、支管分流"的原则，沿主要施工通道布置供水管，主供水管采用 DN300~DN150 的钢管，供水支管采用 DN150~DN80 的钢管，用水部位超过高位水池高程时设置增压泵。供水管的管径根据开挖与支护阶段、混凝土浇筑与灌浆阶段两者的高峰用水量确定。白鹤滩水电站地下厂房工程的高峰期总供水需求为 1500~2000m³/h。

3. 供电系统布置

白鹤滩水电站地下厂房工程的施工用电高峰集中在开挖与支护阶段。根据各部位开挖与支护施工配置的空压机、通排风机、排水泵、凿岩台车、湿喷台车、施工照明等主要用电设备功率，确定现场变配电站的布置及变压器容量。地下厂房工程施工供电系统由施工区公用 LINK 群提供接线点，共布置有 76 座变电所，变压器总容量约 77000kVA。

4.4.3　施工期排水系统布置

白鹤滩水电站地下厂房洞室群施工期排水主要包括开挖与支护施工废水、混凝土浇筑冲仓及养护废水、灌浆施工废水、地下渗水等。施工期排水需注意以下要点。

（1）在施工总体程序设计中，优先实施有利于截排或减少地下洞室渗水的项目。

（2）采用钢板水箱或通过在施工支洞一侧扩挖布置排水泵站，并避开混凝土封堵段。每个泵站的集水池（或水箱）分隔成两个相对独立的空间，废水先排至污水池（沉淀池），经过沉淀后再排至清水池，从清水池抽排出洞外。沉淀池定期采用反铲辅以人工进行清污。

（3）洞内施工排水主要包括顺坡开挖洞段及逆坡开挖洞段的排水，根据施工特点、施工程序安排，采取利用坡降自流和机械抽排相结合的原则进行排水布置。在顺坡开挖的洞段，宜在工作面开挖形成简易集水坑或在底板结构混凝土部位预留泵坑。

（4）隧洞排水沟须安排专人维护、疏通，施工期不设盖板。跨路排水沟应进行专门设计或在道路施工阶段预埋排水管，以满足重载车辆的通行要求。

（5）尾水连接管、尾水隧洞的高程低、洞线较长，且临江洞段渗水量相对较大，该部位的排水布置应充分考虑混凝土与灌浆施工阶段的排水需求，宜分洞段预留泵坑，多通道进行施工排水。

（6）施工排水的效果和可靠度直接关系到施工效率、用电安全、作业环境，排水能力按照"一用一备"进行配置，主要排水泵站定期维护并安排专人值守（或采用自动化控制设备），排水主管采用 DN200～DN300 钢管，排水支管采用 DN75～DN150 钢管。

在白鹤滩水电站地下厂房的排风通道规划阶段，主要的通道和洞室均布置有排风竖井与专用施工排风洞相连，专用施工排风洞兼顾施工期排水功能，排风洞两侧布置有大断面排水沟。主厂房的施工排水布置方案主要为：在进厂交通洞及其延伸段设置主泵站，各部位设置分泵站，大部分施工废水经分泵站排至主泵站，再由主泵站通过排水管经排风竖井排至专用施工排风洞排水沟，再排至洞外。白鹤滩水电站左右岸引水发电系统施工期排水设备的总排水能力超过 8000m³/h（含备用）。左岸地下厂房施工期排水系统布置方案如图4.4-1 所示。

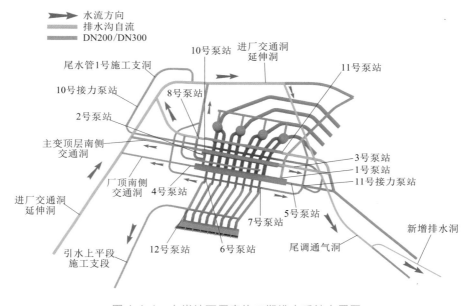

图 4.4-1　左岸地下厂房施工期排水系统布置图

4.4.4　"四节一环保"措施

白鹤滩水电站地下厂房施工的供风、供水、供电与排水系统的布置与运行始终秉持绿色施工理念，将"四节一环保"措施融入其中，采取的主要措施如下。

1. 节能措施

（1）通过使用空压机专用变频器、设置变频控制柜等途径，对集中供风站的空压机进行变频恒压节能改造。

（2）泵站采用浮漂式自动开关，实现泵站自动抽排，降低能耗。

（3）变压器站的布置充分考虑用电点距离，减少压降影响，长隧洞通过设置升压变压器、降压变压器进行调压。

2. 节地措施

（1）空压站、变压器站及排水泵站集中一体化布置，减少洞室扩挖量。

（2）采用旁洞形式布置时，避开封堵段，减少混凝土回填量。

（3）充分利用冗余洞室布置变压器站，减少旁洞开挖量。

（4）露天场地紧凑布局，节约用地。

3. 节水措施

（1）在岩体渗水量较大的洞室布置集水池，如进风上平洞，并作为施工供水补给站加以利用。

（2）设置冷却水、养护水等的循环管路，重复利用。

4. 节材措施

（1）根据施工高峰强度核算用度，配置合理的设备及管线设施。

（2）充分利用洞室立体交叉的布置特点，采用传递孔或利用通风井兼做管线井，最大程度减少管线敷设。

5. 环保措施

（1）施工废水集中治理、多级沉淀、达标排放、回收利用。

（2）根据施工前期经验及优化方向，编制临建设施的标准化施工图册，实现供风、供水、供电及施工排水设施的标准化建设与管理。

4.5 附属企业与通信系统、监控系统布置

4.5.1 附属企业布置

与白鹤滩地下厂房工程相关的施工附属企业较多，分为公用附属企业和承包人自建附属企业两个部分。以征地红线和下游溪洛渡回水高程线为界，以渣料场、砂石混凝土系统布置为重点，根据地形与地势条件，从有利于枢纽布置和便捷施工的角度出发，错落有致布置在左右岸两侧。施工区主要附属企业布置如图 4.5-1 所示。

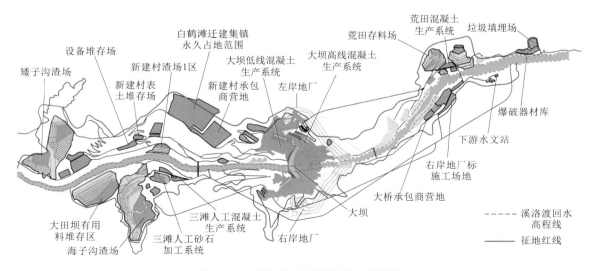

图 4.5-1 施工区主要附属企业布置图

公用附属企业主要包括砂石生产系统、混凝土生产系统、渣场、存料场、统供物资仓库、机电埋件加工厂、转轮加工厂、柴油库、炸药库、大件堆场等。

承包人自建附属企业包括钢筋加工厂、喷射混凝土拌和站、钢管加工厂、混凝土预制件厂、锚索加工厂、机械修配厂、物资存放场等。

以左岸为例，相关的施工附属企业概况如表 4.5-1 所示。

表 4.5-1　白鹤滩水电站左岸地下厂房施工附属企业概况

序号	施工附属企业名称	占地面积/m²	建筑面积/m²	备　注
1	压力钢管加工厂	31204	6828	生产能力：20t/班
2	压力钢管组圆厂	10647	—	存放钢管瓦片及组圆加工，后期改为材料堆放场
3	施工机械修配厂	7630	1040	
4	综合加工厂	7870	6101	木材加工厂、原木及成材堆放场、预制构件厂、零星钢结构加工厂
5	物资存放场	6400	1087	—
6	锚索加工厂	3000	344	—
7	试验中心	2000	792	
8	现场指挥中心	4860	—	办公区、HZS60拌和系统、现场机械修理厂
9	钢筋加工厂	7958	4627	生产能力：105t/班

4.5.2　施工期通信系统布置

在施工期通信系统布置工作中，根据白鹤滩水电站地下厂房的空间结构特征，利用已成型的主要（永久）交通洞、施工洞室布置通信网络主干光缆，在各区域、洞室等的交界或分支路口的合适位置设置机柜/设备箱，再由机柜/设备箱接入各业务需求点。

在白鹤滩水电站的施工区，主要根据需求部位及其区域面积大小、人员密集程度设置基站，洞室外设置宏站，洞室内设置无线室内分基站，按照"全面覆盖，永临结合，动态调整"的原则进行布置。4G 基站设备以分布式基站为主，无法建设机房的站址则采用室外一体化基站快速部署，在小范围弱信号区或局部盲区则采用微功率基站。单个 4G 基站信号覆盖半径约 300m，可满足 240 个用户上网、900 个用户语音通话需求。白鹤滩水电站地下厂房洞室群单岸的基站覆盖范围如表 4.5-2 所示。

表 4.5-2　白鹤滩水电站地下厂房洞室群单岸的基站覆盖范围

序号	部　位	4G 载扇/个	备　注
1	引水隧洞（8 条）	4	临时
2	主厂房	3	永久
3	母线洞（8 条）	2	永久
4	主变室	2	永久
5	尾水管检修闸门室	1	永久

序号	部 位		4G 载扇/个	备 注
6	尾水调压室（4 个）		4	永久
7	尾水隧洞检修闸门室		1	永久
8	尾水隧洞（4 条）		4	临时
9	排风洞		1	临时
10	厂房灌排廊道	第 1 层	1	临时
11		第 2 层	1	临时
12		第 3 层	1	临时
13		第 4 层	1	临时
14		第 5 层	1	临时
15		第 6 层	1	临时
16		第 7 层	1	临时
合 计			29	—

4.5.3 工业监控系统布置

通过在各重要施工部位及视野较好的高点位置布置工业监控系统，拍摄高清视频画面，从而实现对施工区重点管控部位施工进展、现场安全情况及整体形象面貌等的全天候实时监控。

按照集中控制、统一管理的要求，白鹤滩水电站工业监控系统设置有监控中心。施工区各点位的有线监控通过光缆传输网络接入监控中心，无线监控通过高速无线传输设备实现数据传输。监控系统仅能在内网中访问，安全可控。

在白鹤滩水电站地下洞室群内，工业监控主要布置在三大洞室的两端，如表 4.5-3 所示。在洞室开挖支护阶段提前布置监控设备，并在混凝土与金属结构、机电安装阶段根据现场实际情况对具体布置位置进行适当调整，确保整体协调、有机统一。

表 4.5-3 白鹤滩水电站地下厂房洞室群工业监控布置表（单岸）

序号	部 位	布置位置	监控数量/个
1	主厂房	厂顶南侧	1
2		厂顶北侧	1
3	主变室	主变顶南侧	1
4		主变顶北侧	1
5	尾水管检修闸门室	尾闸顶南侧	1
6		尾闸顶北侧	1
合 计			6

注 左右岸地下洞室群工业监控设备均采用常规球机，400 万/200 万（红外）配置。

4.6 思考与借鉴

（1）超大规模地下洞室群施工的进度规划、通道布置、通风系统等的规划对于最终的工程建设与实施成效具有重大影响。施工规划与布置应以实现建设目标为出发点，由建设单位全面主导，开展全方位的研究，方能取得事半功倍的效果。

（2）结合地质勘探、原型试验、地方交通等的需求，适当提前完成部分施工通道建设，并相应布置风水电等配套设施。

（3）分标规划时，宜将机组埋件纳入土建标实施，有利于减少协调、缩短工期；将厂房装修标与土建标同期招标，有利于土建施工过程中跟进装修，为机电安装提前提供良好的安装环境。

（4）通过建立多方位、多层次、多维度的施工通道布置形式，可有效缓解超大规模、复杂洞室群的施工干扰问题，提高施工效率，减少临建工程量，确保地下厂房工程的均衡、有序施工。

（5）大型洞室群通风规划宜在工程准备期内完成，从通风方案、设备、通道、运行管理等方面进行系统规划，并持续落实、动态完善。

第5章 洞室群开挖与支护

白鹤滩水电站地下厂房洞室群的规模巨大，地质环境复杂，在高地应力、层间（内）错动带发育以及柱状节理发育等多种因素的联合作用下，围岩稳定问题尤为突出。如何控制围岩变形、避免围岩失稳、保证地下厂房的施工期及运行期安全是白鹤滩水电站工程的核心问题。

在白鹤滩水电站地下厂房洞室群的建设过程中，从研究围岩力学特性、认识问题本质出发，通过制订适应围岩应力场调整的开挖方案、符合围岩松弛规律的支护时空步序、降低洞室群效应影响的开挖程序，采取了一系列围岩不利响应的有效应对措施，实现了洞室群开挖的稳定安全。

5.1 围岩的力学特性

地下厂房洞室群开挖支护建设管理的核心是确保洞室群围岩稳定安全，首要是研究围岩岩石力学特性，掌握规律，对症下药。

5.1.1 玄武岩的变形力学特性

在白鹤滩水电站建设实践中，针对其岩石力学特性开展了系统研究，采用单轴压缩试验、裂纹扩展数字散斑照相（DIC）试验、电子显微镜扫描（SEM）等科学手段，揭示了白鹤滩水电站玄武岩从岩石、岩体到工程岩体三层次变形与力学破坏特性。玄武岩岩石峰值强度高、峰后脆性破坏、残余强度低、隐裂隙发育、启裂强度低，尤其是隐晶质玄武岩脆性破坏最为显著，属硬脆性玄武岩。玄武岩启裂强度约 40MPa，较其峰值强度低约 60%。白鹤滩水电站地下厂房岩体强度应力比低，洞室开挖围岩应力重分布后最大集中应力达到 60MPa 量级，强度应力比为 2~3，浅层易发生应力型破坏。

总体而言，白鹤滩水电站地下厂房虽然围岩完整性较好，但受隐微裂隙影响，围岩启裂强度低且脆性特征显著，在爆破开挖后的应力场二次调整过程中，一旦应力集中水平超过岩体的启裂强度，易在地下洞室浅层应力集中（低围压）区形成破裂和片帮破坏，甚至产生受微裂隙影响的解体破碎。

左、右岸厂房开挖揭示的围岩破坏类型主要分为结构面控制型、应力控制型和结构面-应力控制型三大类，如图 5.1-1 所示，以应力控制型为主，主要表现为片帮、破裂等现象，部分为松弛垮塌。片帮、破裂主要分布在厂房上游侧拱肩、下游边墙各分层开挖界面附近，如图 5.1-2～图 5.1-5 所示。在近水平向地应力和缓倾角结构面的作用下，厂房顶拱应力集中程度及范围随厂房边墙下挖、洞室高度增加而有所增加，导致厂房上游侧顶拱混凝土喷层鼓胀开裂、脱落。

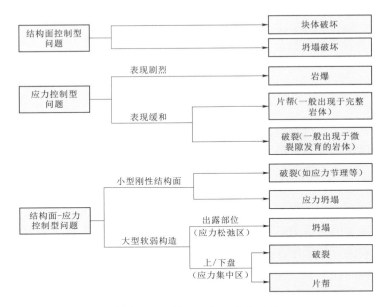

图 5.1-1　围岩破坏模式分类图

图 5.1-2　典型应力型片帮破坏

图 5.1-3　典型应力型破裂破坏

图 5.1-4　典型结构面-应力型破裂坍塌

图 5.1-5　主洞室底板围岩卸荷回弹
引起的破裂破坏

由于开挖引起围岩应力重分布，改变围岩的应力状态，应力释放会导致岩体松弛变形，应力集中会导致岩体屈服，从而产生破裂和破坏。岩体变形和破裂的程度取决于地应力的大小、方向和应力状态。一般来说地应力的量值越大，最大主应力与最小主应力差值越大，对围岩的稳定就越不利。

5.1.2　玄武岩的松弛破坏特性

为研究白鹤滩水电站工程玄武岩的松弛时效，在左岸地下厂房采用原位布置观测孔，利用孔内电视摄像，观察围岩开裂发展情况。同时，按照开挖支护进展进行观测孔声波测试，测定松弛深度的演化过程。

以左岸地下厂房顶拱层布置的 6 个声波和钻孔摄像监测断面为例，上游侧 K0+330-0-2 钻孔摄像成果如图 5.1-6 所示，顶拱 L-K0+319-1-2 孔松弛深度随时间变化曲线如图 5.1-7 所示。

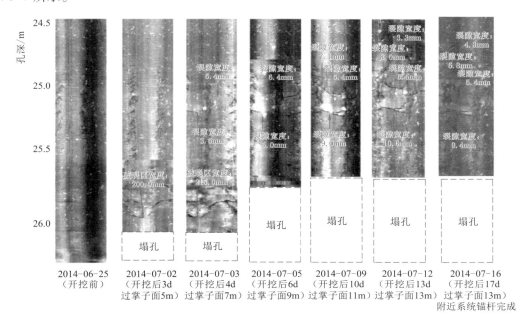

图 5.1-6　左岸地下厂房上游侧 K0+330-0-2 钻孔摄像成果

通过对孔内成像揭示的裂纹开展过程和声波测试的松弛深度演化过程的分析，得出以下结论。

（1）上游侧围岩松弛深度较下游侧总体而言偏高，局部部位下游侧高于上游侧（与相应部位地质构造相关）。由于上游侧拱肩为厂房应力集中区，破裂程度较下游侧更严重。

（2）围岩的松弛变形一般从监测孔附近开始爆破时产生，爆破揭露后 3d 内，开挖 2~3 个循环（6~9m），松弛深度快速增加，孔内新增裂隙或原生裂隙开展。

（3）在支护以前松弛深度不断加大，支护后裂隙宽度有所减少。随着时间的延长，受时效变形或周边爆破振动的影响，松弛深度进一步增加。

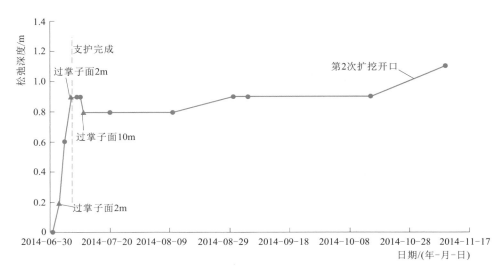

图 5.1-7　左岸厂房顶拱 L-K0+319-1-2 孔松弛深度随时间变化曲线

5.1.3　长大错动带的变形特性

1. 错动带性状

从白鹤滩水电站地下洞室群开挖揭露的层间带性状和充填物特征看，层间带 C_2、C_4、C_5 相对最差，其次为 C_3、C_{3-1} 性状较差。层间带发育的 $P_2\beta_2^4$ 凝灰岩厚度一般为 30 ~ 80cm，局部可达 180cm；错动带主要在凝灰岩中部发育，厚度一般为 10 ~ 60cm，平均20cm。错动带物质组成为泥夹岩屑型，遇水易软化，性状差，强度低。层间错动带结构性状特征如图 5.1-8 所示。

2. 变形特性

长大错动带为大型软弱构造，在高地应力条件下，对地下洞室围岩的变形稳定影响突出。

（1）错动带切割顶拱时，易形成局部不稳定块体，且不易形成承载拱。

（2）错动带切割高边墙时，改变高边墙变形模式，加剧高边墙变形。以左岸地下厂房揭露的层间错动带 C_2 为例，层间错动带 C_2 切割部位变形量级可达 100 ~ 120mm，

玄武岩

凝灰岩

玄武岩

图 5.1-8　层间错动带结构性状特征

比没有错动带影响下的数值计算结果大 30 ~ 50mm。

（3）由于错动带倾向上游，使地下厂房上、下游高边墙的非连续变形存在显著差异，下游边墙变形大于上游边墙变形。

（4）通过原位测斜观测，揭示长大错动带上、下盘岩体非连续变形特征，总体呈现上盘岩体剪出、下盘岩体压裂、影响区整体劣化的状态。

5.1.4　洞室群的时空变形破坏特性

地下洞室纵横交错、相互关联，洞群效应显著。主要体现在以下 3 个方面。

（1）大跨度洞室开挖对相邻小洞室的影响。大跨度地下厂房的开挖，围岩应力调整范围大，会影响在其影响范围内小洞室的开挖响应，并且同时小洞室的开挖也会对地下厂房围岩应力分布有一定影响。主要表现为厂房开挖对主变洞、相邻排水廊道等围岩应力、变形的影响。

左岸地下厂房周边第 5 层排水廊道底板开裂破坏如图 5.1-9 所示，右岸地下厂房周边锚固观测洞顶拱开裂掉块如图 5.1－10 所示。

图 5.1-9　左岸地下厂房周边第 5 层
排水廊道底板开裂破坏

（a）细部掉块情况

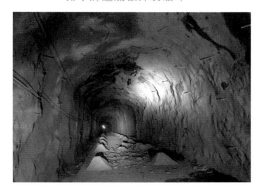

（b）整体掉块情况

图 5.1-10　右岸地下厂房周边锚固观测洞顶拱开裂掉块

（2）分隔的小洞群向联通的大洞群转变引起洞群应力调整。洞室间连接部位贯通，是分隔的小洞群向联通的大洞群转变的过程，当阻隔两个分隔洞群、承受巨大围岩荷载的隔墙开挖卸荷后，会使整个洞室群围岩应力变形分布发生剧烈变化。主要表现为：厂房尾水扩散段开挖，形成与厂房下游边墙的贯通，使厂房围岩应力出现剧烈调整；尾水管检修闸门室下部闸门井的开挖和贯通，使上游主变洞围岩应力变形出现调整。

（3）层间、层内错动带加强洞群效应的反应。层间、层内错动带一方面使围岩应力传递不连续，将开挖引起的围岩响应封锁在一定的范围内，加剧洞群效应；另一方面，层间、层内错动带附近引起局部异常应力集中区，在白鹤滩水电站硬脆性玄武岩围岩条件下，将增强围岩应力破坏程度，进而影响围岩应力变形分布，加剧洞群效应。

初始应力大小随岩性、结构面发育程度不同差异明显，局部存在应力集中现象，尤其是在层间错动带下盘有一个初始应力集中区，应力最大可达 30MPa 以上。例如，在右岸厂房小桩号洞段，洞室开挖引起的二次应力场在顶拱形成应力集中，同时与层间错动带

C_4 下盘一定范围内形成局部应力异常区叠加，在厂房下挖过程中，C_4 下盘围岩经历了更为强烈的应力型破坏（图 5.1-11）。

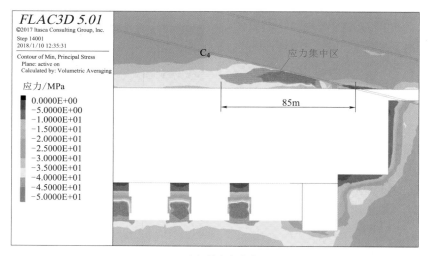

（a）最大主应力

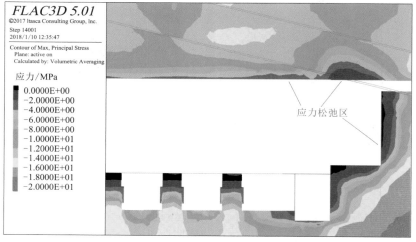

（b）最小主应力

图 5.1-11　右岸地下厂房小桩号洞段围岩应力分布示意图

5.2　关键方案比选和施工程序规划

在白鹤滩水电站地下厂房洞室群岩石力学特性研究的基础上，对主副厂房大跨度顶拱分区分序开挖方案、高边墙分层分区开挖方案以及尾水调压室穹顶开挖等关键方案进行研究比选，对影响洞室群联动效应的关键部位的施工程序进行系统规划，并根据玄武岩松弛破裂演进规律，制订支护跟进开挖的时空步序。

5.2.1　厂房大跨度顶拱开挖方案比选

根据以往工程施工经验，地下厂房顶拱跨度大，宜采取分区开挖方案。对于硬岩环境，一般采取分中导洞及两侧扩挖，共三区进行开挖。

鉴于白鹤滩水电站地下厂房顶拱中导洞已于施工准备期开挖支护完成，在其开挖方案制订时，初拟了六种分区分序方案，包括：①中导洞一次减底→上游侧Ⅰ序扩挖→下游侧Ⅰ序扩挖→中导洞二次减底→上游侧Ⅱ序扩挖→下游侧Ⅱ序扩挖；②中导洞一次减底→上游侧Ⅰ序扩挖→上游侧Ⅱ序扩挖→中导洞二次减底→下游侧Ⅰ序扩挖→下游侧Ⅱ序扩挖；③中导洞一次减底→下游侧Ⅰ序扩挖→上游侧Ⅰ序扩挖→中导洞二次减底→下游侧Ⅱ序扩挖→上游侧Ⅱ序扩挖；④中导洞一次减底→下游侧Ⅰ序扩挖→下游侧Ⅱ序扩挖→中导洞二次减底→上游侧Ⅰ序扩挖→上游侧Ⅱ序扩挖；⑤中导洞减底→下游侧扩挖至结构面→上游侧扩挖至结构面；⑥中导洞减底→上游侧扩挖至结构面→下游侧扩挖至结构面。

在初拟的六种分区分序方案中进行比选，首先对六种方案开挖过程的二次应力场分布特征进行数值计算，结果如图 5.2-1 所示。

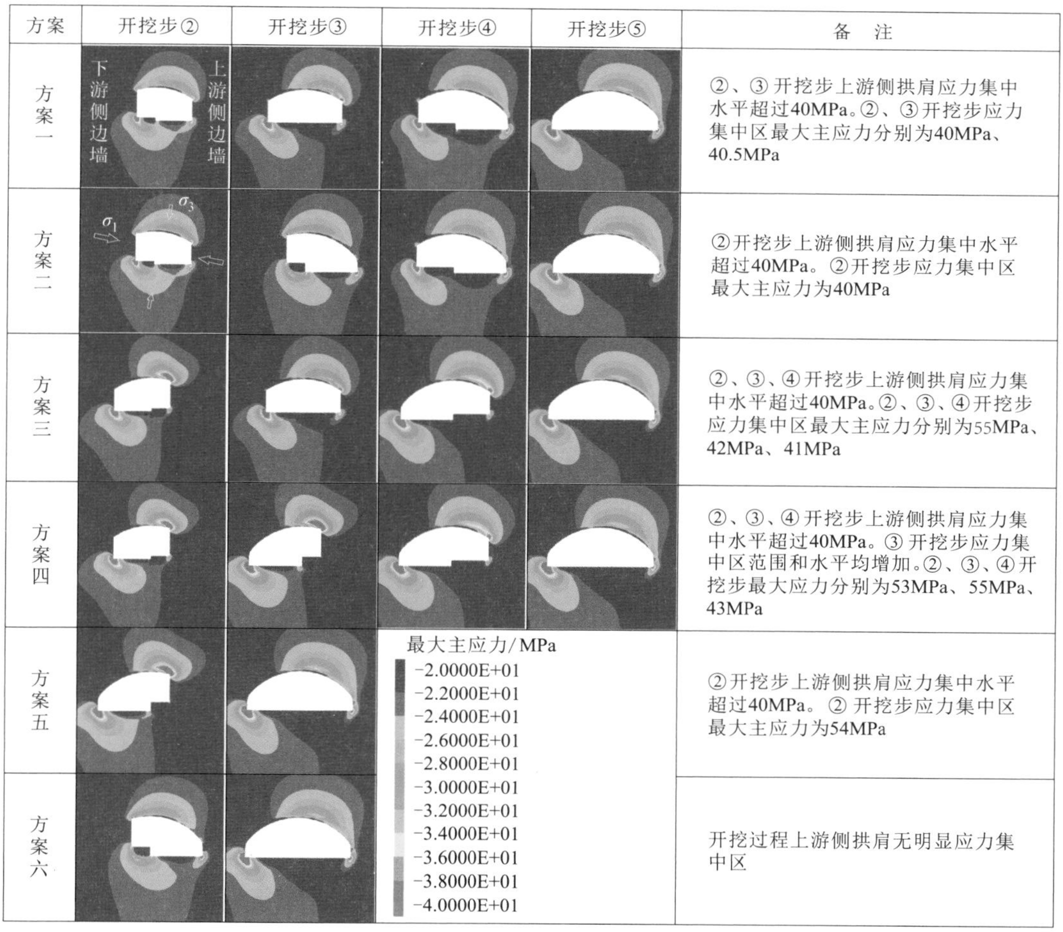

方案	开挖步②	开挖步③	开挖步④	开挖步⑤	备　注
方案一	下游侧边墙／上游侧边墙				②、③开挖步上游侧拱肩应力集中水平超过40MPa。②、③开挖步应力集中区最大主应力分别为40MPa、40.5MPa
方案二	σ_1　σ_3				②开挖步上游侧拱肩应力集中水平超过40MPa。②开挖步应力集中区最大主应力为40MPa
方案三					②、③、④开挖步上游侧拱肩应力集中水平超过40MPa。②、③、④开挖步应力集中区最大主应力分别为55MPa、42MPa、41MPa
方案四					②、③、④开挖步上游侧拱肩应力集中水平超过40MPa。③开挖步应力集中区范围和水平均增加。②、③、④开挖步最大主应力分别为53MPa、55MPa、43MPa
方案五			最大主应力/MPa -2.0000E+01 -2.2000E+01 -2.4000E+01 -2.6000E+01 -2.8000E+01 -3.0000E+01 -3.2000E+01 -3.4000E+01 -3.6000E+01 -3.8000E+01 -4.0000E+01		②开挖步上游侧拱肩应力集中水平超过40MPa。②开挖步应力集中区最大主应力为54MPa
方案六					开挖过程上游侧拱肩无明显应力集中区

图 5.2-1　初拟方案开挖过程中最大主应力分布特征

从开挖卸荷应力重分布过程中主应力量值不超过玄武岩启裂强度的角度出发,根据计算结果,选择应力集中水平较低的方案一和方案六作为备选方案。对比备选方案,方案六在开挖过程中上游顶拱范围内无明显应力集中区,主应力量值较小。但该方案采取分二区开挖,存在以下问题。

(1)两侧扩挖采用一次扩挖到结构面的方案,存在一次揭露的顶拱跨度过大,单循环支护工程量大,支护跟进的时间长,对顶拱围岩稳定不利。

(2)单循环爆破规模大,爆破振动控制难度大,对围岩扰动大,不利于围岩稳定控制。

(3)扩挖高度高,钻孔作业平台尺寸大、重量重,采用装载机推台车难度大,安全风险高。

(4)扩挖区最大高度为12.65m,爆破开挖后反铲排险高度高,作业困难,易因排险不彻底而存在安全隐患。

而方案一分序扩挖至结构面的方案可有效减少爆破规模,缓和卸荷,一次揭露的顶拱结构面规模小,有利于系统支护及时跟进。综合对比分析,最终选择方案一作为实施方案,即分序分区开挖方案为:中导洞一次减底→上游侧Ⅰ序扩挖→下游侧Ⅰ序扩挖→中导洞二次减底→上游侧Ⅱ序扩挖→下游侧Ⅱ序扩挖。

5.2.2 厂房高边墙分层分区开挖方案比选

5.2.2.1 分层方案

根据以往同等规模地下厂房高边墙分层开挖方案,如表5.2-1所示,地下厂房高边墙开挖分层高度基本在6~10m,分层数基本在9~10层。该分层高度满足各类大型设备施工要求并能够充分发挥其施工能力,便于开挖区内施工通道布置,因而被广泛采用。

表5.2-1 国内大型地下厂房开挖分层高度统计表 单位:m

项目名称	三峡水电站	溪洛渡水电站	向家坝水电站	龙滩水电站
开挖总高度	87.3	77.6	88.2	74.4
Ⅰ层	11.7	12.1	9.4	9.8
Ⅱ层	9.8	3.5	9.1	9.2
Ⅲ层	8.0	8.0	6.1	10.5
Ⅳ层	8.0	6.5	8.0	9.2
Ⅴ层	7.5	8.0	9.0	10.0
Ⅵ层	7.5	6.4	9.0	6.5
Ⅶ层	5.3	9.5	6.5	9.5
Ⅷ层	5.5	5.1	8.2	6.5
Ⅸ层	9.5	7.6	10.0	4.9
Ⅹ层	9.6	10.9	10.4	—

按照工程类比法,白鹤滩水电站地下厂房初步按照分10层开挖方案,高边墙分层高度具体如表5.2-2和图5.2-2所示。

表 5.2-2　白鹤滩水电站地下厂房开挖分层初拟方案　　　　单位：m

分层序号	I	II	III	IV	V	VI	VII	VIII	IX	X
层高	13.6	3.6	8.5	8.5	9.0	10.0	8.0	13.0	9.0	5.5
备注	—	—	岩壁梁	—	—	—	—	机窝		

通过对白鹤滩水电站地下厂房工程岩体力学特性的研究，认识到白鹤滩水电站地下厂区玄武岩脆性特征强，岩体强度应力比低，在高边墙下挖、高跨比不断增大的过程中，倾向临空面的回弹变形导致应力集中，当主应力量值超过启裂强度，应力型破坏随之而来。而且，白鹤滩水电站左岸地下厂房轴线与第一主应力方向大角度（60°～70°）相交，右岸地下厂房轴线与第二主应力方向近垂直相交，极易引起高边墙表面快速卸荷松弛。因此，基于白鹤滩水电站地下厂房地质条件的特殊复杂性，应控制卸荷梯度，降低每一层开挖的应力集中量值。

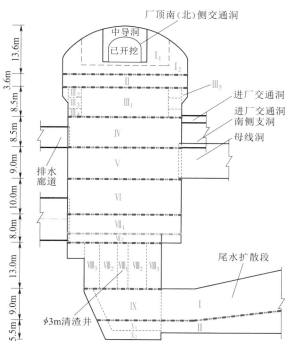

图 5.2-2　白鹤滩水电站地下厂房开挖分层初拟方案

通过对初拟方案厂房各层开挖主应力响应特征进行仿真计算，结果显示厂房高边墙各层上、下游墙角部位应力集中，量值超过 40MPa，且分层越高，围岩变形总量越大，如图 5.2-3 和图 5.2-4 所示。

由此可见，在白鹤滩水电站高地应力、硬脆玄武岩和隐微裂隙发育的地质环境中，按照以往类似工程的分层高度进行厂房高边墙开挖是不合适的。为保证厂房高边墙围岩稳定，最终选取薄层开挖的方案，如图 5.2-5 所示。

实施阶段厂房第 V～VII 层皆分两小层薄层进行施工；厂房第 VIII 层先进行减薄层开挖，再进行机坑井挖施工；厂房第 IX 层采用尾水扩散段作为施工通道先行开挖，为机坑井挖施工提供通道，不占用直线工期。左岸厂房开挖支护分层工期如表 5.2-3 所示。

5.2.2.2　分区方案

一般而言，地下厂房高边墙开挖可采取周边预裂、中部全断面梯段开挖或者中部拉槽、两侧预留保护层开挖方案。

采用预裂爆破技术，则预裂缝形成时间早，边墙永久结构面被开挖揭露出来需要等待较长的一段时间，成缝后应力调整，永久结构面易产生卸荷松弛，通过对现场施工进行预推演，预裂成缝后到边墙永久结构面被开挖揭露，完成系统锚杆支护需要至少 7d 时间，在该时间段内将无法约束结构面的快速松弛，对高边墙围岩稳定不利。同时，预裂孔单孔装药量在 4kg 左右，为保证预裂成缝效果，齐爆孔数不少于 3 孔，单响药量达到 12kg，对爆破振动控制不利。

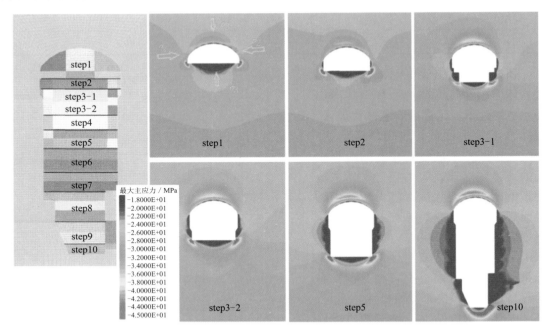

图 5.2-3　地下厂房地应力最大主应力开挖过程响应特征

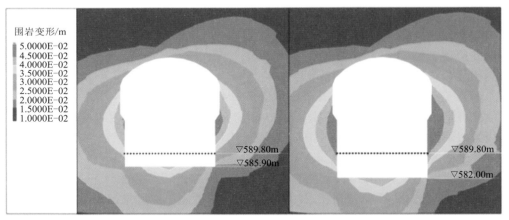

（a）一次开挖 4m　　　　　　　　　（b）一次开挖 8m

图 5.2-4　不同开挖分层变形总量云图

表 5.2-3　左岸厂房开挖支护分层工期表

序号	分层	分层高度/m	方量/m³	实施工期/月	备　注
1	第Ⅰ层	13.6	116696	9	顶拱层
2	第Ⅱ层	4.1	61006	3	—

续表

序号	分层	分层高度/m	方量/m³	实施工期/月	备　注
3	第Ⅲ层	11	106133	8	岩壁梁层
4	岩壁梁浇筑	3.3	6005	6	—
5	第Ⅳ层	4	129782	3	—
6	第Ⅴ层	8	65680	3.5	—
7	第Ⅵ层	10.5	116427	4	—
8	第Ⅶ层	10.5	107017	4.5	—
9	第Ⅷ层	13.2	65022	6	机坑层
10	第Ⅸ层	11.8	45113	—	不占直线工期
11	第Ⅹ层	2	11508	2	建基面保护层
	合　计	92	830389	49	

若采用中部拉槽、预留保护层开挖的分区开挖方案，高边墙开挖爆破方案则采用预裂爆破与光面爆破相结合的方式，即在中部拉槽与保护层之间实施施工预裂（临时结构面预裂），通过施工预裂缝减少中部拉槽爆破振动对高边墙围岩的影响，在边墙永久结构面采用光面爆破，开挖单循环进尺仅 3～4m，总装药量不到 60kg，最大单响药量为 9.6kg，相对于边墙永久结构面预裂爆破开挖方案对爆破振动控制更有利。更为关键的是，边墙永久结构面在保护层开挖后被揭露出来，可立即进行系统支护施工，而之前中部拉槽后边墙应力调整所产生的卸荷松弛在保护层范围内被化解。

总体而言，采用中部拉槽施工预裂与边墙结构面光面爆破开挖相结合的爆破方案，比较符合工程实际，对高边墙围岩稳定更有利。

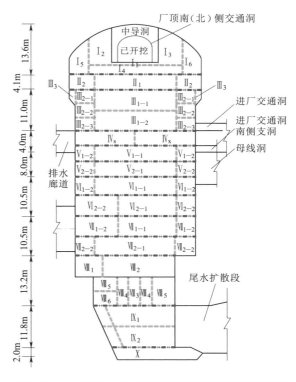

图 5.2-5　白鹤滩水电站地下厂房开挖分层实施方案

5.2.3　系统支护方案比选

选择适合高地应力环境下脆性岩体破坏特征的系统支护方案，并加强特定不利地质构造的局部支护，白鹤滩水电站主副厂房系统锚喷支护参数如下。

1. 顶拱中导洞

喷层施工参数为：初喷钢纤维混凝土 5cm，挂网 $\phi8@15cm×15cm$，钢筋拱肋+复喷混凝土 15cm。

锚杆施工参数为：Ⅱ类围岩采用普通砂浆锚杆 $\phi32$，$L=6m$，预应力锚杆 $\phi32$，$L=9m$，$T=100kN$，间距 1.5m×1.5m 间隔布置；Ⅲ类围岩采用普通砂浆锚杆 $\phi32$，$L=6m$，预应力锚杆 $\phi32$，$L=9m$，$T=100kN$，间距 1.2m×1.2m 间隔布置。

锚索施工参数为：错动带在顶拱上方高度 15m 范围内出露部位采用 4 排对穿预应力锚索；顶拱缓倾角节理密集带布置 2 排对穿锚索，其余部位不布置锚索；纵向间距为 3.6~4.8m。

2. 顶拱两侧拱肩

喷层施工参数为：初喷钢纤维混凝土 5cm，挂网 $\phi8@15cm×15cm$，双向龙骨筋 $\phi16$+复喷混凝土 15cm。

锚杆施工参数为：Ⅱ类围岩采用普通砂浆锚杆 $\phi32$，$L=6m$，预应力锚杆 $\phi32$，$L=9m$，$T=100kN$，间距 1.5m×1.5m 间隔布置；Ⅲ类围岩采用普通砂浆锚杆 $\phi32$，$L=9m$，预应力锚杆 $\phi32$，$L=9m$，$T=100kN$，间距 1.2m×1.2m/1.5m 间隔布置。

锚索施工参数为：上下游拱脚各布置 2 排系统预应力锚索，纵向间距为 3.6~4.8m。

3. 边墙

喷层施工参数为：初喷纳米钢纤维混凝土 12cm，挂网 $\phi8@15cm×15cm$，双向龙骨筋 $\phi16$+复喷纳米混凝土 8cm。

锚杆施工参数为：Ⅱ类围岩采用普通砂浆锚杆 $\phi32$，$L=6m$，预应力锚杆 $\phi32$，$L=9m$，间距 1.2m×1.2m 间隔布置；Ⅲ$_1$ 类围岩采用普通砂浆锚杆 $\phi32$，$L=9m$，间距 1.2m×1.2m；Ⅲ$_2$ 类围岩采用普通砂浆锚杆 $\phi32$，$L=9m$，预应力锚杆 $\phi32$，$L=9m$，$T=100kN$，间距 1.2m×1.2m 间隔布置。

锚索施工参数为：上游边墙预应力锚索 $T=2500kN$，$L=25m/30m$，间距 3.6~6.0m；下游边墙预应力锚索 $T=2500kN$，$L=25m/30m$，间距 3.6~6.0m。

白鹤滩水电站主洞室锚杆、锚索支护设计典型断面如图 5.2-6 和图 5.2-7 所示。

为保证地下洞室开挖期间围岩稳定，及时跟进支护是重要控制措施。"如何及时跟进"与"及时跟进的具体标准是什么"是目前工程实践中面临的具体问题。

通过对玄武岩松弛破坏演进规律的研究，揭示了：①爆破开挖揭露结构面后，表面松弛及破裂产生；②在爆破揭露后 3d 时间内，开挖 2~3 个循环（6~9m），围岩松弛快速发展，破裂破坏现象明显；③锚杆支护后，围岩松弛得到抑制；④但随着时间延长，由于时效变形或周边爆破的影响，松弛深度进一步增加。由此，制定支护跟进开挖的时空关系控制指标如下。

（1）开挖后立即进行初喷混凝土施工，完成后进行下一循环开挖。

（2）开挖后 3d 内，滞后开挖掌子面不超 1~2 个循环跟进完成一序锚杆施工（普通砂浆锚杆）。

（3）开挖后 10d 内，滞后开挖掌子面不超过 20m 完成预应力锚杆施工。

（4）开挖后 15d 内，滞后开挖掌子面不超过 30m 完成挂网及复喷混凝土施工。

（5）开挖后 30d 内，滞后开挖掌子面不超过 80m 完成系统锚索张拉。

（6）上一层浅层和深层系统锚喷支护全部完成，才能进行相应洞段下一层开挖。

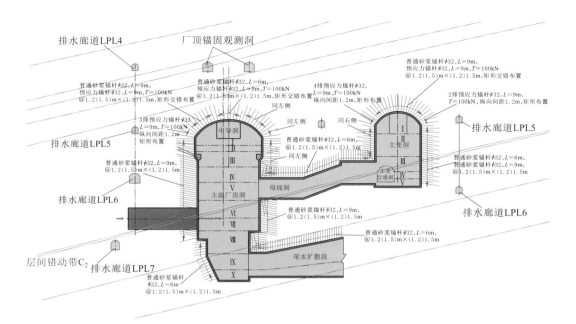

图 5.2-6 白鹤滩水电站主洞室锚杆支护设计典型断面图

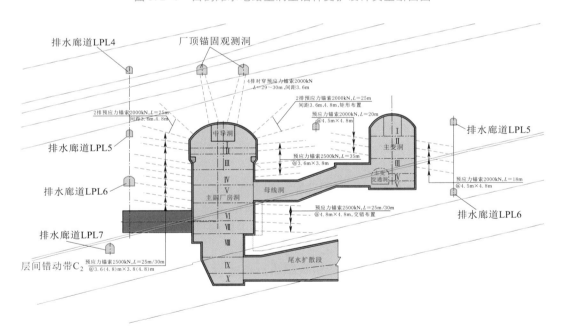

图 5.2-7 白鹤滩水电站主洞室锚索支护设计典型断面图

5.2.4 洞室群的开挖方案比选

通过对洞室群联动变形与破坏效应进行分析，针对其表现特征，制订降低洞室群联动效应的合理开挖支护程序进行主动调控。

（1）采取"错时错距"开挖。对于平行洞室、立体交叉洞室，在洞室群同一范围内，在空间上开挖错开一定距离，时间上开挖错开一定时间，不在同一区域内同时段开挖，降低围岩调整剧烈程度。

（2）遵循"先洞后墙"的原则。对于小洞室与大洞室相贯的情况，如母线洞、引水下平洞、尾水扩散段等先开挖贯入厂房高边墙2~3m，完成洞内的系统支护并提前实施环向预裂后，再从厂房下挖贯通。尾水调压室下部，先通过尾水隧洞开挖岔管。

（3）遵循"先锚后挖"的原则。对于主副厂房、尾水调压室等超大跨度洞室顶拱，优先完成厂顶锚固洞和尾调锚固洞与大跨度顶拱之间能够实施的对穿锚索，再进行后续开挖。对于机坑部位，因挖空率较大，对隔墩及下游岩桥采取"沉头锚杆+锁口锚杆+双向锚索+盖重混凝土+固结灌浆"预支护，确保机坑隔墩及下游岩桥体型完整，降低高边墙有效高度。对于交叉洞口，严格执行先锁口、再开挖的程序。

（4）针对 C_2 等长大错动带而布置的抗剪置换洞，在厂房高边墙开挖至置换洞相应高程前，先完成置换洞开挖支护及置换回填。

（5）针对错动带 C_2 下游边墙变形大于上游边墙的特点，错动带 C_2 出露部位的洞室，按照先下游开挖支护、再上游开挖支护的程序施工。

5.3　洞室群开挖与支护方案

5.3.1　洞室群施工的总体原则

白鹤滩水电站地下厂房洞室群的开挖与支护施工遵循"安全第一、围岩稳定、质量优良、进度可控"的总体原则。洞室群施工安全风险较大，必须坚持"以人为本、安全第一"的原则；围岩稳定是洞室群施工的核心，关系施工安全和工程本体安全，是决定地下工程成败的关键；锚喷支护质量是施工安全和围岩稳定的基础；在围岩稳定、安全可靠的前提下，制订科学的施工方案，优质高效进行洞室群开挖支护，实现工程进度目标。

适用于洞室群开挖支护施工的通用性原则如下。

（1）提前形成洞室群施工期通风系统。在洞室群主体工程开工前，宜提前完成洞室群施工期通风系统规划，创造条件先行开挖主洞室中导洞、通排风竖井和排风平洞，并提前采购通风设备、风带进行安装，使之具备投用条件。

（2）主厂房先行，其他主要洞室梯次跟进。各主洞室不宜在同高程范围同步开挖，应兼顾施工工期和围岩稳定要求，确定合理的洞室群开挖施工顺序。

（3）主洞室的顶拱、高边墙和下部贯通区是围岩稳定控制的重点，需根据工程规模、地质条件和围岩响应特点等审慎确定开挖支护方案。

（4）在遵循应对洞群效应的整体调控程序的前提下，实施"平面多工序，立体多层次"施工。同时，对于空间相交、相邻的洞室，应防范意外贯通引起安全问题。

（5）"立体分层，平面分区，薄层开挖，随层支护"。开挖支护一层，阶段验收一层，反馈分析一层，再进行下一层开挖。

（6）高边墙开洞口"先洞后墙"。即小洞室提前开挖进入主洞室范围内2~3m，在结构线部位实施环向预裂和锁口支护。

（7）提前预锚、快速浅锚、适时深锚。

（8）安全监测是洞室群施工的保障。通过施工期安全监测、永久安全监测，监控施工过程围岩变形、支护结构荷载情况，对于围岩稳定与施工安全问题可以做到"早发现、早处理"。

5.3.2　复杂地质条件洞室群施工原则

复杂地质条件洞室群施工在遵循上述总体原则和通用原则的基础上，还应按照以下原则组织开挖支护施工。

（1）"超前预控制"。结合数值计算和工程类比，确定各洞室各部位合理的锚喷支护设计强度，尽量做到"一次到位"，避免"二次加固"；针对影响洞室群围岩稳定的主要地质、结构因素提前采取"预锚固、预置换"的控制措施。

（2）"全程监测、反馈分析，过程评估、动态优化"。永久监测仪器应"早埋设，勤监测"，并通过安全监测反馈分析，分阶段对洞室群围岩稳定情况进行评估，动态优化设计和施工方案。

（3）"错时、错距"精细优化洞室群时空开挖顺序，减少洞群间开挖的相互影响。

（4）"短进尺、弱爆破，适时支护"。控制卸荷梯度，减少开挖扰动，快速修复围压，充分发挥围岩承载力。

（5）"深层锚固留裕度"。预应力锚索不宜一次张拉至设计强度，应留有 10%～40% 的裕度，以适应洞室群围岩变形的时效性特点。

5.3.3　施工程序

地下厂房洞室群主要包括主副厂房、母线洞、主变洞、尾水管检修闸门室、尾水调压室等。地下洞室群的开挖方式和开挖顺序，与地下洞室群的施工工期直接相关，进而影响到工程投资和效益。开挖形成地下空间的过程也是围岩应力重分布的过程，开挖顺序的不同也会对围岩稳定性产生影响。

白鹤滩水电站地下洞室群规模巨大、地质条件复杂、高边墙稳定问题突出、各洞室施工工序多、干扰大，地下洞室群安全、合理的开挖顺序显得尤为重要。根据施工进度安排，地下厂房施工及机电设备安装为地下洞室群施工关键线路。主副厂房、主变洞、尾水管检修闸门室、尾水调压室等四大洞室开挖以主副厂房为主线，合理安排主变洞、尾水调压室的施工顺序，以期达到洞室群安全稳定、施工连续、资源需求均衡的效果。

基于对工程岩石力学特性的研究成果，白鹤滩水电站采取了主厂房和尾水调压室先行开挖，主变洞滞后开挖的方案，地下厂房洞室群总体开挖程序如图 5.3-1 所示。

5.3.4　地下厂房开挖

5.3.4.1　厂房洞室群施工的总体原则

厂房及其周边洞室开挖程序应遵循以下原则。

（1）优先改善地下洞室群通风散烟条件。厂房系统所有施工支洞的开挖支护在前期

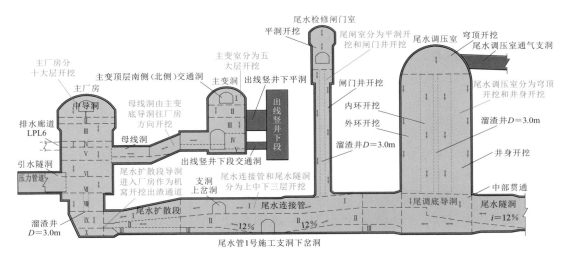

图 5.3-1　地下厂房洞室群总体开挖程序示意图

依次展开，使之分别进入各主要洞室进行施工，优先开挖各主要洞室的上部，与永久或临时通风洞（井）连通；优先安排贯通主厂房、主变洞顶拱排风竖井下段；具备条件后，尽早安排排风竖井、进风平洞及竖井、出线平洞和出线竖井施工。

（2）优先进行主厂房顶拱与锚固洞之间对穿锚索施工，然后再进行顶拱扩挖支护施工。厂房上下游边墙置换洞与厂房顶拱施工同步进行，必须保证厂房开挖至高程 607.40m前完成上段置换洞的施工。

（3）主厂房岩壁梁开挖完成后，同步进行岩台锚杆施工，第Ⅲ层开挖支护完成且第Ⅳ层预裂爆破完成后再进行岩壁梁混凝土浇筑。主厂房安装间和岩壁梁上部排架柱混凝土在厂房岩壁梁混凝土浇筑完成后相继安排施工。主厂房底部机窝开挖为保护预留岩埂免遭破坏，采取机组间隔开挖的程序。

（4）压力管道、母线洞、电缆廊道、进厂交通洞、尾水连接管及 LPL6 排水廊道等在厂房高边墙贯入的洞口，必须在厂房高边墙开挖至上述部位前先行开挖进入厂房 2~3m，并做好锁口喷锚支护。压力管道下平洞、母线洞及尾水管按奇偶号洞分两序施工，尾水管开挖在主变洞和母线洞开挖支护完成后进行。

以最为典型的地下厂房开挖为例，对洞室群开挖分层、分区，实现分级缓和卸荷开挖技术进行阐述：①根据数值模拟应力调整成果和厂顶支护措施施工要求，将地下厂房Ⅰ层扩挖划分为两区四序；②结合科研分析成果和现场开挖爆破揭示的白鹤滩水电站地下厂房岩壁梁部位围岩应力路径，将岩壁梁层划分为三区六序进行开挖；③充分结合系统锚索布置间排距，将地下厂房高边墙开挖划分为厚度 4~5m 的薄层，并采用中间水平钻孔抽槽、两侧预留保护层光面爆破技术进行开挖；④在高挖空率、反复爆破扰动和边墙进一步向内挤压作用显著的机坑部位，制订了平面上间隔、立面上错层、浅孔预裂、薄层弱爆破的机坑开挖方案；⑤充分利用厂房顶部交通洞、进厂交通洞、母线洞、压力管道、尾水扩散洞等周边洞室作为施工通道，保证任一开挖期内至少有两条通道进入地下厂房，任一分层内揭露的浅层和深层支护能够及时施工。

5.3.4.2　顶拱层开挖

地下厂房顶拱已开挖的中导洞断面尺寸为 12m×10m（宽×高），考虑两侧拱肩部位预应力锚杆（ϕ32，L=9m）施工空间，地下厂房第 I 层分层高度为 13.6m，高程为 611.00～624.60m，如图 5.3-2 所示。

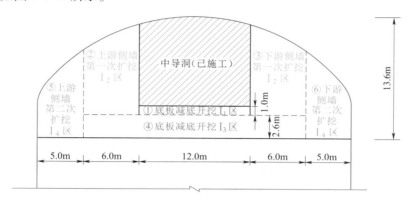

图 5.3-2　厂房顶拱层开挖方案示意图

地下厂房第 I 层扩挖施工分四区进行。I_1 区为底板减底施工，宽度为 12m，高度为 1m；I_2 区为上下游第一次扩挖，扩挖宽度为 6m，底板高程为 613.60m；I_3 区为第二次底板减底，减底宽度为 24m，高度为 2.6m；I_4 区为两侧第二次扩挖，扩挖宽度为 5m，底板高程为 611.00m。

为了保证厂房顶拱开挖施工期间施工安全和安全监测的实施，厂房顶拱层两侧扩挖施工前需优先完成厂房中导洞顶拱对穿锚索支护施工和中导洞顶拱观测仪器的安装及测读。

厂房顶拱层开挖支护顺序为：I_1 区→上游侧 I_2 区→下游侧 I_2 区→I_3 区→上游侧 I_4 区→下游侧 I_4 区。厂房顶拱层开挖支护效果如图 5.3-3 所示。

图 5.3-3　厂房顶拱层开挖支护效果

5.3.4.3 岩壁吊车梁层开挖

岩壁吊车梁（以下简称岩壁梁）是水电工程地下洞室开挖爆破质量要求最高、工艺要求最严格、成型后变形控制最为严格的关键开挖爆破部位，也是一直以来地下洞室开挖爆破质量控制的重点和难点。白鹤滩水电站首次采用了单机功率为100万kW的水轮发电机组，机组构件的体积和重量更大，对岩壁梁的承重能力要求更高，开挖爆破质量要求也更高。

传统地下洞室岩壁梁的开挖爆破方法是在岩壁梁所在层中部拉槽开挖爆破完成后，通过钢管样架搭设、钻孔、装药等工序的工艺控制，确保岩壁梁的开挖爆破质量，而白鹤滩水电站地下洞室岩壁梁层地质条件复杂、松弛卸荷破坏风险高，因此有必要在传统岩壁梁开挖方案的基础上优化施工程序和施工方法，确保岩台成型质量。

1. 岩壁梁层上下相邻层施工程序和方法

（1）岩壁梁层上一层。如图5.3-4所示，岩壁梁层上一层开挖爆破分层高度4~5m为宜，本工程为4.1m，开挖爆破方式采用中间施工预裂抽槽梯段爆破、两侧预留保护层光面爆破，以便降低爆破振动速度，减少岩壁梁层卸荷松弛。

（2）岩壁梁层下一层。岩壁梁层下一层开挖爆破分层高度以4~8m为宜，本工程为4m，开挖爆破方式采用薄层光面爆破或深层预裂爆破、左右半幅开挖爆破，以减少爆破飞石和爆破振动对已浇筑完成的岩壁梁混凝土的影响。

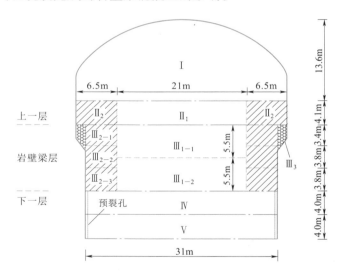

图5.3-4 岩壁梁层及其上、下层开挖爆破分层示意图

2. 岩壁梁层施工程序和方法

（1）岩壁梁层开挖爆破分层高度11m，顶部开挖爆破高程应超过岩壁梁上拐点1.5m和岩壁梁第一排受拉锚杆与岩面交点高程1m，岩壁梁层底部开挖爆破高程应便于锚杆台车钻孔和岩壁梁锚杆安装，便于岩壁梁斜面钻孔样架搭设和钻孔作业。同时尽可能增加岩壁梁层分层高度，进而增大岩壁梁下一层区离岩壁梁混凝土的距离，以利于控制爆破振动，本工程岩台混凝土在岩壁梁开挖支护完成并完成第Ⅳ层结构预裂后开始进行，避免因

岩台结构面长时间裸露导致表面松弛，影响承载力。

（2）岩壁梁层分三区六序开挖爆破。中部拉槽区（宽 21m）、保护层区（宽 5m）、岩台区（宽 1.5m），具体分区如图 5.3-5 所示。其中，中部拉槽区分上、下两层开挖，保护层区分上、中、下三层开挖，岩壁梁下拐点应控制在保护层第二层中部。

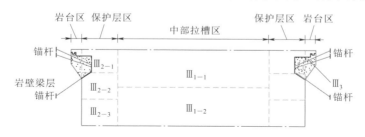

图 5.3-5　地下厂房岩壁梁层分区分序示意图

（3）为保证岩壁梁开挖成型质量，岩壁梁层开挖前在上一层针对岩壁梁保护层和岩台区进行施工工艺和钻爆参数 1∶1 仿真模拟实验。结合爆破振动和岩体声波监测成果确定满足技术要求和质量要求的施工工艺和钻爆参数。地下厂房岩壁梁层开挖成型效果如图 5.3-6 所示。

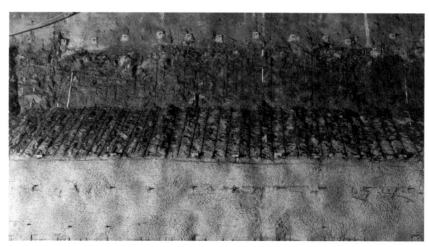

图 5.3-6　地下厂房岩壁梁层开挖成型效果

5.3.4.4　高边墙开挖

白鹤滩水电站地下厂房第 Ⅳ~Ⅶ 层为岩壁梁层以下、机坑以上的高边墙区域，总开挖高度为 33m。为确保围岩稳定、控制高边墙变形，经过数值仿真计算分析，采用分薄层、中部拉槽、两侧预留保护层的开挖方案。具体方案如下。

（1）地下厂房第 Ⅳ 层层高为 4m；第 Ⅴ 层分为 Ⅴ$_1$、Ⅴ$_2$ 两个小层，层高均为 4m；第 Ⅵ 层分为 Ⅵ$_1$、Ⅵ$_2$ 两个小层，层高分别为 5m、5.5m；第 Ⅶ 层分为 Ⅶ$_1$、Ⅶ$_2$ 两个小层，层高分别为 5.5m、5m。地下厂房第 Ⅳ~Ⅶ 层开挖分层分区如图 5.3-7 所示。

（2）每一小层均采取中部预裂拉槽、两侧预留保护层的光面爆破开挖方式，保护层

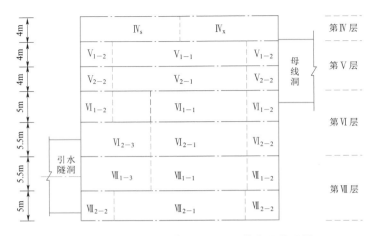

图 5.3-7　地下厂房第Ⅳ～Ⅶ层开挖分层分区图

厚度为 5～8m。中部拉槽及保护层开挖均采用手风钻钻孔平行推进的方式进行。

（3）针对上游侧围岩较差的Ⅵ、Ⅶ层，上游侧预留 11m 保护层并进行施工预裂。爆破设计中严格控制单响药量，增加毫秒延时间隔时间，降低应力波的叠加。控制光面爆破孔间距和装药结构，保证围岩成型质量。

（4）与地下厂房贯穿洞室开挖，遵循"先洞后墙"原则，应先贯入地下厂房边墙 2～3m，完成交叉洞口四周锁口支护，在洞室内沿地下厂房边墙进行环向预裂，以减少边墙在开挖过程中爆破震动对交叉洞口的影响。左岸地下厂房高边墙开挖支护效果如图 5.3-8 所示。

图 5.3-8　左岸地下厂房高边墙开挖支护效果

5.3.4.5　机坑开挖

白鹤滩水电站采用百万千瓦级机组，机坑开挖断面大，单个机坑平面开挖尺寸为 23m×25.65m（长×宽），高度达 27m；机坑下部与尾水扩散段相交，挖空率高。在高地应力条件下，受地下厂房机坑和下部尾水扩散段多次开挖反复爆破扰动、边墙进一步向内的挤压作用，以及底部回弹效应影响，机坑隔墩和下游岩桥的应力集中与卸荷松弛问题突出。

1. 机坑开挖的关键

机坑开挖的关键在于以下三点。

（1）保证隔墩和下游岩桥成型，最大程度利用其支撑作用，保证围岩稳定。厂房机坑结构复杂，埋深大、地应力高，层间错动带穿过机坑，同时柱状节理玄武岩发育，不利地质条件对机坑隔墩及下游岩桥的成型带来了极大的困难。厂房机坑隔墩及下游岩桥是减少厂房下部挖空率、增强对高边墙支撑作用的关键结构，保证其开挖体型完整、减少围岩松弛深度是机坑开挖的关键。

（2）加强爆破控制，减少爆破振动影响。机坑开挖过程中，将与下部尾水扩散段贯通，洞室挖空率将进一步增大，洞室群效应增大，应力调整剧烈，加上机坑部位地质条件复杂，高边墙变形控制难度增大，因此，需加强爆破控制，减少爆破振动对高边墙变形的影响。

（3）创造快速支护条件。根据厂房机坑结构特点分析，厂房机坑无大型设备施工通道，大型支护设备无法进入机坑支护施工；同时由于厂房开挖支护结束前，围岩变形尚未收敛，厂房桥机尚未安装，无法利用桥机吊运大型支护设备下井支护。而玄武岩快速松弛的特点需要逐层开挖、逐层快速支护封闭围岩。创造快速支护条件是减少机坑开挖期间高边墙围岩变形的关键。

2. 开挖方案

（1）机坑下挖前预支护施工。厂房机坑上一层开挖结束后，高地应力作用下底部回弹效应明显，机坑隔墩及下游岩桥易卸荷松弛，且机坑隔墩发育层间错动带及断层等不利地质结构面，为保证隔墩及下游岩桥开挖成型，需提前对厂房机坑隔墩及下游岩桥进行预支护。机坑岩体预支护主要包括沉头锚杆、锁口锚杆、盖重混凝土、预应力锚索。预支护在厂房机坑隔墩开挖前施工完成。

1）沉头锚杆施工。沉头锚杆在机坑顶部上一层开挖前施工，垂直于机坑隔墩和下游岩桥。其作用是对机坑隔墩及岩桥进行预支护，避免高地应力作用下厂房机坑顶部上一层（VII$_2$ 层）开挖后隔墩及下游岩桥顶面产生较大卸荷松弛，保证隔墩及下游岩桥成型。沉头锚杆钻孔深度为机坑顶部上一层层高与沉头锚杆长度之和，锚杆顶部高程与隔墩及下游岩桥顶面设计高程一致。

2）锁口锚杆施工。厂房机坑顶部上一层（VII$_2$ 层）底部采用光面爆破开挖以保护机坑隔墩及下游岩桥成型，开挖完成后立即进行机坑隔墩及下游岩桥锁口锚杆施工，对隔墩及下游岩桥进行加强支护，锁口锚杆沿机坑隔墩和下游岩桥周边垂直于岩面布置两排。厂房隔墩周边的沉头锚杆和锁口锚杆交错布置。

3）盖重混凝土施工。厂房机坑顶部上一层（VII$_2$ 层）开挖完成后，机坑隔墩及下游岩桥顶面长期裸露，为防止隔墩及下游岩桥在后续机坑开挖支护过程中回弹卸荷松弛，在顶部设置 50cm 厚盖重混凝土进行封闭。为保证盖重混凝土与机坑隔墩及下游岩桥形成整体受力，保持整体稳定，盖重混凝土在厂房机坑隔墩及下游岩桥顶部设计有锚筋，盖重混凝土浇筑过程中在厂房隔墩顶部锁口锚索位置预留 70cm×70cm 钻孔位置，为后期锁口锚索施工创造条件。

4）预应力锚索施工。为增加机坑隔墩岩体的整体刚度，隔墩顶部设计了竖向预应力锚索支护。锚索钻孔及下索在盖重混凝土施工前完成，盖重混凝土施工期间为防止污水、石渣流入锚索孔，锚索孔用外径 159mm、长 40cm 钢管进行保护，外部预留张拉束体。锚索张拉在盖重混凝土达到设计强度后进行，张拉完成后对锚头部位采用与盖重混凝土同标号混凝土回填封堵至盖重混凝土顶高程。

（2）机坑开挖施工。厂房机坑以上系统支护及机坑预支护施工完成后方可进行厂房机坑开挖。厂房机坑开挖高度为 27m（高程 535.90～562.90m），根据厂房机坑的结构特点、通道条件、机械性能，并兼顾支护施工等，机坑开挖整体采用间隔开挖方案，以控制卸荷梯度，单个机坑采用中部拉槽，周边预留保护，分薄层、小块开挖，以实现随层快速支护。单个机坑自上而下共分Ⅷ~Ⅹ三大层，其中第Ⅷ层共分三层7区开挖，第Ⅸ层分两小层开挖，第Ⅹ层为机坑底板保护层开挖，具体分层分区典型断面如图5.3-9所示。

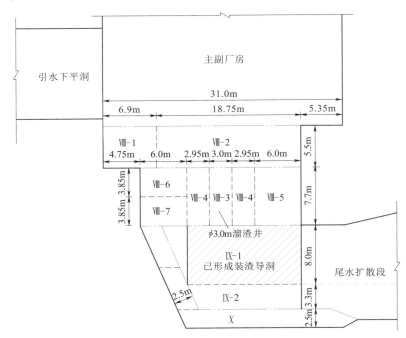

图 5.3-9　厂房机坑开挖分层分区典型断面图

　　通过薄层分区，周边预留保护层，分序开挖可减少单次爆破规模，控制爆破振动对围岩的影响，最大限度保证机坑体型完整，同时分薄层开挖减少了单次支护工程量，可随层快速支护封闭裸露围岩，保证机坑围岩稳定。

　　厂房机坑开挖无专用施工通道，为确保厂房开挖工期，在厂房机坑开挖前从尾水扩散段提前进入厂房完成厂房第Ⅸ、Ⅹ层大部开挖支护，为第Ⅷ层溜渣井开挖创造条件，同时厂房第Ⅸ、Ⅹ层开挖减少占用直线工期，为厂房开挖支护赢得工期保证。

　　1）减薄层开挖。减薄层开挖包括第Ⅷ-1和Ⅷ-2区开挖，减薄层开挖目的是减少后期机坑一次性贯穿高度，控制爆破规模以达到减少围岩变形的目的。减薄层开挖利用引水下平段和厂房上游侧操作廊道作为施工通道直接进入各机组段机坑部位进行施工。减薄层爆破开挖采用中部拉槽、两侧预留保护层的方式进行，为保证机坑开挖成型质量，机坑周边结构面采用密孔距预裂爆破。

　　2）井挖段开挖。厂房机坑井挖段开挖包括Ⅷ-3~Ⅷ-7区开挖，开挖贯穿机坑与下部装渣导洞，主要采用竖向分层、平面分区的方式进行开挖，包括溜渣井开挖和溜渣井扩挖。厂房机坑贯通前需完成下部装渣导洞开挖，装渣导洞随尾水扩散段开挖一起施工完成，装渣导洞开挖以超过机组中心线4.5m为宜（超过井挖段一次扩挖区域）。

　　井挖段开挖首先进行φ3.0m溜渣井（Ⅷ-3区）开挖，溜渣井分为φ1.0m导井开挖和溜渣井扩挖两序施工。Ⅰ序开挖采用"直孔掏槽"和"提药法"自下而上分段开挖，

Ⅱ序扩挖一次爆破成型。

溜渣井形成后进行导井一次扩挖（Ⅷ-4 区），同时启动溜渣井下游侧二次扩挖区（Ⅷ-5 区）造孔施工。溜渣井一次扩挖宽度与下部装渣导洞宽度一致，溜渣井一次扩挖和下游侧二次扩挖完成后采用爆破渣料垫渣作为施工平台进行厂房下游侧边墙支护施工。

厂房下游侧边墙支护完成后进行厂房上游和两侧边墙二次扩挖施工，该部分高度上分为上、下两层施工（Ⅷ-6 区和Ⅷ-7 区），平面上按小区小药量爆破施工，结构边线采用预裂爆破，每小层开挖完成后随层支护，支护完成后进行下一层施工。

3）井挖段下层施工。井挖段下层主要为周边保护层和建基面保护层开挖，该部分从上向下分层进行，随层支护，结构边线采用光面爆破。

3. 快速支护措施

厂房机坑采取"薄层开挖，随层快速支护"和"由表及深"的支护原则。同时为给机坑创造快速支护条件，采取以下措施快速封闭裸露岩体，解决玄武岩快速松弛的问题。

（1）厂房机坑减薄层开挖支护期间，利用上游操作廊道沟槽形成通道，保证大型支护设备进入工作面进行快速支护。

（2）厂房机坑井挖段开挖支护期间，无法利用上游操作廊道形成的通道，通过在操作廊道沟槽布置钢栈桥，将引水下平洞与厂房机坑隔墩顶部联通，使吊车能行驶至机坑隔墩上部，利用吊车将喷射机、液压钻、锚索钻机等支护设备吊入井内进行快速支护。

（3）厂房机坑井挖段下层开挖支护期间利用尾水扩散段作为施工通道，保证大型支护设备进入工作面进行快速支护。左岸地下厂房 7 号机坑开挖支护效果如图 5.3-10 所示。

图 5.3-10　左岸地下厂房 7 号机坑开挖支护效果

5.3.5　竖井开挖

白鹤滩水电站地下厂房洞室群包含规模庞大的竖井群，由出线竖井、通排风竖井、引水竖井、尾水检修闸门井以及尾水调压井等组成，具有数量多（合计 74 条）、高度大（最大 288m）、断面大（最大直径 48m）等布置特点。深大竖井群开挖、支护施工的重难点在于安全管控。其核心有：①受限空间内施工人员及物料垂直运输安全管控；②层间（内）错动带、断层、长大裂隙发育、地应力高等复杂地质条件下的安全开挖；③渗水或涌水治理。

为解决深大竖井群安全管控难题、降低安全风险，在白鹤滩水电站地下厂房深大竖井群开挖支护施工过程中，采取革新溜渣井成井技术、更新垂直运输系统装备、"堵、截、排"个性化渗水治理措施等，实现竖井群安全高效施工。

5.3.5.1　溜渣井一次成井

在水电工程中，为了解决竖井开挖过程中的排水、出渣和通风难题，先利用反井钻机施工形成溜渣井，再采用正井法扩挖为大型竖井。其中，溜渣井的安全精确开挖是关键一环。溜渣井施工常规方法是采用反井钻机自上而下钻 ϕ216mm 导孔、再更换钻头反提形成 ϕ1.4m 导井、最后再由人工反扩形成 ϕ3.0m 溜渣井。该方法存在溜渣井扩挖程序烦琐、人工扩井安全风险高、作业环境差、成型质量差、施工进度慢等问题。

白鹤滩水电站地下厂房竖井群开挖施工打破水电行业现有陈规，采用 BMC600 型大口径反井钻机一次成型 ϕ3.0m~ϕ3.5m 溜渣井的新技术，实现溜渣井安全精确一次成井。BMC600 型反井钻机技术参数如表 5.3-1 所示。

表 5.3-1　BMC600 型反井钻机技术参数表

导孔直径 /mm	扩孔直径 /m	最大井深 /m	钻杆直径 /mm	钻进速度 /(m/d)
350	3.0~6.0	600	327	8.0~10.0

采用大口径反井钻机施工工艺流程如下：施工准备（反井钻机吊点锚杆、基础混凝土、沉淀池施工及钻机安装）→BMC600 型反井钻机自上而下施工 ϕ350mm 导孔→BMC600 型反井钻机自下而上一次成型 ϕ3.0m~ϕ3.5m 导井溜渣井→BMC600 型反井钻机拆除→由上至下全断面扩挖成型，如图 5.3-11 所示。尾水调压室溜渣井成井效果如图 5.3-12 所示。

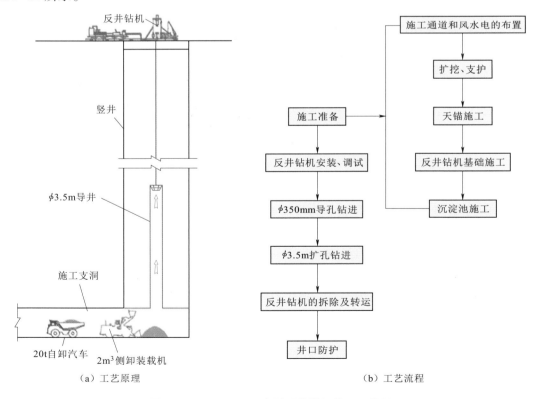

（a）工艺原理　　　　　　　　（b）工艺流程

图 5.3-11　BMC600 大型反井钻机施工工艺图

5.3.5.2 新型竖井垂直运输系统

竖井施工过程中人员、材料、中小型设备等需频繁上下井，要求竖井垂直运输系统具有足够的安全性和稳定性。垂直运输系统的布置与上井口的环境、竖井内最大载重量、竖井深度等因素有关。

为确保白鹤滩水电站地下厂房竖井群施工安全，针对各类竖井施工条件分别采用了门机、桥机，矿用提升绞车+载

图 5.3-12　尾水调压室溜渣井成井效果

人、载物安全吊笼，和"双卷扬、三抱闸"新型提升系统作为竖井垂直提升系统。各种垂直提升系统在竖井群施工中发挥了关键作用，并能兼顾开挖支护、金属结构安装、混凝土浇筑及灌浆全施工周期，较传统"卷扬机+吊笼"的垂直提升系统安全性更高、可靠性更好。

1. 洞内竖井垂直运输系统

引水竖井和尾水管检修闸门井布置在洞内，井口场地受限，施工中采用桥机作为竖井垂直运输提升机构，载人采用双卷筒四绳系载人吊笼，载物采用平衡十字梁加吊篮。该垂直运输系统可兼顾竖井开挖、支护、混凝土衬砌及金属结构安装施工。

每条引水竖井布置 2 台×35t 临时桥机作为吊运设备，在引水上弯段穹顶开挖时进行技术超挖，布置岩壁梁作为桥机承载结构，如图 5.3-13 所示。

图 5.3-13　引水竖井 2 台×35t 临时桥机提升系统

尾水管检修闸门室内南、北侧各布置 1 台 20t 临时桥式起重机作为垂直运输设备，利用永久桥机岩壁梁作为承载结构。

2. 露天竖井垂直运输系统

（1）出线竖井上段垂直运输系统。如图 5.3-14 所示，出线竖井上段施工采用 20t 门

机作为垂直运输提升机构，载人采用双卷筒四绳系载人吊笼，载物采用平衡梁加吊篮。出线竖井上段露天布置，在井口外侧布置轨道梁作为门机承载结构，可覆盖相邻两条竖井。该垂直运输系统可兼顾竖井开挖、支护、混凝土衬砌施工。

图 5.3-14　出线竖井上段大型双梁门式起重机

（2）排风竖井提升系统。如图 5.3-15 所示，排风竖井施工中采用 10t 矿用提升绞车及 2 台 5t 卷扬机辅助作为人员及物料垂直运输提升设备，载人采用防坠吊笼，载物采用大吊盘。防坠吊笼的主提升设备为 10t 矿用绞车，2 台 5t 卷扬机联系安全稳绳，当出现主绳断绳的极端情况时，防坠吊笼通过防坠装置抱死在安全稳绳上，防止吊笼整体坠落。

图 5.3-15　排风竖井垂直运输系统

（3）"双卷扬、三抱闸"结构新型提升系统。白鹤滩水电站尾水调压室施工中采用"双卷扬、三抱闸"结构的新型提升系统作为竖井内材料运输主要工具。每个尾水调压室布置 1 台，采用锚杆与轨道固定在洞室顶拱，如图 5.3-16 所示。新型提升系统主要由轨道系统、卷扬提升系统、电气系统、安全控制系统四大系统组成，系统设计最大运载能力为10t。轨道系统采用双梁桥式结构；卷扬提升系统由双卷扬装置组成，每套卷筒上均设置有安全刹车装置（卷筒制动器）；安全控制系统具备起升同步装置、断轴保护、断绳保护、过载保护、双限位保护、超速保护、防旋转、防缠绕、防乱绳、吊钩高度显示等功能。

（a）实物图

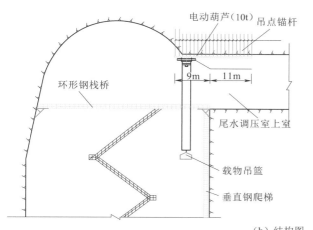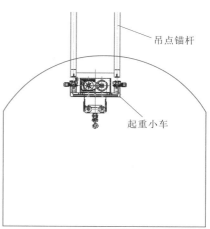

（b）结构图

图 5.3-16　尾水调压室"双卷扬、三抱闸"结构新型提升系统

白鹤滩水电站地下厂房竖井群施工采用以上各种新型竖井垂直提升系统，机械化、电气化集成度较高，安全保护装置完善，具有突发情况下多级制动保护功能，安全系数高，极大降低了竖井施工人员运输、材料及设备吊运过程中坠落风险，从源头上防范了卷扬机过卷和断绳事故的发生，确保了开挖支护阶段深大竖井群施工安全管理"双零"目标的实现。

5.3.5.3　不良地质段开挖

1. 井口风化层

出线竖井上段井口岩体风化程度高，围岩破碎，井壁稳定性差，存在掉块和坍塌风险，如图5.3-17所示。

图 5.3-17 出线竖井上段井口围岩风化

采取的措施有：①短进尺扩挖，一炮一支护，如图 5.3-18 所示；②锚杆孔采用大孔径钻孔保证成孔率，无法成孔的采用自进式锚杆；③扩大断面开挖，增设锁口衬砌混凝土，如图 5.3-19 所示；④增设排水孔，防止渗透破坏。

2. 柱状节理

左岸引水竖井玄武岩柱状节理大范围发育，柱状节理岩体呈镶嵌结构，开挖卸荷后节理张开，岩体出现松弛劣化，易发生掉块甚至失稳坍塌。

采取的措施：①开挖后，采用喷纳米混凝土及时封闭，利用纳米混凝土初喷厚度大、起强快的特点快速增大围压，防止松弛；②一炮一支护，锚杆孔采用大孔径防止塌孔；③采用带垫板普通砂浆锚杆或预应力锚杆支护；④增设排水孔，防止渗透破坏。

图 5.3-18 竖井围岩风化层发育段
及时喷护封闭

图 5.3-19 竖井围岩风化层发育段
井口锁口混凝土

3. 错动带

右岸出线竖井发育层间错动带 C_3、C_{3-1}，错动带及其影响带出露部位岩体性状差，软弱夹层易坍塌掉块。

采取的措施：①短进尺开挖，一炮一支护；②支护前先清除浅层的软弱夹层，遇到锚杆难灌注的问题可采用自进式锚杆替代普通锚杆；③采取预应力锚杆进行加强支护，必要时增设预应力锚索；④对性状差的泥夹层采用混凝土或喷混凝土置换。

5.3.5.4 渗水治理

左岸出线竖井上段临近冲沟，井壁渗水量较大，单井渗水量达 120L/min，体现为点渗、面渗和局部涌水，给现场施工带来困难，并对出线系统后期运行形成隐患。采取"随机排水孔+排水管"引排、"截水槽+排水管"截排的临时处置措施保证施工顺畅；采取"全井身减渗灌浆+井周帷幕"进行堵水、"EVA 防水板+防渗混凝土"进行截水、"系统排水孔+排水盲沟"进行排水的"堵、截、排"三位一体治理措施，保障出线系统安全运行。

1. 开挖支护阶段截排水

针对点渗，采用 YT-28 手风钻打排水孔，埋设 φ32mmPE 管，及时将水引排。针对面渗，沿竖井井壁修筑环形截水槽，具体如图 5.3－20 所示，将水拦截汇集，再进行集中引排，为竖井开挖支护创造相对干燥的施工条件。环形截水槽施工方法包括喷混凝土成槽法和铁皮成槽法。

2. 永久防渗

出线竖井上段发育卸荷带、缓倾角结构面以及强风化夹层，岩体透水性较强，其中强风化夹层透水等级可达"中等～

图 5.3-20　沿井壁修筑环形水槽截水集中引排

强"透水级，开挖后出线竖井上段井壁渗水量较大，主要表现为基岩裂隙水沿地质构造渗出，主要出水点为缓倾角错动带、强风化夹层出露部位。

为长期有效地解决防渗问题，为出线竖井上段后期 GIL 设备创造干燥的安装、运行环境，采取"堵、截、排"三位一体系统防渗措施。

（1）"全井身减渗灌浆+井周帷幕"堵水。对出线竖井上段井身采取系统减渗灌浆，并在竖井周边进行帷幕灌浆。

出线竖井上段减渗固结灌浆每环 9 孔，入岩 5m，排距 2m，梅花形布置，孔口 2.0m 最大灌浆压力为 0.5MPa，底部 3.0m 最大灌浆压力为 1.0MPa，如图 5.3-21 所示。

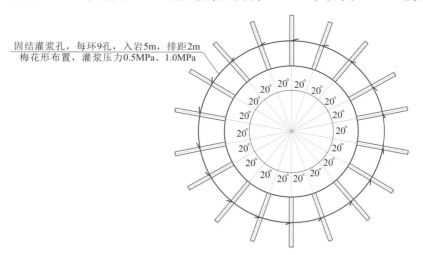

图 5.3-21　出线竖井上段减渗固结灌浆布孔图

竖井周边帷幕灌浆孔沿井圈外沿布置一排竖直孔，共分三序孔进行施工，如图 5.3-22 所示。孔深有 85m、75m 两种，采用水泥灌浆，孔口 2.0m 灌浆压力为 0.5～1.0MPa，2.0～5.0m 孔深灌浆压力为 1.0～2.0MPa，大于 5.0m 孔深灌浆压力为 2.5～3.0MPa。

（2）"EVA 防水板+防渗混凝土"进行截水。在出线竖井上段渗水较大区域高程945.00～962.00m 范围紧贴井壁四周布置一层 EVA 防水板，采用不锈钢条和射钉固定牢靠，不锈钢条间距 1m。另对竖向及环向排水盲沟与衬砌混凝土之间采用 EVA 防水板进行隔断。通过防水板形成第一层截水系统。左岸出线竖井上段 EVA 防水板布置如图 5.3-23所示。

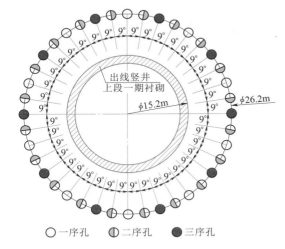

图 5.3-22　左岸出线竖井上段帷幕　　　　图 5.3-23　左岸出线竖井上段 EVA
灌浆孔孔位布置图　　　　　　　　　　防水板布置图

出线竖井上段井身段及下段采用混凝土衬砌，厚度为 75cm，混凝土强度等级为 C30，抗渗等级 W10。

（3）"系统排水孔+排水盲沟"排水。出线竖井井身段系统排水孔每排 14 孔，排距3m，排水孔孔径 $\phi50$，$L=3.0$m，上倾 10°；井身段竖向排水盲沟共布置 7 道，竖向间距约 5.744m，环向排水盲沟间距为 3m，同系统排水孔排距。排水盲沟尺寸为 70mm×30mm，如图 5.3-24 所示。

5.3.6　尾水调压室穹顶开挖

白鹤滩水电站左、右岸尾水调压室为目前国内已建和在建规模最大的调压室，具有"地质条件复杂、洞室规模巨大、围岩稳定问题突出"的工程特点。由于受大跨度、高地应力、复杂岩性、层间（内）错动带发育等因素的影响，白鹤滩水电站尾水调压室开挖存在着穹顶成型困难、围岩稳定问题突出、变形大甚至失稳的风险。

5.3.6.1　开挖方案

国内已完建的尾水调压室穹顶，分别采用"十字开挖法""扇形条块法""先中导洞再两侧分块开挖法""先中导井再逐层开挖法""先环形后中柱法"等方案进行开挖。

（1）十字开挖法。优点：分部开挖，化整为零，减少了开挖跨度，充分利用了十字拱架支撑能力，施工时较为安全，能适应较差地质条件。缺点：十字拱架开挖后造成十字交叉处及拱座处应力集中，对钢筋混凝土施工质量要求较高。

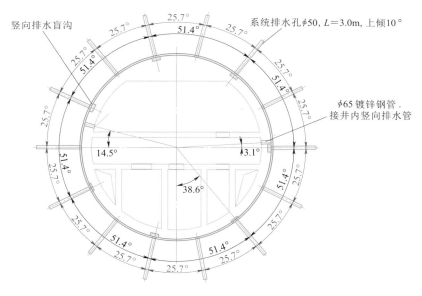

图 5.3-24　左岸出线竖井系统排水孔及竖向排水盲沟布置图

（2）扇形条块法。优点：分扇区开挖断面大，可满足大型支护设备操作空间要求，保证较快的支护施工进度；分区逐块开挖减少了开挖跨度，对围岩的稳定性影响较小，能够适应较差的地质条件，在开挖后及时进行支护，有很好的安全性；能够很好地利用定位技术精确放样，有效地将超欠挖量控制在设计范围内。缺点：每一扇区内不同半径上的钻孔孔深、孔向均不一致，爆破孔成孔质量及装药量控制难度较大。锦屏一级水电站尾水调压室扇形条块法示意图如图 5.3-25 所示。

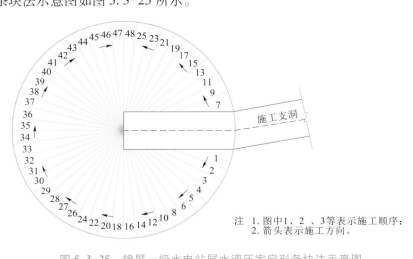

注　1. 图中1、2、3等表示施工顺序；
　　2. 箭头表示施工方向。

图 5.3-25　锦屏一级水电站尾水调压室扇形条块法示意图

（3）先中导洞再两侧分块开挖法。先中导洞再两侧分部分块爆破开挖程序清晰，对穹顶分部分块依次爆破开挖，并逐块支护，减少开挖跨度，安全性较好，对地质适应性较强。小湾水电站尾水调压室先中导洞再两侧分块法示意图如图 5.3-26 所示。

（4）先中导井再逐层开挖法。优点：先中导井开挖支护，再逐层自下而上开挖，最后集中处理保护层，有利于穹顶开挖质量控制。缺点：适用于地质条件较好的情况，钻孔台车（排架）尺寸变化较大，同时需要增加临时支护，增加了施工成本。

（5）先环形后中柱法。优点：先环形后中柱法分部开挖，减少了开挖跨度，充分利用了围岩的稳定性，施工时安全可靠。缺点：预留中柱开挖支护难度较大。锦屏二级水电站尾水调压室先环形后中柱法示意图如图 5.3-27 所示。

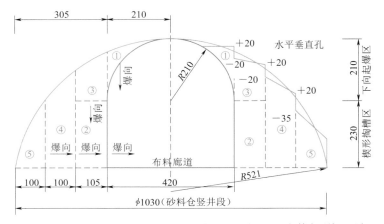

注　1.图中①、②、③等表示施工顺序；
　　 2.单位为"cm"。

图 5.3-26　小湾水电站尾水调压室先中导洞再两侧分块法示意图

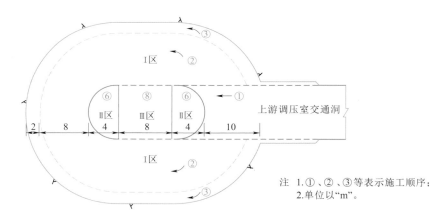

注　1.①、②、③等表示施工顺序；
　　 2.单位以"m"。

图 5.3-27　锦屏二级水电站尾水调压室先环形后中柱法示意图

根据白鹤滩水电站尾水调压室穹顶工程地质情况、施工道路布置、施工重难点等，为保证穹顶柱状节理开挖后的松弛深度、施工安全性、施工进度、大型支护设备作业、超欠挖控制等，初步拟采用"扇形条块法"与"先中导洞再两侧分块开挖法"。两者均具有施工程序清晰、支护及时、安全可靠的特点，但"扇形条块法"爆破孔成孔质量及装药量控制难度大，且不满足穹顶中部先行对穿锚索施工的要求；而"先中导洞再两侧分块开挖法"在柱状节理条件下，为防止围岩松弛，对临时支护措施要求较高，成本投入较高。因此白鹤滩水电站尾水调压室穹顶开挖采用"导洞先行，支护紧跟，环向扩挖"的施工方法，遵循"开挖逐步扩大，应力分期释放，支护逐步加载"的替换法施工原则。

左岸 1 号~4 号尾水调压室穹顶自上而下分两大层、9 个区块进行开挖；Ⅰ层开挖高度为 15~15.5m，Ⅱ层开挖高度为 3.5~4m。右岸 6 号~8 号尾水调压室穹顶自上而下分两大层 12 个区块进行开挖；Ⅰ层开挖高度为 17.5~18m，Ⅱ层开挖高度为 7.5~9.5m。5 号尾水调压室穹顶分两小层、6 个区块进行开挖；Ⅰ-1 层高度为 12m，Ⅰ-2 层高度为 5m。以左岸 1 号尾水调压室穹顶开挖为例，开挖分层如图 5.3-28 所示，开挖分区如图 5.3-29 和图 5.3-30 所示。

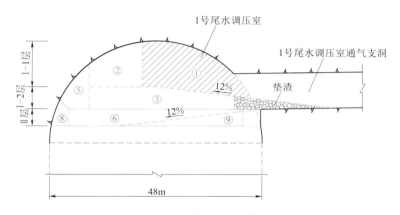

图 5.3-28　左岸 1 号尾水调压室穹顶开挖分层图

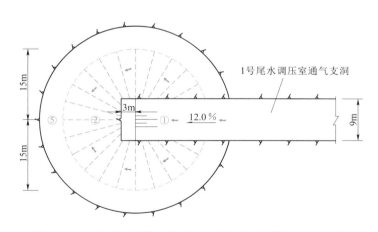

图 5.3-29　左岸 1 号尾水调压室穹顶开挖分区图（Ⅰ-1 层）

尾水调压室穹顶开挖前先完成穹顶范围内布置的永久安全监测仪器埋设，并完成穹顶和通气洞交岔部位的锁口支护施工。穹顶预应力对穿锚索通过锚固观测洞提前实施锚索造孔，穹顶内锚索孔出露后首先完成穹顶中心点位置的对穿锚索的穿索和张拉施工，对穿锚索灌浆宜安排在穹顶Ⅰ层开挖后实施。预应力锚索的外露部分采取加挂钢制防护罩的防护措施予以保护。

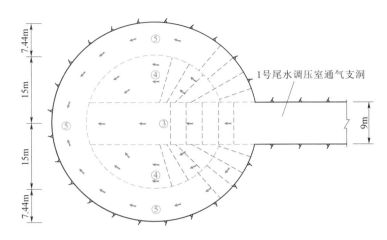

图5.3-30 左岸1号尾水调压室穹顶开挖分区图（Ⅰ-2层）

5.3.6.2 钻孔与爆破技术

穹顶现场施工测量采用全站仪极坐标法放样。首先根据设计图纸计算出穹顶的球心坐标，并将设计提供的大地坐标转换为施工坐标系。由测点坐标（X、Y）和球心坐标（X设计、Y设计）计算出测点到球心的平距（A），由测点高程（H）和球心高程（H设计）求出高差（ΔH），由平距（A）及高差（ΔH）计算出球心到测点的斜距（L），将斜距（L）与穹顶开挖半径（R）相比较，得出穹顶测点的超、欠挖值。施工现场采用fx-4800/fx-5800编程计算，测量出测点的三维坐标，在程序中输入X、Y、H值即可求出测点的超、欠挖值。

根据尾水调压室体型特点，穹顶中导洞排炮进尺不大于3m，周边设计轮廓线区域的孔深不大于2m；其中穹顶Ⅰ层2区钻孔深度按照1.0m、1.2m和1.5m三段进行控制。穹顶设计轮廓线位置的周边孔全部采用全站仪逐孔进行放样，周边孔首先由经验相对丰富的钻工根据后视点造好基准孔。基准孔造好后，插入钻杆进行检查，主要检查孔向是否符合要求，然后用PVC管插入基准孔内并外露1~2m以上，作为引导下个孔钻孔的方向。其余周边孔造孔过程中以基准孔为标准，使用卷尺测量两个孔口距离，再对比开孔钻杆与插入钻杆的距离，两距离应保持相等，从而保证钻孔平行。钻孔孔距偏差采用钢卷尺量测，孔深采用定制钻杆长度进行控制。周边孔孔深偏差不大于±5cm，孔位偏差不大于5cm，外偏角偏差不大于1°；其他孔位偏差不大于10cm，外偏角偏差不大于2°。

左、右岸尾水调压室穹顶开挖根据现场专项爆破试验所确定的基本爆破参数如下：①周边孔孔距40cm，最大孔距不大于45cm。二圈孔与周边孔之间的排距控制在50~60cm，最大排距不应大于70cm；②周边孔采用竹片间隔装药，线装药密度采用100~133g/m。主爆孔及辅助孔采用ϕ32乳化炸药连续装药，辅助孔单孔药量0.7~0.8kg；③根据爆破试验成果，左岸尾水调压室穹顶开挖最大单响药量按照不大于29.7kg控制、右岸按照不大于26.6kg进行控制；④尾水调压室穹顶开挖采用个性化装药，根据不同的围岩类别及时调整装药结构和参数，以达到最佳或最合理的爆破效果。

5.3.6.3 支护跟进开挖时空关系

左右岸尾水调压室穹顶设计采用了砂浆锚杆、预应力锚杆、挂网喷射钢纤维混凝土或纳米钢纤维混凝土、预应力锚索等多种支护结构形式。穹顶开挖与系统支护之间的控制原则如下。

（1）尾水调压室穹顶按次序逐块开挖支护，上一区块系统支护及相应的锚索施工完成后方可进行下一区块的开挖施工。

（2）单个工作面系统喷锚支护顺序为：初喷混凝土→6m 普通砂浆锚杆→9m 预应力锚杆→锚索→挂网复喷混凝土。

（3）Ⅱ、Ⅲ₁ 类非柱状节理围岩洞段初喷混凝土和Ⅰ序锚杆（6m 普通砂浆锚杆）紧跟开挖面，Ⅱ序锚杆（9m 预应力锚杆）滞后开挖面不大于 15m；完成系统支护时间距围岩揭露不大于 5d。对于层间错动带及影响带、断层及影响带的Ⅳ类围岩和柱状节理、高地应力破坏等不良地质洞段的系统支护应紧跟开挖工作面。

（4）穹顶对穿锚索孔位出露后及时进行穿索和张拉，对穿锚索滞后开挖工作面 3～6m；对穿锚索灌浆在穹顶Ⅰ层开挖全部结束后实施。

（5）穹顶压力分散型锚索距离开挖面 6～12m。

（6）尾水调压室穹顶开挖支护全部结束后方可进入尾水调压室竖井段全断面开挖施工。

白鹤滩水电站尾水调压室穹顶采用"以高程分层，以角度扇形分区分块"环形方法开挖，总体施工程序优先满足施工影响穹顶稳定的系统锚索，主要遵循"自上而下、先中后边、两边交错、扇形扩大、浅孔小梯段、逐层限时限距跟进支护"的施工原则，成功解决了复杂地质条件下巨型尾水调压室穹顶开挖成型与围岩稳定控制的难题。左右岸尾水调压室穹顶开挖支护完成后，围岩稳定，开挖成型效果

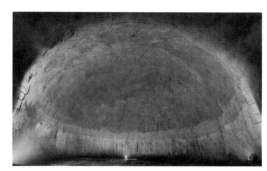

图 5.3-31　右岸 8 号尾水调压室穹顶开挖成型效果

良好。右岸 8 号尾水调压室穹顶开挖成型效果如图 5.3-31 所示。

5.4　洞室群围岩稳定控制技术

在白鹤滩水电站地下厂房洞室群开挖支护过程中，严格遵循了"立体分层、平面分区、先洞后墙、及时支护"原则。同时，结合高地应力环境及层间错动带作用下硬脆玄武岩洞室群围岩变形的时空联动规律，从时空次序及联动效应角度，优化了开挖和支护措施，有效控制了卸荷梯度、减少了开挖扰动、实现了围压的快速恢复，有效控制了浅层岩体的松弛开裂和深层岩体的破裂变形。在白鹤滩水电站地下厂房工程实践中，形成了包括超前预控制技术、精细化爆破技术、快速锚喷支护技术等在内的一系列围岩稳定控制关键技术，确保了对围岩变形的有效控制和洞室群的整体安全。

5.4.1　超前预控制

超前预控制技术是基于地下洞室围岩的力学特性及洞室群变形的联动效应，通过对不

同支护体系、不同施工次序下洞室群围岩变形安全的整体、系统、动态评价与分析，在建筑结构体型外部和体型开挖出露之前，主动对控制整体变形安全的关键部位与地质构造超前采取加固、置换等措施进行预先处理。在白鹤滩水电站地下厂房洞室群的施工实践中，超前预控制技术主要体现在洞室群的布置优化、洞室群开挖的时空次序优化、施工过程中的超前开挖支护以及长大层间错动带的大变形预控等技术措施上，具体包括断层与错动带预置换体系、长大结构面深层超前锚固体系、岩壁梁成型预支护预灌浆体系、局部不利地质条件部位超前灌浆体系、机坑隔墩岩体预固结灌浆和超前锚索锚桩体系、地下厂区长大软弱地质构造防渗排水体系等措施。

5.4.1.1　洞室群的优化布置

白鹤滩水电站地下厂房的洞室群规模巨大，主要洞室及隧道开挖量约 1300 万 m^3；洞室的跨度大、边墙高，地下厂房的轮廓尺寸和尾水调压室的跨度均为世界上已建和在建水电工程中的最高纪录。加上各种类型的施工支洞、交通洞、通风洞（井），白鹤滩水电站的地下洞室、隧洞纵横交错，开挖施工干扰和相互影响大，洞室群效应明显。优化洞室群的布置、确定主要洞室之间的合理间距、减少洞室之间相互开挖干扰既是洞室群围岩稳定控制的基础，也是减少洞室群效应的有效手段。

1. 主要洞室之间水平间距的合理选择

在国内单机容量为 60 万~77 万 kW、顶拱跨度在 30m 左右、位于脆性岩体中的大型地下厂房中，如拉西瓦水电站、小湾水电站、溪洛渡水电站、官地水电站等，其主副厂房洞与主变洞的岩柱厚度一般在 50m 左右，岩柱（L）与厂房最大跨度（B）之比 L/B 在 1.55~1.70 之间，岩柱（L）与厂房洞室高度（H）之比为 0.65。

白鹤滩水电站的地质条件复杂，单机容量达 100 万 kW，主副厂房洞室的开挖跨度和高度分别为 34m 和 88.7m，均超过初期拟定的 77.8 万 kW 机组方案主副厂房洞室尺寸 10% 以上，为国内外最大。考虑到白鹤滩水电站地质条件的复杂性以及 100 万 kW 机组方案主副厂房洞室的巨大规模，初拟主副厂房洞与主变洞之间的最小岩柱厚度为 60m，主副厂房洞与主变洞之间的间距调整如图 5.4-1 所示。

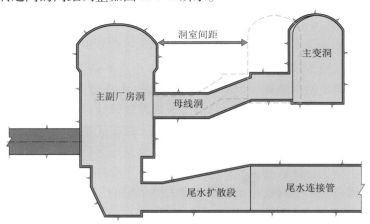

图 5.4-1　主副厂房洞与主变洞之间的间距调整

白鹤滩水电站的主变洞和尾水调压室之间依次布置有 500kV 出线竖井（D=13m）、排水廊道（宽×高：3m×3.5m）、尾水管检修闸门室［宽×直墙高：15m×（30.5~31.5）m］。为了满足上述洞室布置及围岩稳定要求，同时借鉴拉西瓦水电站、小湾水电站等同类型电站的洞室间距布置，初拟主变洞和尾水调压室的轴线间距为 130.5m，主变洞与尾水管检修闸门室闸门槽中心线的间距为 56.5m，尾水管检修闸门室闸门槽中心线与圆筒型尾水调压室中心线的间距为 74m，主要洞室间距初拟方案如图 5.4-2 所示。

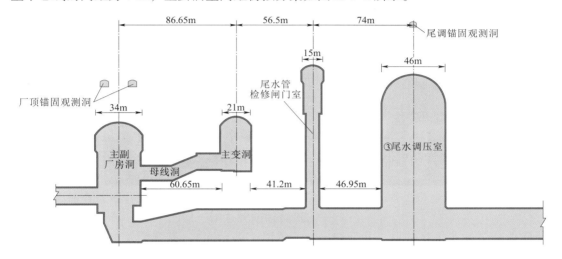

图 5.4-2　白鹤滩水电站地下厂房主要洞室间距初拟方案

根据以上初拟的洞室群布置方案，建立了左、右岸三维计算模型，进行无支护情况下的洞室群围岩稳定计算分析。计算结果表明：

（1）左岸厂区主要洞室的位移和应力没有出现明显的邻洞相互干扰现象，围岩的塑性区分布如图 5.4-3（a）所示，未受层间错动带 C_2 影响区域的各洞室之间岩柱没有出现塑性区贯穿现象。主副厂房上游边墙塑性区一般为 8~10m，下游边墙塑性区一般为 6~12m，主变洞边墙塑性区一般为 8~10m，尾水管检修闸门室边墙塑性区一般为 5~6m，圆筒型尾水调压室边墙塑性区约 2~6m。在受层间错动带 C_2 和陡倾角断层影响的区域，各洞室边墙的塑性区相对较大，主厂房 7 号和 8 号机组段与主变洞之间局部出现塑性区贯通，范围较小，通过加强支护可保证围岩稳定。

（2）右岸厂区主要洞室的位移和应力没有出现明显的邻洞相互干扰现象。围岩的塑性区分布如图 5.4-3（b）所示，各洞室之间的岩柱没有出现塑性区贯穿现象，主副厂房洞上下游侧高边墙中部的最大塑性区约 15m，主变洞上下游边墙塑性区约 7~10m，尾水管检修闸门室边墙塑性区约 5~8m，圆筒型尾水调压室顶拱塑性区约 3m，边墙塑性区约 5~7m。

由以上计算结果可知：在初拟的洞室间距方案中，左右岸厂房主要洞室均没有出现明显的邻洞相互干扰现象。在洞室围岩塑性区未受层间错动带影响的区域，各洞室之间的岩柱没有出现塑性区贯穿现象；仅在左岸的层间错动带影响部位，主厂房与主变洞之间的局部出现塑性区贯通现象，通过加强支护，可以满足围岩稳定的要求；因此，拟定的洞距方

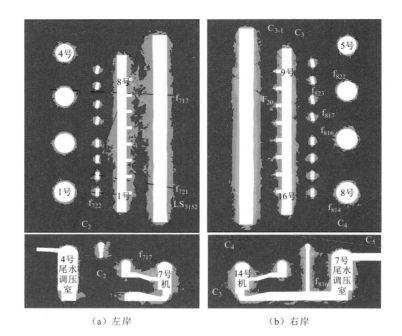

（a）左岸　　　　　　　　　　（b）右岸

图 5.4-3　地下厂房洞室群围岩的塑性区分布

案是可行的。

综合围岩稳定分析成果及厂区枢纽布置方案，确定白鹤滩水电站主副厂房洞、主变洞、尾水管检修闸门室、尾水调压室平行布置，主副厂房洞机组中心线与主变洞中心线的间距为 86.65m，净距（岩壁梁以下岩柱厚度）为 60.65m，主变洞与尾水管检修闸门室闸门槽中心线的间距为 56.5m，尾水管检修闸门室闸门槽中心线与圆筒型尾水调压室中心线的间距为 74m，最小岩柱厚度为 45.45m（1 号尾水调压室位置）。

2. 主变洞与下部尾水洞垂直高差的合理选择

白鹤滩水电站左右岸地下厂房下部的下游边墙各布置有 8 条尾水隧洞，考虑其与上方的母线洞和主变洞之间的相互影响，将主变洞底板适当抬高，增大主变洞与下部尾水管之间的垂直高差，以减少两者之间的相互影响。母线洞、主变洞与尾水扩散段、尾水连接管之间的空间关系如图 5.4-4 所示。

5.4.1.2　开挖时空次序优化

通过白鹤滩水电站地下洞室群的合理布置，有效降低了施工过程中的洞室群效应。在开挖与支护环节，主要从降低同区域内一次开挖卸荷引起围岩剧烈调整进而引起多个洞室围岩变形的联动变化，以及因洞室贯通，分隔的小型洞室群向联通的大型洞室群转变引起的洞室群应力调整。

为了减少洞室群之间及洞室自身开挖对围岩稳定的影响，洞室自身开挖需遵循"控制卸荷梯度，减少开挖扰动、快速恢复围压，充分发挥围岩承载能力"的要求，以及洞室之间开挖施工需满足"先洞后墙、错时、错距"的开挖原则，以满足围岩塑形变形区和变形量最小的目标。

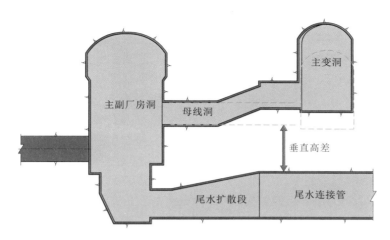

图 5.4-4　母线洞、主变洞与尾水扩散段、尾水连接管之间的空间关系

具体控制要点包括：①降低一次开挖卸荷量，控制卸荷梯度；②控制爆破质点振动速率，减少开挖扰动；③支护及时跟进，快速恢复围压；④采用先洞后墙，减少小型洞室开挖对高边墙的扰动；⑤通过优化时空开挖顺序，减少洞室群开挖之间的相互影响；⑥优化支护结构受力，实现支护结构与围岩联合承载，充分发挥围岩自承能力。

5.4.1.3　错动带变形预控制

白鹤滩水电站左右岸地下厂房洞室群的围岩发育有大型软弱层间（内）错动带、小断层、随机裂隙、密集柱状节理等不利构造，其中以层间错动带规模最大且影响最为突出。左右岸地下厂房洞室群分别受层间错动带 C_2 和 C_3、C_{3-1}、C_4、C_5 的影响，其与洞室群空间的交切关系如图 5.4-5 所示。

层间错动带是横贯白鹤滩水电站地下洞室群的大型软弱构造，在高地应力条件下，对大型地下洞室围岩的变形稳定影响突出，围岩的变形和破坏模式主要取决于错动带与洞室的交切关系。当层间错动带切割顶拱时，其下盘岩体易产生松弛变形，在次级结构面的辅助切割下，容易形成不稳定块体，产生坍塌破坏。当层间错动带切割高边墙时，其上下盘岩体均易产生较大的错动变形，并导致边墙松弛深度的加剧。在白鹤滩水电站的工程实践中，通过联合抗剪置换洞和深层锚索加固技术、锁口锚固限制不连续变形技术的创新与应用，有效解决了以上长大层间错动带潜在的不利影响。

1. 联合抗剪置换洞和深层锚索加固技术

以左岸为例，层间错动带 C_2 是左岸厂区规模较大、贯穿性的Ⅱ级结构面，斜切左岸整个主副厂房洞的中下部边墙，不仅造成出露部位上下游边墙变形量较大，而且错动带上下盘围岩产生较大的剪切错动变形。

因此，针对层间错动带 C_2 引起的围岩剪切错动变形及局部大变形，需采取针对性的加强支护措施进行有效控制。通过采用"主洞+支洞"联合抗剪的预置换加强钢筋混凝土结构和追踪错动带走向的上盘岩体深层锚索加固技术，实现了控制深层围岩错动变形和限制上盘岩体屈服范围的目标。

如图 5.4-6 所示，经过综合考虑，为减少左岸地下厂房边墙沿层间错动带 C_2 产生的

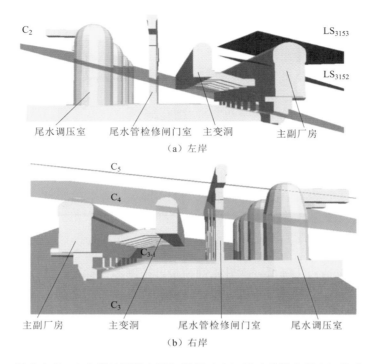

尾水调压室　　尾水管检修闸门室　　主变洞　　　主副厂房

（a）左岸

主副厂房　　　　主变洞　　　尾水管检修闸门室　　尾水调压室

（b）右岸

图 5.4-5　左右岸地下洞室群与层间（内）错动带的空间交切关系

不连续变形，在距离厂房上下游边墙 13m 处各设置一个置换洞。置换洞开挖断面为 6m×6m，先进行一期混凝土衬砌，然后进行固结灌浆，再进行中间混凝土回填。层间错动带 C_2 出露于母线洞、主变洞与尾水扩散段、尾水连接管之间岩柱，两者之间布置 2000kN 有黏结型预应力对穿锚索进行加固。

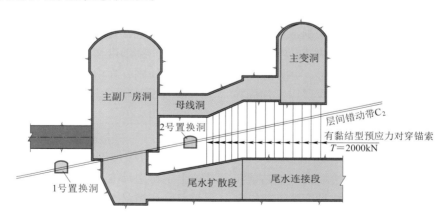

图 5.4-6　置换洞与对穿锚索加固

2. 锁口锚固限制不连续变形技术

层间错动带斜切白鹤滩水电站地下洞室的顶拱和边墙，在沿错动带出露迹线浅层区域范围内，往往卸荷松弛变形显著，易发生松弛塌落破坏。为有效控制该类破坏，采用了洞室高边墙沿错动带出露迹线锚筋桩交叉锁口限制浅层围岩松弛变形的技术，避免了错动带影响区域的浅层围岩破裂松弛。图5.4-7为错动带在边墙出露处的针对性加强锚固措施。从实施的效果看，沿错动带迹线锁口锚固技术有效避免了错动带影响区域的浅层围岩破裂松弛，限制不连续变形效果明显。

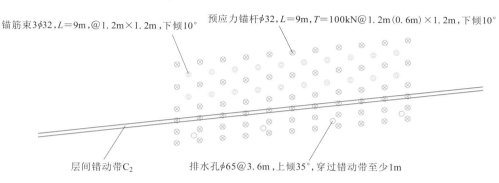

锚筋束3ϕ32，$L=9m$，@1.2m×1.2m，下倾10°

预应力锚杆ϕ32，$L=9m$，$T=100kN$@1.2m(0.6m)×1.2m，下倾10°

层间错动带C_2

排水孔ϕ65@3.6m，上倾35°，穿过错动带至少1m

图5.4-7　沿错动带迹线出露边墙时锁口锚固限制不连续变形技术

5.4.1.4　重点部位预先支护

1．岩壁梁预支护技术

（1）对岩台区预留保护层岩体进行预保护。对于保护层的临时暴露面，紧跟掌子面喷射8cm厚的CF30钢纤维混凝土进行封闭，形成"壳"效应，限制保护层岩体的松弛和垮塌，并抑制岩台区围岩的表层开裂。

（2）对岩台区的围岩及预留保护层进行预支护，在裂隙发育或高地应力洞段设置3排全螺纹纤维增强树脂锚杆，抑制围岩的卸荷松弛和内部开裂，如图5.4-8和图5.4-9所示。

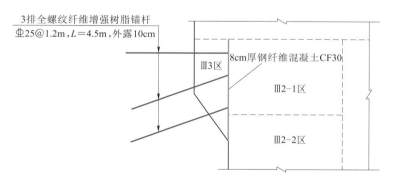

3排全螺纹纤维增强树脂锚杆
Φ25@1.2m，$L=4.5m$，外露10cm

8cm厚钢纤维混凝土CF30

Ⅲ3区

Ⅲ2-1区

Ⅲ2-2区

图5.4-8　岩台区临时面预支护措施示意图

全螺纹纤维增强树脂锚杆的关键特性为：在岩台区开挖爆破时，可沿岩台开挖爆破结构面断开，留在岩体内的部分杆体可以继续限制开挖爆破后产生的较大应力调整，防止了围岩进一步卸荷，避免了开挖爆破后岩台松弛、垮塌。全螺纹纤维增强树脂锚杆施工滞后Ⅲ₂区开挖爆破掌子面时间上不超过72h、距离上不超过30m。

2．"先洞后墙"预支护技术

对于与地下厂房高边墙连接的洞室，其贯穿开挖遵循"先洞后墙"原则。如与主厂

图 5.4-9　岩台区临时面预支护措施实施效果图

房下部机坑相交的尾水支管提前贯入厂房高边墙 2~3m，完成平洞内系统支护、锁口支护，并在平洞内沿地下厂房边墙进行环向预裂，以减轻平洞开挖对高边墙的扰动，提升平洞与高边墙交岔口的成型质量和变形能力。

3. 机坑隔墩预支护技术

主厂房下部机坑隔墩的完整性对降低厂房边墙高度、限制应力调整、减少厂房边墙变形、保证厂房围岩稳定具有重要作用。为提高机坑隔墩的完整性，采用了机坑隔墩岩体预支护技术，包括顶部预浇 50cm 厚盖重混凝土、竖向和水平双向锚索、系统沉头锚杆、锁口锚杆、灌浆预固结等。

5.4.2　精细化爆破

5.4.2.1　精细化爆破的技术需求

白鹤滩水电站地下厂房的洞室群规模巨大，赋存地质环境复杂，在高地应力、玄武岩隐微裂隙发育、层间（内）错动带发育以及柱状节理发育等多种不利因素的联合作用下，其爆破开挖成型、爆破扰动的控制问题尤为严峻。

（1）左右岸地下厂房洞室群区域均存在轻微岩爆或中等岩爆，片帮现象较普遍且较严重。同时，高地应力将明显改变爆破近区的应力场演化与分布特征，常规的轮廓爆破方式很难取得理想效果，因此实现地下洞室群优质开挖成型是工程面临的重要挑战之一。

（2）工程实践和相关研究表明，玄武岩隐微裂隙发育、岩质坚硬性脆，长期频繁的开挖爆破动力扰动易使岩体松弛特征明显。

（3）在爆破过程中，保护对象若存在典型的层间（内）错动带，应力波将在分界面处产生复杂的反射和折射，可能形成层面附近的岩体损伤，爆破产生的重复低频振动波也会对结构面产生频繁扰动，均对围岩的稳定控制提出重要挑战。

因此，针对白鹤滩水电站高地应力下的硬脆玄武岩破坏特征和洞室群联动效应特征，研究并实施了地下洞室群开挖精准成型、爆破弱扰动控制技术。

5.4.2.2　爆破开挖控制要点

1. 成型质量

岩体爆破开挖质量的评价指标包括平整度、超欠挖、半孔率、岩体松弛深度及围岩收敛与变形等。受高地应力和地质条件的影响，深部地下厂房工程爆破后周边孔残留率降低，光面爆破效果较差，半孔率较低。特别是对于岩壁梁层的开挖，由于岩壁梁平稳工作的前提条件是边墙岩体稳定，其受力条件复杂，吊车荷载主要通过锚杆传递，岩壁面的超挖或欠挖都会引起岩壁梁锚杆应力的增加，因此，岩壁梁岩台的开挖成型极为关键，不允许欠挖，同时要严格控制超挖。岩壁梁部位开挖是水电站地下厂房开挖质量要求最高、工艺要求最严格、施工难度最大的开挖关键部位，是地下厂房开挖的重点和难点。

2. 爆破安全

对于高地应力下的深部岩体开挖爆破，为了克服深部岩体的地应力约束，往往需要的炸药单耗较高，爆破的压缩区、破裂区、振动区的作用规律与一般地下工程也存在一定的差别。在节理发育带和缓倾角隐节理密集区，爆破松动变形和支护滞后将引发掉块现象。该现象隐蔽性强，一般不易被发现。对于厚度为 0.5~1.2m、面积为 5~15m² 的块体甚至更大的块体，在爆破振动诱发下，可能从洞室顶拱或边墙掉落。此外，在深部高地应力条件下，岩爆、片帮、冒顶、坍塌、涌水等地质灾害发生的潜在风险大大加剧，因此需要严格控制爆破施工过程中的安全问题。

3. 围岩稳定

地下厂房洞室埋深通常较大，初始地应力大，开挖后的应力释放容易出现岩层的松动现象。在围岩节理裂隙发育的部位，钻孔时容易出现大量塌孔和夹钻现象，整体性较差的岩体在挖掘机排险的巨大冲击和地应力作用下也会发生掉块。另外，在高地应力作用下，围岩也容易发生变形并出现剥落，甚至出现岩爆及岩体滑落的情况。因此，在开挖过程中，高边墙及大跨度顶拱的围岩稳定问题突出。

5.4.2.3　精准成型技术

1. 主厂房顶拱精准成型技术

厂房顶拱层开挖方案如图 5.3-2 所示。主厂房顶拱中导洞前期已完成开挖与支护施工。上下游扩挖施工顺序为：先进行 I_1 区中导洞底板 1m 减底施工；然后进行 I_2 区上游侧墙 6m 宽的第 1 次开挖施工以及 I_2 区下游侧墙 6m 宽的第 1 次开挖施工；再进行 I_3 区中部底板 2.6m 减底施工；最后进行 I_4 区上游侧剩余 5m 扩挖施工以及 I_4 区下游侧剩余 5m 扩挖施工。

（1）I_1 区中导洞减底。I_1 区中导洞第 1 次减底施工利用厂顶南北侧的交通洞作为施工通道，减底高度为 1m，减底宽度为 12m，减底后底板高程 613.60m。主要采用手风钻平推开挖，液压反铲清面扒渣，装载机配合自卸式汽车出渣。正常开挖循环进尺为 3.5m。

（2）I_2 区第 1 次扩挖。I_2 区上下游第 1 次扩挖施工利用厂顶南北侧交通洞作为施工通道，两侧扩挖宽度为 6m，扩挖后底板高程为 613.60m。扩挖时优先进行上游侧施工，且两侧扩挖工作面距离不得低于 30m。扩挖主要采用手风钻造孔，顶拱部位采用光面爆破开挖，正常开挖循环进尺为 3.5m，若遇不良地质洞段，开挖循环进尺控制在 2m 左右。

（3）I_3 区中部减底施工。I_2 区第 1 次扩挖及支护完成后，进行 I_3 区中部减底施工。I_3 区减底高度为 2.6m，宽度为 24m，分上下游两个半幅进行开挖，减底后底板高程为 611.00m。主要采用手风钻平推开挖，正常开挖循环进尺为 3.5m。

（4）I_4 区第 2 次扩挖。I_3 区上、下游第 1 次扩挖并完成支护后，即可进行 I_4 区上、下游侧墙第 2 次扩挖。二次扩挖宽度为 5m，扩挖后底板高程为 611.00m，扩挖时优先进行上游侧施工，且两侧扩挖工作面距离不得低于 30m。扩挖主要采用手风钻造孔，采用周边光面爆破方法开挖，正常开挖循环进尺为 3.5m，若遇不良地质洞段，开挖循环进尺控制在 2m 左右。

（5）爆破设计参数优化。常规洞段的爆破参数为：钻孔孔径为 42mm，装药直径为 25mm；轮廓爆破采用光面爆破，光爆孔间距为 45cm，孔深为 3.5m；采用"竹片＋导爆索"间隔装药，装药结构为孔底装入 1 节 $\phi 32$ 药卷，后面采用 8 段 1/2 节 $\phi 25$ 药卷间隔 25cm 装药，光爆孔线装药密度为 178g/m。

不良地质洞段的爆破参数优化与调整：经统计，在左岸地下厂房中导洞开挖期间，发生岩爆洞段长度共计 207m，上游侧一序扩挖范围内的岩爆、片帮洞段共计 143.5m，上游二序扩挖范围内的岩爆、片帮洞段共计 54.4m。岩爆部位受高地应力的影响，发生片帮掉块，掉块厚度为 30~80cm，局部达 1.8m。针对地下厂房顶拱存在的岩爆片帮问题，结合现场的实际情况，对这些不良地质洞段的爆破参数进行了优化，将孔深由 3.5m 调整为 2.2m，光爆孔装药结构调整为孔底装入 1 节 $\phi 25$ 药卷、后面采用 4 段 1/3 节 $\phi 25$ 药卷间隔 40cm 装药，装药线密度为 73g/m。优化后不良地质洞段的爆破成型效果较好，如图 5.4-10 所示。优化后不良地质洞段的平均不平整度为 9cm。

图 5.4-10　地下厂房不良地质洞段爆破成型效果图

2. 岩壁梁精准成型技术

岩壁梁开挖爆破分层分区进行，如图 5.3-4 所示。通过多次反复试验和优化调整，形成了适用于白鹤滩水电站地下洞室岩壁梁的精准成型控制技术。

（1）开挖爆破方式。对于一般地质洞段，岩壁梁层的中部抽槽采取两侧施工预裂、梯段开挖爆破；对于岩体破碎、应力集中程度高、卸荷松弛严重的不良地质洞段，取消中部抽槽施工预裂，分为左、右半幅水平钻孔开挖爆破。

两侧预留保护层的开挖采用光面爆破，岩台区采用竖向和斜向双向钻孔、同时起爆、一次成型的光面爆破。

（2）开挖爆破控制要点。在岩壁梁开挖爆破实施前，应根据设计文件、地质情况、爆破材料性能及钻孔机械等条件进行爆破设计，并选择合适部位进行各项爆破工艺试验。

在岩壁梁开挖爆破过程中，由于围岩地质条件的变化，为了得到最好的开挖爆破效果，需根据不同洞段的岩性、地质情况对爆破参数进行动态调整，编制个性化的爆破方案，采用一炮一设计。

对于一般地质洞段，岩壁梁层的中部抽槽采用先施工预裂，再分上、下两层梯段爆破开挖，两侧预留保护层采用光面爆破开挖；中部拉槽区与两侧预留保护层岩体开挖爆破之间的错距控制在 30~50m，保护层厚度不宜小于 3m，保护层开挖爆破梯段高度不宜大于 4m。

对于岩体破碎、应力集中程度高、开挖爆破卸荷松弛严重的不良地质洞段，为减少爆破振动、卸荷松弛对预留保护层的不利影响，对施工方法和程序进行适当调整：适当增加岩壁梁保护层的厚度，或在原岩壁梁保护层外侧再增加一个 4~5m 宽的保护层；取消岩壁梁层的中部抽槽施工预裂，将其上、下两层分别分为左、右两个半幅进行开挖，开挖爆破循环进尺不超过 4m。

（3）爆破孔钻孔。钻孔样架搭设：在岩壁梁部位设置钻孔样架和导向管，以确保钻孔质量。钻孔样架应采用无变形的优质钢管，样架随岩壁梁保护层的开挖同步推进，滞后开挖爆破作业面至少 100m。导向管长度为 1.2m，端头距岩面 3～5cm，其中斜向导向管在孔口设置 20cm 长的对中套管，用铁丝绑扎在导向管上以防滑落。

岩壁梁层采用手风钻钻孔。为保证岩壁梁成型，减少因欠挖处理对已成型岩壁梁基岩面造成次生破坏，在结构面光面爆破造孔时，孔底应适当进行超深。

钻孔前对孔位进行编号，填写钻孔责任分区表，将每个孔的钻孔质量落实到人。钻杆为标准长度，孔深由限位杆控制。孔深达 30cm、50cm、100cm 时，分别对孔位、孔向进行第一次、第二次、第三次检查复核。及时纠正钻孔偏差，钻孔过程中质检员旁站监督，并做好每孔的钻孔记录。

钻孔验收主要检查孔深、孔向和孔距三项指标，按照"三检"制对每个孔进行检查，填写岩壁梁光爆孔终孔检查记录表和钻孔质量检查表。如果钻孔超深，超深部分采用砂浆封堵；如果孔位、孔向超标，采用砂浆封孔后重新钻孔。若出现塌孔现象，可采用低压（0.1～0.3MPa）注浆固壁后再扫孔的方式处理。废孔应采用预缩砂浆回填密实。钻孔质量检查验收合格后方可装药。

（4）爆破参数优化。岩壁梁两侧预留保护层上、中、下三层均采用光面爆破。在岩台区正式开挖爆破前，选取了地质条件一致的非岩壁梁洞段开展了 1∶1 开挖爆破现场试验，通过试验成果不断优化调整爆破参数。确定后的爆破参数为：岩台区采用竖向和斜向双向钻孔、同时起爆的光爆开挖方式；光爆孔孔径均为 42mm，孔距为 25～35cm，竖向孔的线装药密度为 48～58g/m，斜向孔的线装药密度为 65～85g/m；主爆孔孔径均为 42mm，孔距为 90cm，抵抗线 90cm，采用 ϕ32 炸药连续装药，堵塞长度为 0.61～0.81m；岩壁梁岩台最大单响药量按照 60～70kg 进行控制（起爆段长约 15m）。

（5）开挖爆破控制指标。爆破质点振动速度：岩壁梁层开挖爆破质点振动速度不大于 10cm/s，岩壁梁层下部相邻层开挖爆破质点振动速度不大于 7cm/s。

钻孔质量控制标准：①钻孔孔位偏差：周边孔不大于 2cm，主爆孔和缓冲孔不大于 5cm；②钻孔角度偏差：周边孔不大于 1.0°，主爆孔和缓冲孔不大于 2.0°；③钻孔孔深偏差：周边孔不大于 3cm，主爆孔和缓冲孔不大于 5cm。

爆破质量控制标准：Ⅱ 类、Ⅲ$_1$ 类围岩半孔率应达 90% 以上，Ⅲ$_2$ 类围岩半孔率应达 60%～90%，Ⅳ 类围岩半孔率应达到 40%～60%；相邻两排炮之间台坎不大于 10cm，相邻两周边孔之间不平整度不大于 10cm；孔壁不应有明显的爆震裂隙；平均超挖值不大于 5cm，最大超挖值不大于 10cm，不允许有欠挖。

5.4.2.4　弱扰动爆破技术

1. 高边墙弱扰动爆破技术

（1）开挖爆破方式。地下厂房中部高边墙均采用中部拉槽、上下游预留保护层的方式开挖。施工预裂采用液压钻机钻孔，浅孔梯段爆破；左岸厂房上、下游保护层采用手风钻造孔，水平或竖向光面爆破；右岸部分地质较好洞段采取预留边墙、左右半幅开挖的方案。厂房高边墙爆破开挖分层分区如图 5.3-5 所示。

（2）爆破参数的优化设计。常规洞段爆破参数设计：①中部抽槽梯段爆破孔采用液压钻钻孔，孔径为90mm，主爆孔超深0.5m，间距200cm，排距180cm；缓冲孔与预裂孔的间距为150cm，孔深同主爆孔相同；主爆孔采用φ70药卷连续装药，缓冲孔采用φ70药卷间隔装药，预裂孔采用竹片间隔装药、导爆索引爆，预裂孔线装药密度为530g/m；②保护层采用手风钻钻孔，孔径为42mm，孔深为4.0m，光爆孔间距为50cm、抵抗线为40cm/55cm，缓冲孔间距为0.8m、抵抗线0.6m，主爆孔间距1m，抵抗线1m；③保护层主爆孔底部采用4节φ32药卷加强装药，上部采用φ32药卷连续装药，堵塞长度为8cm。缓冲孔和底板孔采用φ25药卷连续装药，堵塞长度为80cm。光爆孔孔底采用1节φ25药卷加强装药，上部采用1/3节φ25间隔30cm装药，堵塞长度为69cm，光爆孔线装药密度为125g/m。

不良地质洞段爆破参数的优化与调整：在不良地质洞段，现场开挖的情况揭示采用水平光爆的开挖方法仍然无法取得理想的轮廓成型效果，在此基础上，进一步优化了爆破方案，提出了更为精细的竖向光面开挖方案。通过搭设精确的钻孔样架，确保成孔质量，同时调整孔位参数，使光爆孔的线装药密度降低至93g/m。多次现场试验结果表明，采用竖向光面爆破的方案可以更好地实现不良地质洞段的轮廓成型质量。地下厂房竖向光面爆破的钻孔样架结构示意图以及炮孔孔位布置图分别如图5.4-11和图5.4-12所示。

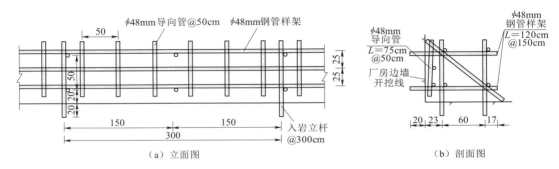

（a）立面图　　　　　　　　　　　　（b）剖面图

图5.4-11　地下厂房竖向光面爆破的钻孔样架结构示意图（单位：cm）

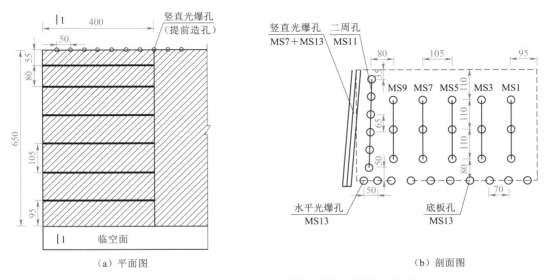

（a）平面图　　　　　　　　　　　　（b）剖面图

图5.4-12　地下厂房竖向光面爆破的炮孔孔位布置图（单位：cm）

2. 机坑弱扰动爆破技术

机坑的主要开挖方式为：采用浅层分段预裂爆破，或采用中部抽槽、周围预留保护层的光面爆破。通过降低开挖分层高度，减少单次爆破药量，减少爆破开挖对机坑隔墩和下游侧悬挑部位的岩体扰动，提升成型质量。机坑开挖典型分层分区详见前叙图 5.3-9，具体开挖方案如下。

（1）减薄层（Ⅷ-1 和Ⅷ-2 区）。分层高度为 5.5m，分为上游侧操作廊道和下游侧机坑两部分开挖，机坑下挖前应完成尾水扩散段所有系统支护、隔墩锁口锚杆、隔墩垂直向锚索的施工。操作廊道按照"先两侧预裂，再水平光爆"的程序开挖，施工通道为引水下平段延伸的斜坡路，采用气腿钻配自制钻爆台车施工。下游侧机坑按照"先中槽梯段爆破，再保护层水平光面爆破"的开挖程序，中槽梯段爆破采用履带式液压钻机钻孔；保护层采用样架导向、密孔距竖向预裂爆破，主爆孔采用气腿钻钻孔，预裂孔采用QZJ100B 潜孔钻钻孔。具体开挖分序如图5.4-13 所示。

（2）井挖段（Ⅷ-3～Ⅷ-7 区）。分层高度为 7.7m，机坑开挖采用"先 ϕ3.0m 溜渣井、再中槽梯段、最后保护层垂直光爆"的开挖程序，保护层光爆分两层进行，单次循环 3.85m。

（3）第Ⅸ层。分层高度为 11.3m，分8m 和 3.3m 两小层开挖。利用提前开挖形成的尾水扩散段垫渣至开挖层底板，作为施工通道。Ⅸ层两侧留 5.5m 厚保护层，上游侧留 2.5m 厚保护层。施工程序为：左、右边墙保护层开挖→坑槽开挖→上游侧保护层开挖。左、右边墙保护层采用水平光爆开挖，上游侧保护层和坑槽采用垂直光爆开挖。

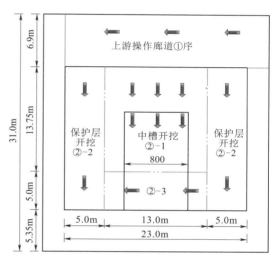

图 5.4-13 机坑减薄层开挖分序图

（4）第Ⅹ层。底板保护层开挖，分层高度为 2.5m，分左、右半幅施工，采用气腿钻水平光爆开挖。

5.4.2.5 爆破监测与应用效果

在白鹤滩水电站地下厂房洞室群开挖过程中，对重点部位进行了爆破振动监测，主要包括厂房岩壁梁、机坑、尾水调压室四岔口等部位。爆破振动监测成果如下。

（1）左岸地下洞室群共进行了 52 次爆破振动测试。测试数据表明：爆破振动速度峰值的平均值为 4.3cm/s，为已开挖洞壁控制标准的 40%，为岩壁梁和层间错动带部位控制标准的 60%。91.4%的爆破振动峰值在 7cm/s 以下，95.7%的爆破振动峰值在 10cm/s 以下。左岸地下洞室群爆破振动合格率为 95.7%，总体满足质点振动速度控制要求。

（2）右岸地下洞室群共进行了 83 次爆破振动测试。测试数据表明：爆破振动速度峰值的平均值为 5.3cm/s，为已开挖洞壁控制标准的 50%，为岩壁梁和层间错动带部位控制标准的 75%。84%的爆破振动峰值在 7cm/s 以下，96.3%的爆破振动峰值在 10cm/s 以下。

右岸地下洞室群爆破振动合格率为96.3%，总体满足质点振动速度控制要求。

白鹤滩水电站地下厂房洞室群的规模、地质条件的复杂性、围岩爆破开挖响应与变形特性的多样性，对白鹤滩水电站地下厂房的爆破开挖控制提出了极高的要求，建设过程中发生的工程问题已经超出了现有的工程规范、经验和认识。在地下厂房洞室群开挖支护过程中，经过深入研究和系统试验，形成了一套地下洞室群厂顶和岩壁梁开挖精准成型技术、高边墙和机坑爆破弱扰动控制技术，实现了复杂条件下的地下洞室群优质开挖成型和围岩稳定控制目标。

5.4.3 快速锚喷支护

现有工程经验和相关研究成果表明：除强烈的破裂损伤现象以外，通常情况下围岩的破裂与损伤都会存在一定的滞后现象，即新开挖的掌子面上很难观察到破裂损伤现象，在经历一段时间或者掌子面向前推进一定距离以后，破裂损伤现象开始出现，呈现出滞后的特点。即便新开挖的掌子面发生了破裂损伤，仍然可以显示出明显的滞后特征，表现为随着时间推移或掌子面向前推进，破裂损伤程度不断加剧。因此，支护的及时性对于保护围岩十分重要。

在白鹤滩水电站地下厂房洞室群的开挖过程中，洞室分层开挖过程的多次应力调整与松弛圈呈现渐进式增大的规律，岩体完整性较好的隐晶玄武岩、斑状玄武岩的片帮破坏和时效破裂现象相对突出。如图5.4-14所示，及时支护有利于控制顶拱的变形增量，同时也有利于提高顶拱的围压水平、降低应力集中区的最大主应力，使得围岩应力状态更加远离强度包络线，有利于降低围岩破裂、发生鼓胀变形从而导致喷层开裂的风险。

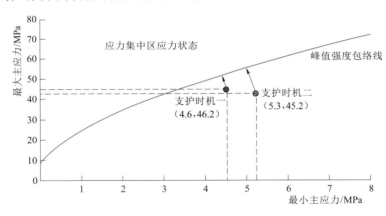

图5.4-14　及时支护与围压补偿

因此，针对白鹤滩水电站脆性岩体的高应力破裂问题，支护跟进的及时性十分重要。由图5.4-15可知：及时跟进支护能够使得岩体破裂损伤得到有效抑制，从而使得围岩的松弛圈相对较小，因此快速喷锚支护技术的研制与创新尤为重要。

5.4.3.1 预应力锚索快速施工技术

受限于地质条件和洞室规模，白鹤滩水电站地下洞室群的支护方案中包含了大量的预应力锚索，且对预应力锚索滞后开挖作业面距离的要求十分严格。预应力锚索能否快速跟

（a）无支护　　　　　　（b）滞后掌子面150m　　　　　（c）滞后掌子面30m

图 5.4-15　不同支护时机下地下厂房松弛区

进，不仅是制约开挖支护施工进度的重要因素，而且是控制洞室群围岩瞬态变形和时效变形、保证围岩稳定的关键环节。因此，在洞室群施工过程中，为保证锚固机制的快速形成，除了将地下洞室开挖分层高度与锚索间排距相匹配之外，还采用了移动式高效锚索钻孔平台与机具、速凝高强锚固剂等新技术，保障锚索支护快速跟进开挖作业面、及时形成锚固支护补偿围压，实现对围岩瞬态变形和时效变形的双重控制。

1. 快速钻孔设备与平台

（1）如图 5.4-16 所示，距离开挖底板 3.5m 以下预应力锚索的索孔采用大型履带式锚固钻机直接就位钻孔。

图 5.4-16　大型履带式锚固钻机

（2）如图 5.4-17 所示，当锚索的索孔距离底部基岩面超过 3.5m 时，超出了大型履带式锚固钻机直接就位钻孔的作业范围，改为搭设便于快速拆卸的标准化锚索专用钻孔平台，配合潜孔钻机进行钻孔。锚索钻孔平台的工艺流程为：根据分层锚索高度定位台车高度→制作底部工字钢平台→排放纵向扫地杆→竖立杆→将纵向扫地杆与立杆扣接→安装横向扫地杆→安装纵向水平杆→安装横向水平杆→安装剪刀撑→作业层铺脚手板和挡脚板→扎安全网。搭设过程中，及时校正步距、纵距、横距及立杆垂直度。

2. 高效锚索钻孔技术

收集整理所有锚索孔的基本信息，包括孔号、桩号、孔深、钻孔角度（顶角及方位

角）、孔径等，制作成锚索施工参数表，根据锚索参数信息进行测量放样，确保开孔偏差不大于 10cm。采用地质罗盘或角度测量仪进行顶角及方位角的控制放样，再将钻机固定，防止钻机移动或钻孔角度发生偏斜。

根据锚索距离底板基岩面的高差，使用高、低两种移动式锚索钻机。对于距离基岩面高差不超过 3.5m 的锚索，采用具备自行走能力的锚索高风压液压钻机进行钻孔；对于距离基岩面高差大于 3.5m 的锚索，采用锚索专

图 5.4-17　标准化锚索钻孔平台

用钻孔平台（台车）配合轻便的锚索高风压浅孔钻机进行钻孔。

钻孔时采用加长粗径钻具及加设平衡器和扶正器保证孔斜。在钻进过程中，每钻进 5m 用测斜仪检测孔斜，如果有偏差及时采取措施纠正，保证孔斜偏差符合要求，提升钻孔一次成型合格率。

3. 锚索快速张拉技术

（1）掺加新型压浆剂的水泥浆。为了提高浆液的流动性、补偿水泥净浆因干缩而引起的体积收缩，参照公路桥涵施工技术，在水泥浆液中掺加新型压浆剂，快速达到设计张拉强度。经过反复试验论证，掺加新型压浆剂的水泥浆 2d 内强度达到 42.4MPa，能快速达到设计张拉强度。

（2）掺加 KD-18 的找平细石混凝土。为加快实现对主厂房高边墙的深层支护，尽早实施锚索张拉，借鉴灌浆施工技术的先进成果，引入 KD-18 高强灌浆材料，缩短锚墩找平混凝土的待强时间，可快速实现锚索张拉。经过反复试验论证，掺加 KD-18 的找平细石混凝土待强 2d 抗压强度可达到 48.2MPa，能快速达到设计张拉强度。

通过采用预应力锚索快速施工技术，单根锚索的关键工序时间大幅缩减至 4.7d，工效提升 51%，与传统预应力锚索施工技术的工效对比如表 5.4-1 所示。

表 5.4-1　单束锚索的工效对比　　　　　　　　　　　　　　　　　　　单位：d

类　型	钻机就位	钻孔	下索	注浆、锚墩浇筑与等强	张拉	合计
传统工艺	1	0.5	0.25	7（浇筑1+等强6）	1	9.75
快速工艺	0.2	0.25	0.25	3（浇筑1+等强2）	1	4.7

5.4.3.2　喷射混凝土的新材料

在白鹤滩水电站地下洞室群的开挖与支护过程中，采用了掺无机纳米材料（颗粒直径小于 350×10^{-9}m）的喷混凝土，可提高一次性喷射厚度，其早期强度高，可快速有效提高围压，对抑制围岩高地应力破坏有良好效果。

如表 5.4-2 所示，掺无机纳米材料和钢纤维的喷混凝土 28d 抗压强度可达到 51.9MPa。而根据统计，常规喷 C25 混凝土及 CF30 钢纤维混凝土 28d 抗压强度仅为 34MPa、39MPa。

表 5.4-2　掺无机纳米材料和钢纤维的喷混凝土现场大板硬化性能

设计等级	设计坍落度/mm	用水量/(kg/m³)	水胶比	砂率/%	纳米材料		速凝剂掺量/%	钢纤维掺量/(kg/m³)	坍落度/mm	试验项目	龄期	
					规格型号	掺量/%					7d	28d
CF30	180±20	200	0.46	62	跨越2000	10	8	40	183	抗压强度/MPa	36.3	51.9
										抗折强度/MPa	4.76	6.58
										抗拉强度/MPa	3.57	5.10
										黏结强度/MPa	/	2.24

现场通过钻孔测量对喷纳米混凝土的一次喷射厚度进行了检验，其结果如下：掺无机纳米材料喷混凝土，黏结力强，一次喷射厚度最大可达 30cm，平均厚度为 23.5cm。而常规喷混凝土一次喷射厚度最大 5cm 左右。由此可见，采用喷纳米混凝土，可有效提高一次喷射厚度，使初喷混凝土能起到快速增加围压的作用。

5.4.3.3　动态强化支护施工平台

高应力破坏和裂隙岩体的松弛均具有一定的时效特征，随着时间发展和洞室开挖断面的变化，围岩片帮、喷层开裂，以及围岩松弛深度逐渐发展，表现为厂房顶拱喷层开裂、剥落范围不断增加。白鹤滩水电站地下厂房提前安装吊顶台车用于厂房岩壁梁层以上补强锚索和锚杆施工，还可用于顶拱和边墙开裂掉块的检查与处理，如图 5.4-18 所示，该措施解决了高边墙开挖过程中的后顾之忧。

如图 5.4-19 所示，应用盘扣式脚手架替代传统扣件式脚手架，搭设支护施工作业平台，具有安拆快、承载力强的优点。在右岸主厂副厂房、尾水调压室加强支护施工中应用效果较好。

图 5.4-18　提前安装主厂房
吊顶施工台车

图 5.4-19　盘扣式脚手架搭设
支护施工作业平台

5.5 洞室群围岩稳定反馈分析

5.5.1 动态反馈分析方法

5.5.1.1 反馈分析技术流程

采用"现场调查+综合观测+数值仿真"三位一体结合的方法，以解决工程问题、方便快速施工为宗旨，从吸收监测成果、服务设计与施工、预测后续开挖围岩稳定性、认识围岩变形与破坏规律四个方面进行地下洞室群动态反馈分析工作，思路如图5.5-1所示。

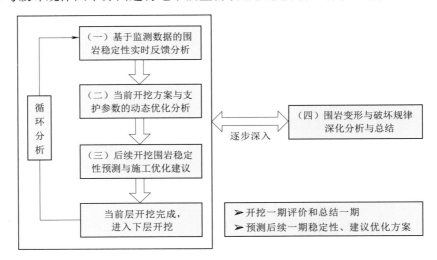

图 5.5-1　反馈分析总体思路

基于上述思路，顺应洞室开挖施工过程，形成闭环动态反馈分析技术流程，如图5.5-2所示，将洞室每一层施工过程中的开挖方案调整、围岩支护动态设计、后续层施工组织管理有机结合起来，达到动态调整设计、有利现场施工的目的。

5.5.1.2 数值仿真计算模型

1. 构建地质概化模型与数值计算网格模型

基于"现场调查+综合观测+数值仿真"三位一体相结合的原则，首先从整体和局部两个角度对工程区地质条件进行概化，分别建立不同尺寸的三维计算网格模型，采用基于连续/非连续介质理论和新型本构模型进行了相关反馈分析。

（1）整体三维模型：根据白鹤滩水电站厂址区目前最完备的工程地质资料（岩性、断层、层间错动带、大裂隙等），并考虑对厂房洞室群稳定性存在影响的主要地质结构，分别建立左右岸地下厂房洞室群三维数值网格模型，从宏观整体上分析洞室群稳定性。三维地质模型网格单元数量约400万级，左右岸各2个，如图5.5-3所示。

（2）局部三维精细数值模型：在洞室分层开挖施工过程中，针对开挖揭露的最新不利地质构造和岩性，及时建立考虑局部小地质构造（层内错动带、裂隙、小断层等）的三维精细数值模型，精细分析局部构造带影响下洞室的稳定性，在快速反馈分析环境下其

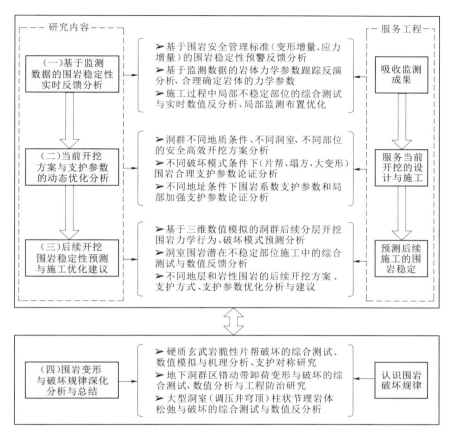

图 5.5-2 闭环动态反馈分析技术流程

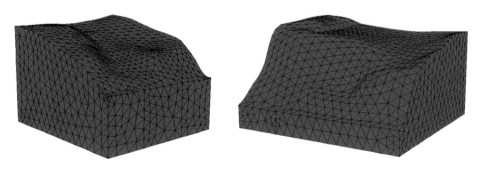

图 5.5-3 白鹤滩水电站左右岸厂房三维模型

具备三维精细模型网格单元一般为 80 万~200 万量级，模型数量约 20 个。

2. 建立岩体本构力学模型

白鹤滩水电站工程主要存在三种不同性质的岩体结构：①硬质玄武岩，如隐晶玄武岩、杏仁玄武岩、斜斑玄武岩等；②错动带薄层；③柱状节理岩体。这三类岩体的工程性质不一样，故计算分析中将分别采用与之工程力学性质相适应的力学本构模型。

（1）硬质玄武岩本构力学模型：不同性状的硬质玄武岩虽然强度不一样，但基本都可视为等效各向同性介质，因此在计算分析中将采用考虑开挖卸荷后表层围岩力学参数降低的岩体劣化模型（Rock Deterioration Model，RDM），采用 M-C 和 Rankin 最大拉应力强度准则。该模型可以较好地反映大型洞室分层开挖卸荷下围岩损伤演化过程、脆性片帮和塌方变形，使得计算的塑性区与围岩松动圈相一致。该模型成功地应用于白鹤滩水电站可行性研究阶段的地下洞室群稳定性研究，可实现对洞室围岩开裂与松弛深度的合理评价和预测。

（2）错动带薄层本构力学模型：考虑错动带"硬-软-硬"复合夹层结构特点，计算分析中采用自主研发并一直在完善的薄层岩体力学模型。该岩体力学模型可以反映错动带变形的横观各向同性、强度各向异性的特点，可以较好地反映洞室开挖卸荷后错动带的卸荷变形量值和变形的空间分布特征。错动带复合岩体力学模型及其计算结果如图 5.5-4 所示。

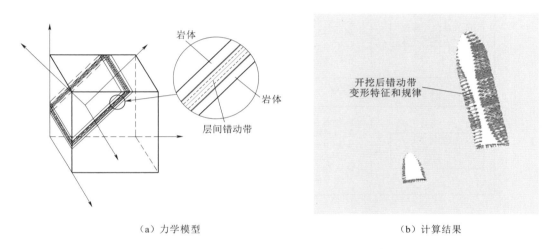

（a）力学模型 （b）计算结果

图 5.5-4　错动带复合岩体力学模型及其计算结果

（3）柱状节理岩体本构力学模型：在白鹤滩水电站导流洞柱状节理岩体稳定性反馈计算分析时，提出并实践了考虑多节理组的柱状节理岩体本构力学模型。该模型不仅考虑柱状节理岩体宏观上的横观各向同性，又考虑了柱状节理岩体结构的节理网络特点，可以对岩块和节理单独灵活地赋予力学参数，是 M-C 强度准则、Barton 节理强度准则的复合体。经白鹤滩水电站导流洞柱状节理岩体段的动态反馈分析实践检验，该模型可以较好地分析柱状节理岩体开挖后的松弛深度、围岩松弛的空间关系，从而为锚杆长度确定、围岩支护时机确定等提供直接依据。柱状节理玄武岩岩体力学模型如图 5.5-5 所示。

5.5.1.3　岩石力学参数智能动态反演

1. 智能动态反演的理论与方法

工程岩体力学参数难以获取一直是地下洞室群稳定性分析和优化设计的"瓶颈"难题，根据地下厂房洞室群动态反馈分析的需要，提出了地下洞室群围岩力学参数智能动态反演的思想。反演思想与流程如图 5.5-6 所示。

由于水电站地下洞室群的主要洞室（如厂房、主变室等）采用自上而下分层开挖，

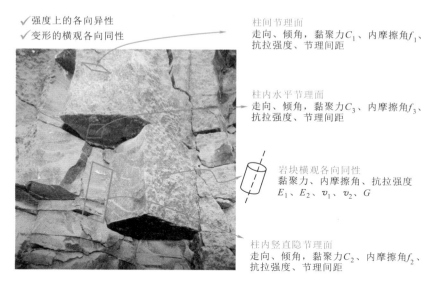

✓ 强度上的各向异性
✓ 变形的横观各向同性

柱间节理面
走向、倾角，黏聚力C_1、内摩擦角f_1、
抗拉强度、节理间距

柱内水平节理面
走向、倾角，黏聚力C_3、内摩擦角f_3、
抗拉强度、节理间距

岩块横观各向同性
黏聚力、内摩擦角、抗拉强度
E_1、E_2、v_1、v_2、G

柱内竖直隐节理面
走向、倾角，黏聚力C_2、内摩擦角f_2、
抗拉强度、节理间距

图 5.5-5 柱状节理玄武岩岩体力学模型

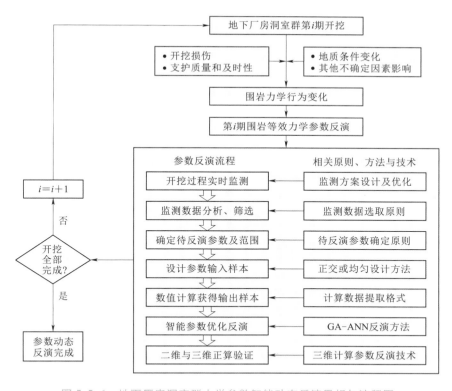

图 5.5-6 地下厂房洞室群力学参数智能动态反演思想与流程图

各洞室同时开挖相互影响，围岩的各种力学响应（变形、松弛深度等）将随着地质条件
的变化和开挖支护施工过程而不断变化。比如当某层开挖揭示的地质条件有较大变化时，
出露不良地质构造或岩性变差，这时开挖后围岩变形和松弛深度将超出预计值，再比如由

于爆破质量差、施工进度快而支护滞后时，围岩的劣化也将比预计情况严重，在这些情况下如果仍然采用前期开挖反演所得的参数进行计算、评价及设计，就不能很好地把握围岩的力学行为。因此，就需要根据施工过程进行力学参数的分期动态反演。

岩石力学参数智能动态反演的基本思路是：以大量的试验、监测、前期分析结果为基础，以基本力学参数和初始应力场为基本变量，借助正交或均匀设计等方法设计一定数量规模的计算方案，采用考虑开挖卸荷效应的数值计算方法进行开挖模拟计算；以计算结果为基础训练人工神经网络，应用遗传算法搜索最佳的神经网络结构，建立基本变量与岩体开挖位移非线性映射关系；在此关系的基础上，采用遗传算法进行全局优化，在综合目标函数最小的条件下得到基本变量的最优解。

2. 应用实例

以右岸厂房桩号 0+076m 典型监测断面为例，介绍岩石力学参数智能动态反演技术在白鹤滩地下厂房工程中的应用情况与成效。

（1）右岸厂房桩号 0+076m 典型监测断面位移松动圈数据的提取。图 5.5-7 为右岸厂房桩号 0+076m 监测断面在上游拱肩、顶拱、下游拱肩等处的多点变位计布置方案。监测结果显示，一直以来上游拱肩处多点变位计的监测变形均为负值，即结果可靠度有待查验，目前已无记录数据，故不采纳。

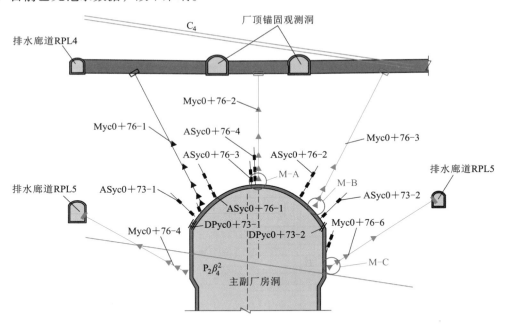

图 5.5-7　右岸厂房桩号 0+076m 监测断面测点布置

受厂房Ⅱ、Ⅲ层的开挖、爆破、注浆等施工因素的影响，顶拱处变形基本处于缓慢增长的态势。经筛选甄别，提取顶拱 3.5m 处的位移值和下游拱肩 6.5m 处的位移值参与反演。经筛选甄别，提取顶拱 1.5m 处（图 5.5-7 中 M-A）的位移值、下游拱肩 1.5m 处（图 5.5-7 中 M-B）的位移及下游侧边墙岩壁梁附近 3.5m 处（图 5.5-7 中 M-C）的位移值参与反演。需要注意的是，2015 年 9 月底该断面顶拱围岩变形开始出现突增，现场也出现喷层开裂，此外，2015年11月初该断面下游拱肩围岩变形也开始快速增长，这些变形的突增极大可能是由岩体的非连续开裂引起，因此不可用作反演数据。

综上所述，选择2015年9月19日的监测变形值进行反演，如表5.5-1所示。同时，在该断面附近的厂房第Ⅱ层高程608.60m处的下游侧边墙布置声波测孔，钻孔深度为15m，在第Ⅲ层开挖过程中的松弛深度演化为3.8m，可用于反演分析。

表5.5-1 多点变位计监测数据

断面桩号	监测时间	变形量/mm		
		M-A	M-B	M-C
右厂 0+076m	2015-09-19	13.56	20.94	8.78

（2）右岸厂房桩号0+076m典型监测断面的样本构建。确定参与反演的围岩力学参数及其范围：采用"松动圈-位移"联合反演的方法，根据参数敏感性分析确定了岩体劣化模型（RDM）中待反演的参数为围岩弹性模量（E_1）、黏聚力（C_1）和内摩擦角（φ_1），参数范围和计算参数如表5.5-2和表5.5-3所示。

表5.5-2 右岸厂房桩号0+076m断面反演参数范围

E_1/GPa	φ_1/(°)	C_1/MPa
14.5~16.5	23~25	15~17

表5.5-3 右岸厂房桩号0+076m断面不参加反演的力学参数值

ν_0	C_{02}/MPa	Φ_{02}/(°)
0.25	1	42

采用正交设计方法，将围岩的弹性模量、黏聚力和初始内摩擦角3个参数各分为5个水平，由此构造了25组学习训练样本试验组合方案，同时构造了25组测试样本用于测试神经网络的预测效果，如表5.5-4所示。

表5.5-4 右岸厂房桩号0+076m断面反演样本水平设计表

水平数	学习训练样本			测试样本		
	E_0/GPa	C_{01}/MPa	Φ_{01}/(°)	E_0/GPa	C_{02}/MPa	Φ_{01}/(°)
1	14.5	15.0	23.0	15.3	15.1	23.2
2	15.0	15.5	23.5	15.6	15.4	23.6
3	15.5	16.0	24.0	15.9	15.7	24.0
4	16.0	16.5	24.5	16.2	16.0	24.4
5	16.5	17.0	25.0	16.5	16.3	24.8

（3）右岸厂房桩号0+076m典型监测断面计算结果与验证。利用上述正交设计得到的岩体力学参数的各组样本方案，代入数值模拟中，严格遵循现场开挖步序进行正算，获得每个样本的3个位移计算值和松弛深度，作为神经网络的学习训练输出值，而将待反演的岩体力学参数作为对应的输入值，建立岩体力学参数和测点位移非线性映射关系的进化神

经网络模型。然后使用遗传算法的优化功能，在确定需要反演的岩体力学参数的范围内搜索得到第Ⅱ层开挖后最佳等效岩体力学参数，如表 5.5-5 所示。

表 5.5-5　右岸厂房桩号 0+076m 断面反演围岩等效力学参数

E_1/GPa	C_1/MPa	φ_1/(°)
16.1	15.2	23.8

利用上述反演获得的参数代入数值计算程序进行正算，得到该断面第Ⅱ层高程608.60m 下游侧边墙处的松弛深度为 3.4m，与实测值 3.8m 基本接近。参与反演的位移测点数据和检验数据同实测值的对比结果如图 5.5-8 所示。从图中可见，实测值和预测值基本一致，说明了白鹤滩水电站岩石力学参数反演的准确性。

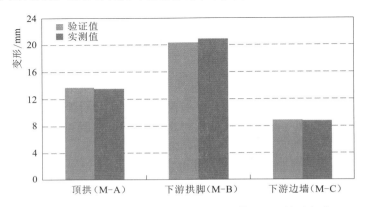

图 5.5-8　右岸厂房桩号 0+076m 断面第Ⅲ层开挖过程中
实测位移量与反演值对比

5.5.1.4　动态反馈分析与优化

1. 基于监测数据的洞室围岩稳定性实时反馈分析

围绕施工过程中的实时监测数据和现场围岩变形与破坏情况调查，采用监测数据实时分析、现场调查紧跟开挖面、补充综合测试与数值反分析直接针对围岩潜在不稳定部位的研究方法，反馈分析技术流程如图 5.5-9 所示，具体研究技术路线如下。

（1）根据白鹤滩水电站地下厂房洞室群的分层开挖特点、左右岸玄武岩的室内岩石力学试验和理论计算，确定围岩允许变形量和每层开挖的变形增量；结合围岩变形监测数据、现场围岩稳定性调研和同类工程类比，建立由变形增量、变形速率、锚杆应力增量、松弛深度等多指标构成的、分"安全""预警""危险"三级预警的大型洞室每一层围岩监测安全管理标准的阈值；研究并制订不同安全等级条件下的工程应对措施。右岸主要洞室安全监测断面布置如图 5.5-10 所示。

（2）根据上述建立的围岩监测安全管理标准，通过数据处理分析和总结当前时间段的围岩变形增量、变形速率、锚杆应力增量、锚索荷载应力增量等，分析监测增量与开挖支护的关系，总结围岩卸荷力学响应与开挖支护之间的规律；依据上述建立的围岩监测安全管理标准，对大变形增量、高应力增量部位进行安全预警分析。

（3）根据围岩监测反映的变形或应力异常部位，开展现场岩性核查、开挖与支护现

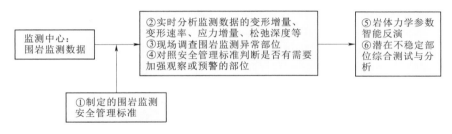

图 5.5-9　基于监测数据的洞室稳定性实时反馈分析技术流程图

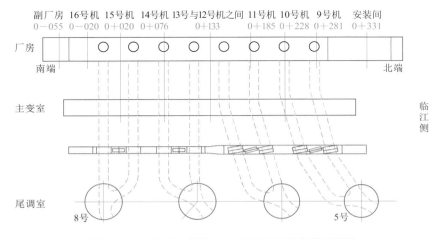

图 5.5-10　右岸主要洞室安全监测断面布置示意图

状、围岩与支护破坏等现场调查分析，建议可能的工程加强支护措施；根据现场施工过程中出现的围岩破坏行为，现场调查分析围岩岩性、围岩破坏模式与特点，提出支护优化建议。

（4）根据围岩监测管理标准预警结果和现场调查结果，并经数值反分析给出变形增量、应力集中部位、围岩卸荷能量释放等，研究提出围岩不稳定的专门分析简报，建议必要的工程处置措施（如及时支护、锚杆/锚索加强支护、暂缓开挖等）；对工程中大变形和破坏部位的后续开挖进行长期观测和数值反分析。

（5）选取与地下洞室群工程岩体相适应的岩体力学模型后，在岩体力学参数智能动态反演的基础上，开展了数值计算结果与监测数据、理论计算变形模式与实测变形模式、理论计算破坏与现场破坏的对比，检验了参数和力学模型的合理性分析，综合评估围岩不稳定潜在因素；采用三维数值模拟手段对比分析不同支护参数对围岩稳定性的影响；提出必要的围岩加强支护参数，为不稳定部位的工程防治决策提供依据。

2. 当前开挖过程中洞室群开挖方案与支护参数动态优化分析

跟踪当前洞室群施工过程，采用现场调查紧跟开挖面、补充综合测试与三维数值快速分析相结合的研究方法，具体研究技术流程如图 5.5-11 所示。

（1）为分析不同开挖方式之间的差异性，首先选取可以多角度表征围岩稳定性的指标，如变形量、能量释放率、围岩松动/损伤程度等；采用三维数值分析方法分析洞室不

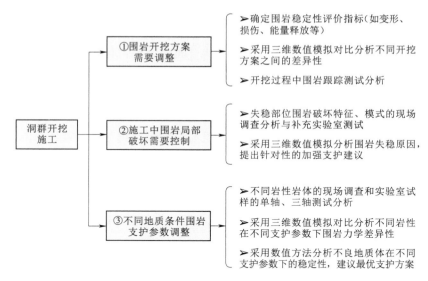

图5.5-11 洞室群开挖方案与支护参数动态优化分析的技术流程图

同分层高度、不同分部开挖方式、不同爆破方式对洞室稳定性和围岩损伤的影响，为开挖方案调整论证提供依据；在调整的新开挖方式实施过程中，进行跟踪测试和数值反馈分析，检验和总结新开挖方式的合理性和科学性。

（2）针对洞室开挖施工过程中出现的多种围岩破坏形式（如片帮、塌方、大变形）等，进行及时的现场调查，并进行可靠的现场取样后开展实验室测试分析；采用三维数值方法模拟洞室开挖与支护过程，反分析围岩失稳原因，通过数值仿真分析研究加强支护措施，为失稳部位的工程处理决策提供依据。

（3）针对洞室分层开挖过程中揭露的岩性，在现场调查后进行岩石取样，开展室内单轴、三轴试样测试，掌握不同岩性的基本强度和力学参数；采用三维数值方法对比分析洞室不同岩性在不同支护参数条件下的围岩力学行为的差异性，建议针对不同岩性洞段差别化的围岩系统支护参数；针对开挖过程中揭露的不良地质带，如角砾熔岩与裂隙组合、错动带与柱状节理岩体组合体等，针对性地进行数值反分析和补充物探测试，研究围岩的局部加强支护措施，为工程局部加强支护决策提供支撑。

3. 后续分层开挖围岩稳定性预测分析与施工、设计优化

借助大规模三维数值仿真分析、现场综合测试认识和前述确定的岩体力学参数，综合预测洞室群后续各层开挖围岩稳定性，并对开挖方案与支护参数进行论证，具体研究技术路线如图5.5-12所示。

（1）将反演获得的岩体力学参数代入数值计算程序中，通过大规模数值模拟分析预测后续开挖围岩力学行为（如变形增量、应力集中程度和部位、围岩损伤/松动圈深度等）；综合室内试验、现场测试和三维数值计算的认识，并在深入分析洞室监测变形与开挖支护关系后，确定后续开挖层围岩监测的安全管理标准；采用基于变形、应力、损伤、能量等多个围岩稳定性分析指标，多角度评估洞室群整体稳定性，指明潜在的局部不稳定区域，为安全施工管理提供参考。

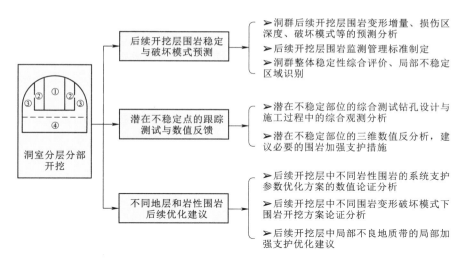

图 5.5-12 围岩变形与破坏的综合测试与机理研究

（2）根据三维数值计算分析预测的后续开挖层围岩潜在不稳定部位，针对性事先设置综合测试钻孔，并随施工过程进行同步钻孔摄像和声波测试观测，掌握潜在不稳定部位的围岩力学行为；对潜在不稳定性部位开展三维数值跟踪反馈分析，在必要条件下建议加强围岩支护措施，为后续围岩动态支护设计提供依据。

（3）采用三维数值仿真方法对后续开挖层中涉及的不同岩性围岩的系统支护参数优化方案开展数值模拟论证；针对性开展后续开挖层中围岩的不同变形破坏模式下开挖方案的合理论证分析，服务于快速施工；针对性开展后续开挖层中局部不良地质带的现场测试、三维数值反馈分析和局部加强支护建议，为工程围岩的合理支护设计决策提供支撑。

5.5.2 反馈分析工作成果

反馈分析工作贯穿了地下厂房洞室群开挖全过程，有效保证了地下厂房洞室群开挖围岩稳定，形成了一系列的成果。

（1）以反馈分析为核心，实现白鹤滩水电站地下厂房洞室群建设的信息化施工，将设计、施工与监测 3 个环节密切整合成有机整体；以反馈分析成果为支撑，实现开挖方案优化、支护设计优化决策的科学性。

（2）建立了基于变形增量和变形速率控制的地下厂房洞室群围岩稳定管理标准，方便、可靠地判定围岩稳定状态，确保地下厂房洞室群施工安全。

（3）在前期研究成果基础上，结合新增试验和施工期监测数据，深入认识了层间错动带力学特征和脆性玄武岩力学特征等围岩稳定的关键技术问题，并论证了工程建设中所采用的开挖方案、支护参数的合理性，获得丰富的学术性成果。

例如，关于主洞室围岩变形台阶式增长问题，大量微观观测试验表明，白鹤滩水电站厂区玄武岩有原生微裂纹和隐性裂纹，围岩变形随应力增长分为两个阶段：首先是隐性微裂纹和原生微裂纹扩展，这个时候表现为缓慢的变形增长；如果应力达到玄武岩的启裂强度（大于 40MPa），这个时候围岩破裂产生宏观裂纹，并可能伴有响声和微震现象，变形宏观表现出台阶式增长。

关于右岸厂房顶拱深部变形问题，由于高应力下深部工程硬岩在重分布的应力作用下发生破裂，破裂后形成新的自由面，即伪自由面，变形破裂并逐步向深部转移，表现出变形随时间增长，实际上是变形破裂的空间增加。南非最先发现了这个现象，定义为"多区破裂"，俄罗斯也做了大量实验发展这个理论，因此硬岩变形破裂的空间扩展表现出显著的时间效应。多区破裂的首要条件是主应力的方向需要与开挖结构的轴线方向一致，白鹤滩水电站右岸地下厂房基本满足分区破裂条件（水平主应力方向与厂房轴线方向交角约 $20°$）。

（4）通过开展反馈分析工作，对地下厂房洞室群设计、开挖、支护提出了一系列切实有效的优化建议。例如，左岸层内错动带 LS_{3152}，右岸错动带 C_3、C_4、RS_{411} 出露洞段顶拱成型差，台坎部位应力集中明显，地下厂房下卧后顶拱应力集中程度将进一步增大，建议在该部位增加小吨位的预应力锚索进行加固（第一次反馈分析）。地下厂房高边墙开挖期间，下部母线洞及尾水隧洞部位挖空率高，应研究在母线洞之间增加对穿锚索等加强支护措施的必要性，同时尽早进行母线洞衬砌，并按双向受力进行配筋（第二次反馈分析）。地下厂房第Ⅳ层及以下采用薄层开挖，中间抽槽、两侧预留保护层光面爆破，开挖过程中加强爆破振动监测，根据围岩情况进行针对性的爆破设计（第四次反馈分析）。新增预应力锚杆主要为改善上游侧拱肩应力集中的影响，抑制围岩浅层开裂，避免喷层开裂、掉块对下部施工造成安全威胁，考虑顶拱已经挂设主动防护网，施工安全风险处于可控状态，上游侧拱肩新增预应力锚杆在第四开挖试验检验后，可不作为地下厂房下部开挖的限制条件，但地下厂房正顶拱预应力锚杆及灌浆施工宜尽早实施（第五次反馈分析）等。

5.6 洞室群开挖期安全监测

白鹤滩水电站地下厂房洞室群在高地应力、玄武岩隐微裂隙发育、层间（内）错动带发育以及柱状节理发育等多因素共同作用下，开挖过程中的围岩稳定问题尤为严峻。为此，针对巨型地下洞室群的特点，开展了围岩稳定全过程、全方位的监测、反馈、不利响应处置工作。系统规划了监测仪器埋设方案，实现了地下洞室群开挖期重要部位围岩变形情况的全过程监测。根据监测成果及时调整支护补强措施和处理不利响应，确保了开挖期的围岩稳定和施工安全。

5.6.1 安全监测设计

5.6.1.1 主副厂房

左岸主副厂房的重点监测部位为主副厂房顶拱及端墙顶部分布的第二类柱状节理玄武岩、斜切边墙底部的 $P_2\beta_2^4$ 层凝灰岩以及其中的层间错动带 C_2、出露在厂房顶拱附近的层内错动带等；右岸主副厂房的重点监测部位为受层间错动带 C_3、C_{3-1}、C_4、C_5 影响的区域。

根据重点监测部位的监测需要，分别在左岸、右岸主副厂房各布置了 8 个、9 个监测断面。左岸、右岸地下厂房典型监测断面布置分别如图 5.6-1 和图 5.6-2 所示。主要监测项目包括围岩深部变形、支护结构受力、围岩应变、围岩松弛、错动带结构面变形、岩壁吊车梁结构受力等。

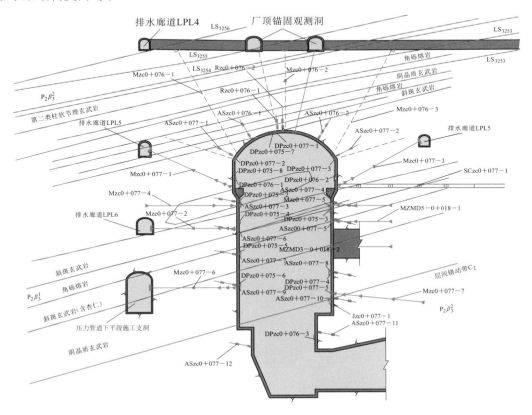

图 5.6-1　左岸地下厂房典型监测断面布置图

（1）围岩深部变形监测。围岩深部变形采用多点位移计进行监测，测点分布在顶拱、两侧拱脚、上下游边墙（上部、中部、底部）。在主副厂房开挖前，结合各锚固观测洞和排水廊道提前安装多点位移计，以掌握洞室开挖全过程的变形情况。

（2）支护结构受力监测。为了监测支护结构的受力情况，与多点位移计相对应，布置了锚杆应力计和锚索测力计。

（3）围岩应变监测。在厂房关键监测断面，选择部分监测孔布置光纤光栅位移计和滑动测微孔，以监测围岩应变情况。

（4）围岩松弛监测。在左、右岸主副厂房洞布置一次性声波检测孔和声波检测长观孔观测围岩松弛变形情况。

（5）错动带结构面变形监测。在左、右岸厂房主要层间错动带 C_2、C_3、C_{3-1}、C_4 边墙的出露部位布设位错计，监测结构面上下盘的错动情况。

（6）岩壁吊车梁结构受力监测。根据吊车梁内部混凝土应力及锚杆应力的分布情况，沿吊车梁布置 11 个监测断面，监测项目包括接缝开合度、岩壁梁垂直位移、锚杆应力、

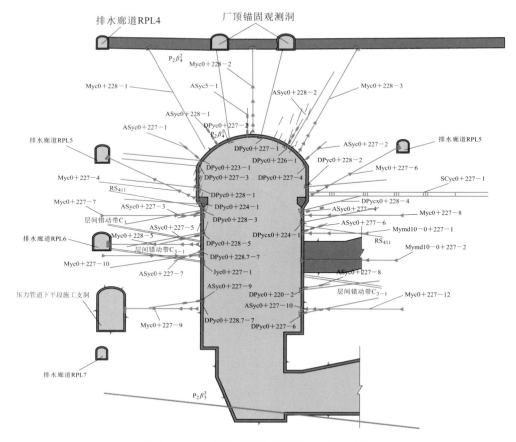

图 5.6-2　右岸地下厂房典型监测断面布置图

钢筋应力和接触面压应力。监测布置如图 5.6-3 和图 5.6-4 所示。

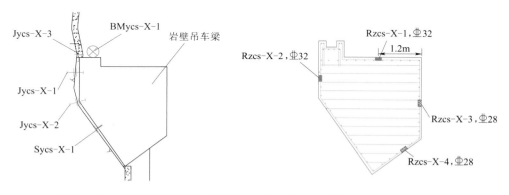

图 5.6-3　右厂岩壁吊车梁测缝计、压应力计、水准点、钢筋计典型布置图

5.6.1.2　主变洞

左岸主变洞的监测重点为凝灰岩层出露的边墙下游侧、陡倾角的小断层出露部位、层间错动带 C_2 斜穿的洞室下游侧边墙部位。右岸主变洞监测重点为结构面斜切上游侧顶拱

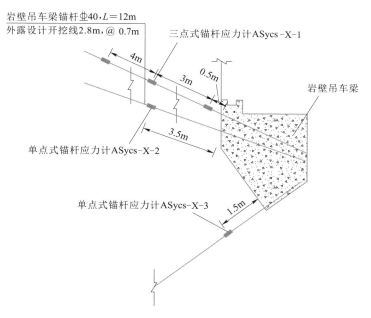

岩壁吊车梁锚杆₤40，L＝12m
外露设计开挖线2.8m，@ 0.7m

三点式锚杆应力计ASycs-X-1

岩壁吊车梁

4m

3m

0.5m

单点式锚杆应力计ASycs-X-2

3.5m

单点式锚杆应力计ASycs-X-3

1.5m

图 5.6-4 右厂岩壁吊车梁锚杆应力计典型布置图

及端墙的凝灰岩和层间错动带 C_4 的影响部位、顶拱上游侧处受层间错动带 C_4 和长大裂隙 T_{806} 组合影响部位、上游侧端墙受小断层 f_{814} 与层间错动带 C_4 组合影响部位。

根据选择的监测重点部位，分别在左、右岸各布置 4 个、5 个主要监测断面。主要监测项目为围岩表面及深部变位、支护结构受力等。

5.6.1.3 尾水管检修闸门室

尾水管检修闸门室边墙高达 130m，高边墙的大变形问题比其他洞室相对突出，围岩变形为重点监测项目。根据地质条件，左、右岸各选择 4 个主监测断面。主要监测项目包括围岩变形、支护结构受力、岩壁吊车梁结构受力等。左岸尾水管检修闸门室及岩壁梁典型监测布置如图 5.6-5 所示。

5.6.1.4 尾水调压室

尾水调压室层间错动带 C_2、C_4、C_5 影响部位为重点监测部位。每个调压室沿中心线布置 1 个纵断面，沿水流方向布置 1 个横断面。主要监测项目包括围岩变形、结构面错动变形、支护结构受力。左岸尾水调压室典型监测布置如图 5.6-6 所示。

5.6.1.5 尾水连接管及尾水隧洞

尾水连接管以受层间错动带影响区域为重点监测部位。左、右岸各选择 3 条尾水连接管作为监测对象，每条尾水连接管内设置 2 个监测断面，分别布置在断面渐变部位和靠近尾水管检修闸门井部位；并在左、右岸各选择 2 个岔管为监测对象，沿分岔中心交汇附近各布置 1 个监测断面。主要监测项目有围岩变形、支护结构受力等。在顶拱及左、右边墙中部各布置多点位移计监测围岩变形，布置锚杆应力计监测支护受力。左岸尾水连接管和岔管典型监测布置如图 5.6-7 所示。

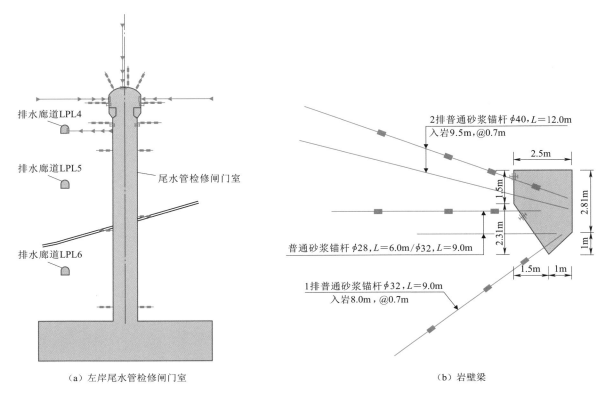

（a）左岸尾水管检修闸门室　　　　　　　　（b）岩壁梁

图 5.6-5　左岸尾水管检修闸门室及岩壁梁典型监测布置图

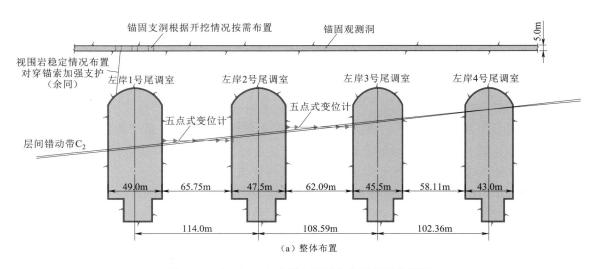

（a）整体布置

图 5.6-6（一）　左岸尾水调压室典型断面布置图

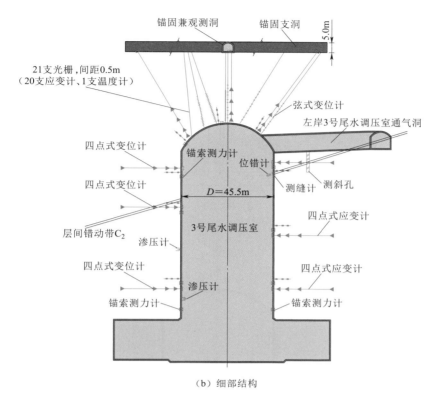

（b）细部结构

图 5.6-6（二）　左岸尾水调压室典型断面布置图

选择与导流洞相结合的尾水隧洞作为主要监测对象，设置 3 个监测断面，布置在尾水隧洞与导流洞结合的岔洞处、尾水隧洞检修闸门室洞后至尾水隧洞出口段等部位，并对其他尾水隧洞地质条件较差处进行监测。主要监测项目有围岩变形、支护锚杆应力等。

5.6.2　监测仪器布置与资料整编

白鹤滩水电站左、右岸引水发电系统总计布置安全监测仪器 6311 支，截至 2022 年 12 月，仪器完好率高达 94%以上，满足工程安全监测需要。安全监测仪器布置统计如表 5.6-1 所示。

表 5.6-1　安全监测仪器布置统计表

部　　　位	监测仪器数量/支	损坏数量/支	完好率/%
左岸引水发电系统	3194	147	95.40
右岸引水发电系统	3117	211	93.23
总　　计	6311	358	94.33

针对采集到的安全监测数据，重点围绕以下几个方面开展分析与研究工作。

（1）分析厂房和洞室开挖期围岩变形的动态发展过程，围岩变形主要受开挖、爆破和支护措施等因素的影响，通过对比围岩变形总量、变形速率与技术预警值的大小，判断洞室

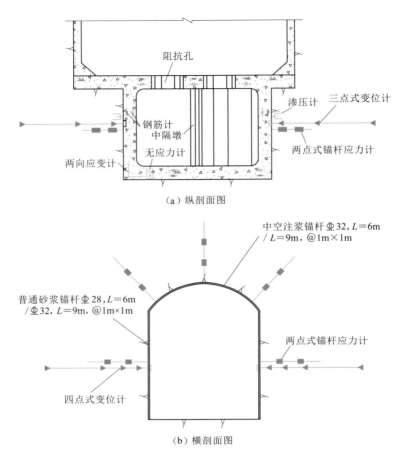

（a）纵剖面图

（b）横剖面图

图 5.6-7　左岸尾水连接管和岔管典型监测布置图

岩体的变形趋势、可能出现的异常情况等，并及时报警、提出合理的处理措施与建议。

（2）分析开挖期锚杆应力的动态变化过程，计算锚杆的最大应力及应力增量，并计算锚杆应力达到屈服强度的百分比。

（3）分析开挖期锚索锚固力的动态变化情况，判断锚索受力情况和支护效果。

（4）分析岩壁梁锚杆的受力情况、吊车运行期间岩壁梁混凝土与岩壁接缝开合度的变形情况，判断岩壁梁的运行状况。

（5）开挖期、基坑回填期错动带深部岩体的变形，岩壁的错动及支护荷载的相应变化规律，判断厂区错动带置换混凝土结构对厂房边墙的加固效果。

5.6.3　围岩监测反馈与不利响应处置

5.6.3.1　左岸层内错动带部位的厂房开挖

1. 监测成果的反馈与分析

受地应力场、地质构造的影响，随着洞室开挖高度的增加，左岸主厂房南侧上游拱脚及高边墙在逐层下挖过程中产生大变形和支护荷载明显增长的现象。在左岸厂房第Ⅳ层~

第Ⅶ层的开挖期间，桩号 0-012m～0+076m 区段上游拱脚至岩台梁范围的围岩变形和锚索预应力出现了较大增幅，层内错动带对开挖响应较为强烈，影响到厂房围岩的稳定性。

分析监测成果可知，自第Ⅳ层开挖始，厂房南侧桩号 0-012m、0+018m 上游岩梁部位围岩变形增幅显著并有增大的趋势；第Ⅴ层开挖时，厂房南侧桩号 0+018m 和 0+076m 上游拱脚围岩变形增幅明显；其中第Ⅵ层开挖变形增幅达到 25.48mm，各层开挖围岩变形增幅分布如图 5.6-8 所示。

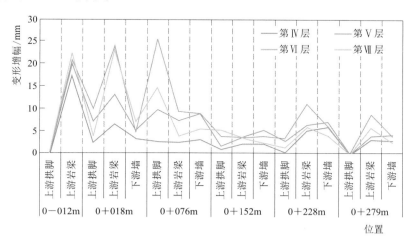

图 5.6-8　左岸厂房第Ⅳ层～第Ⅶ层开挖围岩变形增幅分布图

厂房南侧桩号 0-012m、0+018m 上游岩壁梁围岩变形主要发生在超过 15m 的深层围岩中，如图 5.6-9 所示。结合钻孔资料可知，此区域为上游顶拱的层内错动带发育影响区。

在左岸厂房南侧桩号 0-012m～0+076m 洞段上游拱脚围岩变形增长的同时，相应部位的锚索预应力荷载同步产生显著增长，如图 5.6-10 所示。

从地质条件来看，桩号 0-012m～0+076m 区段上游侧拱脚及岩台部位处于 LS_{3152}、LS_{3253}、LS_{3254} 等层内错动带及陡倾角节理密集带影响区，围岩结构面发育且发育深度较大，左岸厂房桩号 0-012m 地质剖面典型围岩变形测点与地质构造空间关系如图 5.6-11 所示。

2. 围岩变形原因分析

结合断面地质条件可知：围岩变形主要由深层围岩层内错动带及其伴生节理裂隙扩展引起。当开挖面较小时，围岩承载圈范围在结构面边界以内，结构面围岩尚处于弹性状态，此时上游拱脚及高边墙卸荷松弛深度较小，相应变形量值较低。当洞室继续下挖，开挖断面尺寸足够大时，塑性圈内深部发展延伸至结构面发育区域，引起结构面围岩产生破裂和松弛，进而引起上游拱脚及高边墙围岩的显著变形。因此，为保证工程安全，需要在下层开挖前加强深层支护，以保证围岩稳定。

3. 工程处置技术措施

为限制桩号 0-012m～0+076m 区域上游拱脚围岩变形，削弱厂房进一步下挖引起的应力调整强度，保证周边洞室的围岩稳定安全，采取了以下工程措施。

（1）在左岸主厂房左厂 0-039.6m～0+160m 段上游拱肩及边墙部位增加了 3 排共 147

束 2500kN 预应力锚索，如图 5.6-12 所示。

（2）高边墙开挖采用中间抽槽、两侧预留保护层的开挖方式，薄层小梯段开挖、控制爆破、支护紧随。每层开挖高度不宜超过 5m，分层分序开挖前必须完成上序支护。

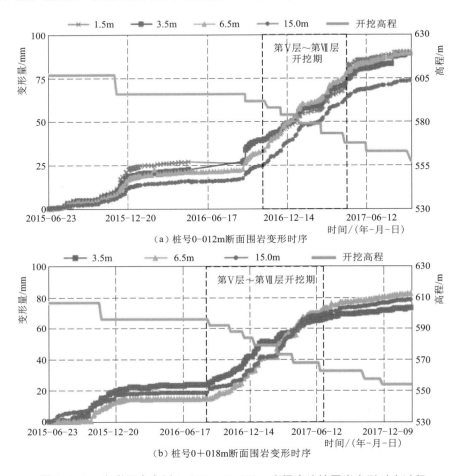

（a）桩号0-012m断面围岩变形时序

（b）桩号0+018m断面围岩变形时序

图 5.6-9　左岸厂房南侧 0-012m～0+018m 岩梁高边墙围岩变形时序过程

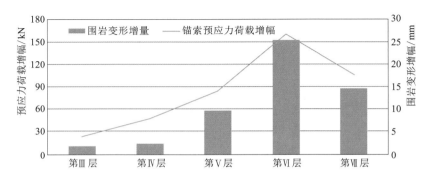

图 5.6-10　左岸厂房南侧桩号 0+076m 上游拱脚围岩变形增幅
及锚索预应力荷载增幅特征

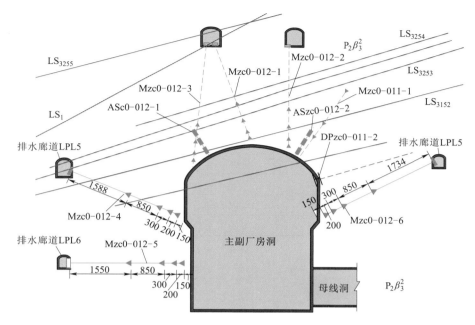

图 5.6-11　左岸厂房桩号 0-12m 地质剖面典型围岩变形测点与地质构造空间关系图（单位：cm）

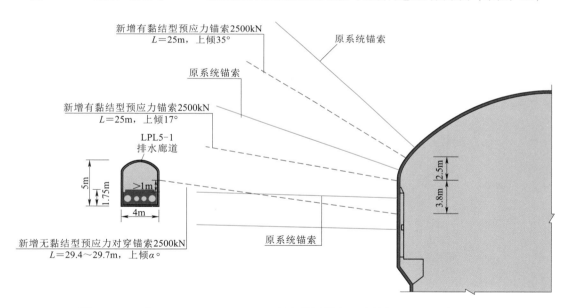

图 5.6-12　左厂 0-039.6m~0+160m 段上游侧拱肩及边墙部位新增锚索布置图

4. 处理效果

在加固措施实施后，后续开挖过程中围岩变形增量显著降低。如表 5.6-2 所示，第Ⅷ层最大变形增量为 7.57mm，仅为第Ⅶ层开挖围岩最大增量值的 32.9%。左厂 0-012m~0+076m 洞段上游拱脚至岩壁梁部位围岩变形和支护荷载典型测点时序过程曲线分别如图 5.6-13 和图 5.6-14 所示。根据监测成果，围岩变形和支护荷载在实施深层围岩预应力补强措施之后逐渐收敛，拱脚至岩台梁部位围岩整体趋于稳定状态，补强方案取得了显著成效。

表 5.6-2　左岸地下厂房第Ⅳ层～第Ⅸ层开挖围岩变形增量统计表　　　单位：mm

部　位	0-012m		0+018m		0+076m	
	上游拱肩	上游岩梁	上游拱肩	上游岩梁	上游拱肩	上游岩梁
第Ⅳ层	0.32	17.37	2.4	6.44	2.54	2.4
第Ⅴ层	1.12	20	7.06	13.16	9.78	7.3
第Ⅵ层	0.59	20.92	9.94	24.07	25.48	9.44
第Ⅶ层	0.01	22.48	3.78	23.03	14.77	3.79
第Ⅷ层	0.1	6.78	2.02	6.08	7.57	0.51
第Ⅸ层	0.01	0.75	0.3	1.58	11.49	1.33

图 5.6-13　上游拱脚（高程 616.85m）Mzc0+018-1 变形时序过程线

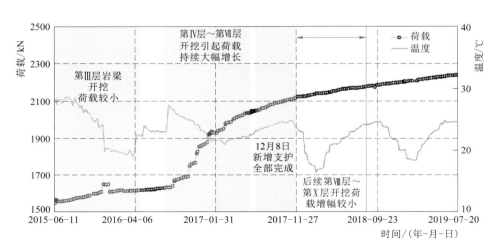

图 5.6-14　左厂锚索测力计 DPzc0+076-1（上游边墙高程 608.90m）
预应力时序过程线

5.6.3.2　左岸 C_2 层间错动带部位的厂房开挖

1. 监测成果的反馈与分析

左岸厂房层间错动带 C_2 斜切两侧边墙，上游边墙揭露高程较下游低约 9m，层间错动带 C_2 在下游边墙的出露高程为 600.00（北侧安装间）～562.90m（南侧副厂房），如图 5.6-15 和图 5.6-16 所示。在左岸厂房下游墙的逐层下挖过程中，层间错动带 C_2 依次出露，由于层间错动带 C_2 岩质软弱，揭露之后对边墙稳定有一定影响。

图 5.6-15　厂房北侧开挖过程中层间错动带 C_2 影响洞段变形破坏

图 5.6-16　厂房南侧下游墙层间错动带 C_2 影响洞段变形破坏

在左岸厂房安装间第Ⅲ层开挖期间，在桩号 0+328m、高程 595.00m 处揭露了错动带 C_2。监测结果显示，该部位围岩变形增量为 13.3mm。在安装间第Ⅳ层开挖期间，围岩变形增量为 9.95mm。在此后的开挖过程中，0+328m 断面围岩变形持续缓慢增长，增量为 20.1mm，且围岩变形集中产生于错动带 C_2 附近（12.0～13.4m 区段），围岩位移速率变化过程曲线如图 5.6-17 所示。

随着厂房的下挖，错动带 C_2 在下游墙揭露范围逐渐增大，3 号、4 号母线洞内（0+

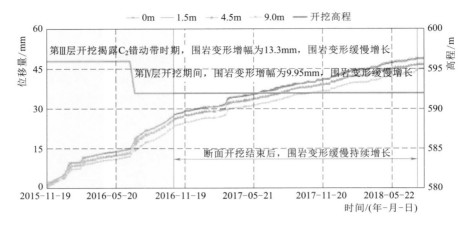

图 5.6-17　桩号 0+328m 下游边墙高程 599.00m 围岩位移速率变化过程

076m~0+114m）针对 C_2 的测斜孔（近厂房侧）均监测到异常大变形导致测孔失效的现象，后通过补装恢复观测。浅层围岩 C_2 剪切变形分别达到 52.91mm 和 30.43mm，测斜孔位移分布曲线如图 5.6-18 所示。

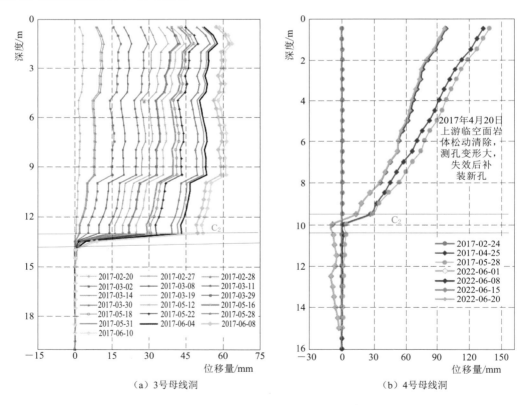

（a）3号母线洞

（b）4号母线洞

图 5.6-18　3 号（0+076m）、4 号（0+114m）母线洞近厂房侧测斜孔位移分布曲线

　　左岸厂房中部（0+124m~0+153m）C_2 揭露部位高程约为 573.00m，第 VI_2 层开挖揭露错动带时出现了大变形和支护荷载同期显著增长的趋势，围岩变形增量最大达到

66.44mm，表面位错增量为 20.16mm，变形以错动带变形为主，如图 5.6-19 所示。相应的深层支护锚索荷载增量达到 384.4kN，如图 5.6-20 所示。

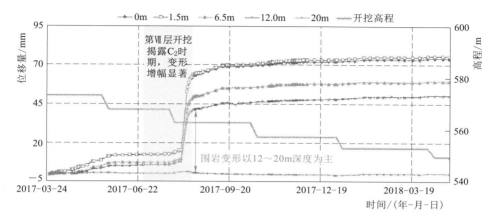

图 5.6-19　左厂 0+153m 下游边墙高程 576.70m 处围岩变形时序过程曲线

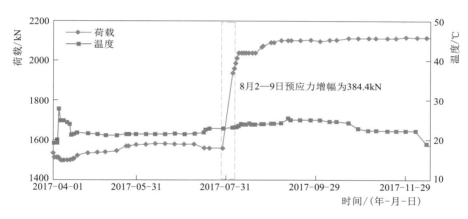

图 5.6-20　下游边墙高程 578.20m 处锚索测点 DPzc0+157-1 预应力时序过程线

同期，现场巡视发现近厂房侧母线洞已有裂缝，块体有滑塌趋势，表现出明显结构面切割引致块体失稳的特征，如图 5.6-21 所示。

2. 围岩变形原因分析

错动带结构面岩性软弱，易产生相对错动剪切变形，同时浅表层伴生的原生及次生裂隙会引起显著的松弛变形和变位。有限元计算成果表明：最大主应力倾向于上游与厂房纵轴线大角度相交，易在上游拱肩和下游侧帮形成应力集中，加剧浅表层的应力型破裂和开挖松弛变形。从洞室群尺度来看，贯穿厂房及主变洞的层间错动带 C_2 上盘岩柱由于解除了围压和约束作用，必然会存在整体的变位，表现为北侧断面停止开挖后深层围岩持续缓慢变形。

监测成果与以上理论分析结果一致。监测成果表明：厂房北侧深层围岩持续缓慢增长，厂房南侧及中部浅层错动带 C_2 上下盘产生剪切变形突变，揭露区表层块体易松弛或塌落，深层围岩产生了一定的剪切变形。

图 5.6-21　左岸地下厂房第 VI_2 层下游侧边墙桩号左厂
0+156m～0+145m 段塌落

3. 工程处置技术措施

为控制错动带周边浅表层围岩的松弛及深层持续缓慢增长的趋势，提高 C_2 上盘围岩的整体性，对左岸厂房下游边墙 C_2 影响范围的支护进行了动态优化调整，具体措施如下。

（1）在原上排锚索上部 2.4m 增加一排 2500kN 压力分散型预应力锚索，锚索长 35m，上倾 10°，同时将原来针对性布置的 2 排 2500kN 压力分散型预应力锚索长度由 25m 调整到 35m。调整后的典型支护横剖面如图 5.6-22 所示。

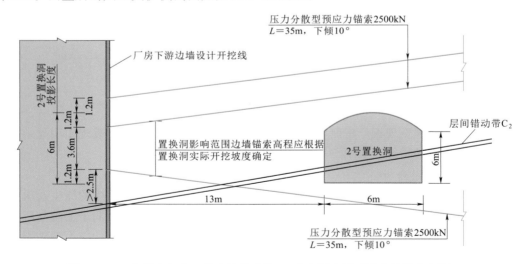

图 5.6-22　左岸主厂房下游边墙错动带 C_2 上盘围岩针对性支护锚索布置图

（2）将左岸厂房左厂 0-039.6m～0+088.8m 段下游边墙层间错动带 C_2 预应力锚索间距由 3.8m 调整到 2.4m，并增加 3 排有黏结型预应力锚索。

4. 处理效果

在实施加强支护措施后的后续开挖过程中，层间错动带 C_2 在下游墙的剪切变形趋于稳定。在第Ⅷ层的开挖期间，揭露错动带区的围岩变形增量相较第Ⅵ～第Ⅶ层开挖时已明显降低，围岩变形增量最大为 13.26mm，只有上层开挖最大增量的 19.9%，错动带剪切变形和锚索荷载也有显著下降。监测成果如表 5.6-3 所示。

表 5.6-3　左岸地下厂房下游墙揭露错动带 C_2 监测数据统计表

部　位	围岩变形 /mm		测斜孔错动带剪切 位移/ mm		锚索预应力 /kN		表面位错 /mm	
	0+076	0+152	0+076	0+152	0+076	0+152	0+076	0+124
第Ⅵ～第Ⅶ层	11.2	66.44	47.1	29.0	−41.7	571.8	−0.41	20.16
第Ⅷ层	3.06	13.26	2.13	−3.54	145.4	5.7	0.09	1
第Ⅸ层	3.06	7.21	1.04	−5.81	214.4	91.8	0.37	−0.21

加强支护实施后，3 号、4 号母线洞测斜孔剪切变形逐渐趋于收敛，如图 5.6-23 和图 5.6-24 所示，表明加强支护对错动带 C_2 剪切变形起到了有效的抑制作用。

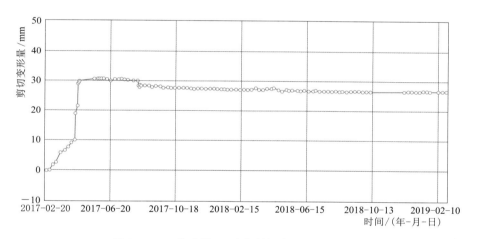

图 5.6-23　错动带 C_2 浅部剪切变形时序过程线

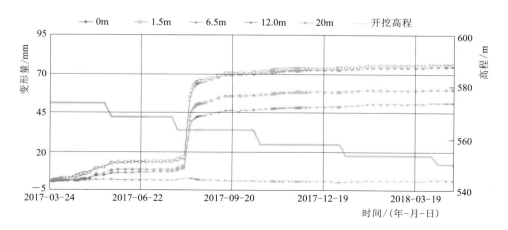

图 5.6-24　错动带 C_2 深部围岩变形监测时序过程线

5.6.3.3 右岸层间错动带 C_4 部位的厂房开挖

1. 监测成果的反馈与分析

右岸厂房第Ⅶ层开挖时，厂房南侧桩号 0-056m~0-020m 监测成果出现异常，顶拱-下游拱脚-下游边墙高程 590.00m 的围岩变形持续增长，边墙岩壁梁部位围岩变形累计突破 160mm，顶拱部位围岩变形累计达到 120mm，下游边墙和顶拱围岩的异常变形威胁到地厂洞室的稳定性。

下游边墙至顶拱围岩变形分布如图 5.6-25 所示，典型多点变位计变形时序过程线如图 5.6-26 所示。由多点位移计监测成果可知，0-040m 顶拱和 0-056m 下游高边墙高程 605.00m 围岩变形主要发生在距离开挖面 6.5m 以内，而在 0-056m 下游边墙高程 593.00m 部位围岩变形超过了 9m。

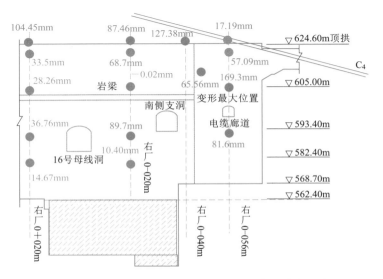

图 5.6-25 右岸厂房下游边墙至顶拱围岩变形分布示意图

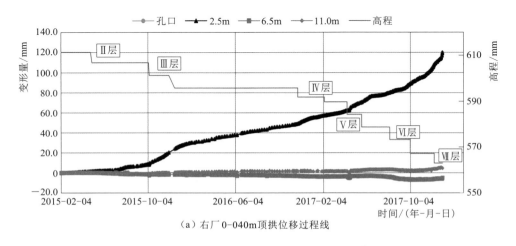

（a）右厂 0-040m 顶拱位移过程线

图 5.6-26（一） 右厂 0-040m 顶拱和 0-056m 下游边墙变形时序过程线

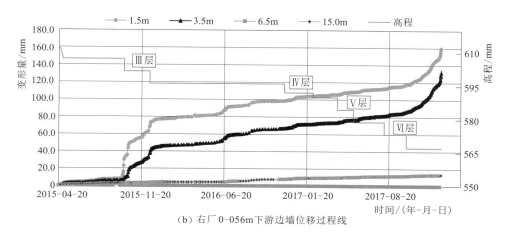

（b）右厂 0-056m 下游边墙位移过程线

图 5.6-26（二） 右厂 0-040m 顶拱和 0-056m 下游边墙变形时序过程线

同期桩号 0-056m～0-020m 区域下游边墙、下游拱脚至顶拱部位锚索测力计受力同步持续增长，且锚索预应力超过了设计值，成果如表 5.6-4 所示。

表 5.6-4 右厂 0-055m 顶拱和下游测边墙锚索测力计成果统计表 单位：kN

锚索测力计和部位	锁定荷载	当前荷载	设计荷载
DPyc0-054-1 顶拱 650m	1781.58	2752	2000
DPyc0-055-1 下游拱脚 616m	1617.25	2235	2000
DPyc0-045-1 下游拱脚	1839.17	2238	2000
DPyc0-047-1 下游边墙 611m	1857.00	2541	2500
DPyc0-054-4 下游边墙 608m	1555.00	3496	2500
DPyc0-059.7-2 下游边墙 587m	1505.48	3004	2500

同期的现场巡视发现，顶拱和下游边墙有多处明显裂缝和喷层混凝土开裂现象，如图 5.6-27 所示。

（a）下游边墙裂缝

（b）南侧支洞裂缝

图 5.6-27 右厂小桩号下游边墙裂缝和南侧支洞混凝土开裂

2. 围岩变形原因分析

白鹤滩水电站厂区玄武岩隐微裂隙发育，具有"硬、脆"特性，而特定部位的应力集中会加剧岩体破裂及松弛变形。有限元计算成果显示，在高构造应力环境中，各开挖分区的特定部位，比如顶拱和下游边墙墙角，均会产生明显的应力集中，其中顶拱的应力集中区随着下挖有向深部发展的趋势，而下游边墙的应力集中区则会在后续下挖中形成松弛区。

顶拱总体为应力集中区，而下游边墙为卸荷松弛区。顶拱应力集中程度持续增大，导致顶拱浅层破裂松弛深度加剧，桩号 0-040m 顶拱多点位移计在第Ⅲ层至第Ⅵ层开挖期间变形均有增长也反映了这一现象。错动带 C_4 影响部位变形过程示意图如图 5.6-28 所示。

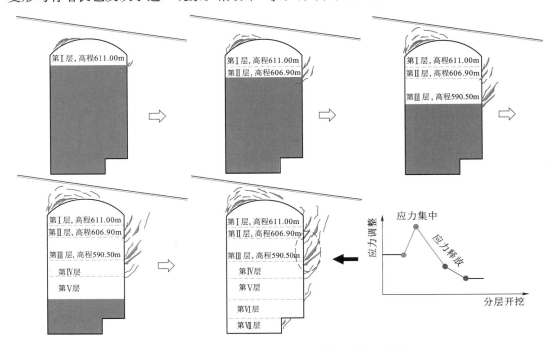

图 5.6-28　错动带 C_4 影响部位变形过程示意图

从右岸主厂房地质剖面图可以看出，层间错动带 C_4 在桩号 0-056m 顶拱附近出露，错动带 C_4 切割破坏了顶拱围岩的完整性，导致 C_4 下盘破碎区域无法有效形成承载拱。由此导致错动带 C_4 影响部位边墙在下挖过程中应力调整范围和程度大于其他洞段，围岩变形相应地显著大于其他部位。

随着厂房不断下挖，岩体破裂发展不断累积，当承载平衡状态被打破，错动带 C_4 下盘强卸荷效应会引起一次大的岩体应力和变形调整，顶拱和边墙松弛开裂深度扩展而发生较大变形。因此需要采取应急加固措施，确保厂房安全。

3. 工程处置技术措施

为提高右岸主副厂房洞顶拱及下游边墙围岩的稳定性，增加运行期围岩永久稳定的安全裕度，对层间错动带 C_4 影响部位主要采取以下处理措施。

（1）针对右厂 0+040m～0+140m 段，采取了挂设主动防护网、内插预应力锚杆、增加对穿锚索和端头锚索等应对措施，新增对穿锚索 82 束，顶拱、拱肩、边墙等部位增加端头锚索 558 束，特别是提早完成岩壁吊车梁和构造柱施工，提前安装厂房顶拱台车，为后续厂房顶拱补强加固和喷层开裂排险处理提供了保障。

（2）针对右厂 0-075.4m～0+032.8m 段，采取补强加固的措施：下游边墙和顶拱补强大吨位锚索，快速控制围岩变形趋势，同时加强相应监测措施。比如，在顶拱新增 2500kN 有黏结型预应力锚索共 252 束；在下游边墙新增 3000kN/2500kN 有黏结型预应力锚索共 195 束；在副厂房南侧端墙新增 3000kN 有黏结型预应力锚索共 41 束。右岸厂房小桩号下游边墙应急加固场景如图 5.6-29 所示。

（3）针对右厂小桩号周边发生破坏的小洞室，加固钢筋混凝土衬砌。比如，在右岸进厂交通洞南侧-2 支洞增设衬砌钢筋混凝土；对厂顶锚固观测洞进行混凝土回填封堵。

（4）将右岸厂内集水井外移，调整到副厂房南侧山体内，同时小桩号区域尽量减少爆破开挖，避免集水井和小桩号区域爆破开挖导致厂房顶拱应力集中现象进一步加强，并对副厂房混凝土进行"板加厚、柱改墙、顶戴帽"结构性的强化。

图 5.6-29　右岸厂房小桩号下游边墙应急加固场景

4. 处理效果

加强支护措施实施后，顶拱及下游边墙围岩变形增长速率明显减少，变形曲线趋于平稳，小桩号段围岩变形月变化量与开挖支护对应过程线如图 5.6-30 和图 5.6-31 所示。后续第Ⅷ层至第Ⅹ层开挖期间，顶拱和下游边墙围岩变形均无明显变化，表明加固措施取得较好效果。2019 年 6 月后该区域顶拱围岩变形总体趋于收敛。

加固措施完成后，小桩号顶拱和下游边墙锚索荷载总体稳定，如图 5.6-32 和图 5.6-33 所示，新增锚索均未超过设计值。

5.6.3.4　右岸层间错动带 C_4 部位的 8 号尾水调压室开挖

1. 监测成果的反馈与分析

2019 年 5 月 1 日，右岸 8 号尾水调压室井身段在逐层下挖过程中，发生较大的岩体卸荷，卸荷时发生爆裂声响，当日监测成果显示 8 号尾水调压室围岩变形突增，24h 增量达 25mm。5 月 1—7 日，8 号尾水调压室共计发生 25 次不同程度岩体卸荷爆裂声响，且围岩变形持续增长，其间增量 40.17mm，累计变形 105.50mm，尾水调压室井壁喷护混凝土层出现明显开裂，有约 10 束锚索破坏、3 束监测锚索荷载突降。岩爆导致 8 号尾水调压室井壁出现开裂掉块现象，部分开裂情况如图 5.6-34 所示。

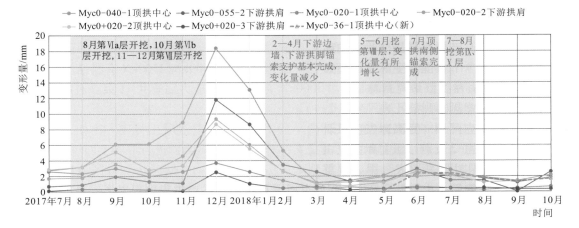

图 5.6-30　右厂小桩号顶拱围岩变形月变化量过程线图

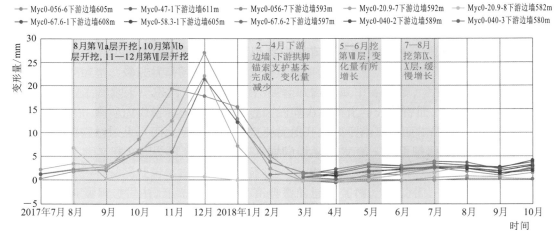

图 5.6-31　右厂小桩号下游边墙围岩变形月变化量过程线图

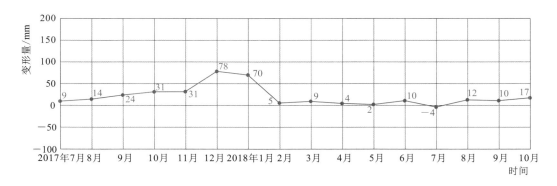

图 5.6-32　右厂小桩号顶拱锚索荷载变形月变化量均值过程线图

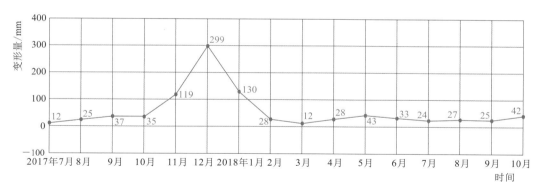

图 5.6-33　右厂小桩号下游边墙锚索荷载变形月变化量均值过程

（a）开裂处1

（b）开裂处2

图 5.6-34　8 号尾水调压室井壁多处开裂

2. 围岩变形原因分析

从地质剖面分布可知，右岸 8 号尾水调压室井身段被层间错动带 C_4 斜切。受高地应力影响，8 号尾水调压室井身上部层间错动带 C_4 部位随下部持续开挖产生应力集中，围岩出现时效变形破裂，引起锚索荷载突降和喷混凝土层开裂等异常情况。由于原有系统支护的锚固力不足，破裂范围还会发展，存在塌方的风险，因此需及时补强加固以限制破裂范围的扩展，确保围岩长期稳定。

3. 工程处置技术措施

针对围岩变形险情，迅速组织搭设高排架进行补强支护施工，主要措施包括：

（1）喷层开裂区域挂设双层主动防护网进行防护。

（2）增加 193 束全长黏结型预应力锚索，预应力为 2500kN、3000kN、3500kN，对应长度为 25m、30m、35m。

（3）喷层开裂区域增加多点变位计及锚索测力计进行加强监测。

4. 处理效果

2019 年 10 月 31 日，8 号尾水调压室井身段加强支护全部完成，启动底板基础清理，由加强支护转入混凝土施工。补强加固完成后，围岩变形及锚索荷载逐渐收敛，并保持在稳定状态，变形监测成果如图 5.6-35 所示。右岸 8 号尾水调压室围岩变形应急加固效果如图 5.6-36 所示。

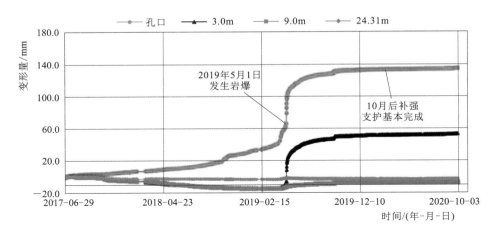

图 5.6-35　右岸 8 号尾水调压室典型围岩变形监测成果

图 5.6-36　右岸 8 号尾水调压室围岩变形应急加固效果

5.7　洞室群的围岩稳定评价

　　白鹤滩水电站地下厂房洞室群自 2014 年 6 月开工建设以来，面对复杂的地质条件，针对超大规模地下洞室群围岩稳定这一核心关键技术问题，从岩石的力学特性研究出发，开展了大量的专题研究，制订了科学合理的设计与施工方案，并在实施过程中逐层进行变形反馈分析，不断进行动态支护设计和施工方案优化，步步为营、谨慎周密地组织工程建设，于 2018 年 12 月完成洞室群的开挖与支护。综合地质条件、地应力场、安全监测和物探检测成果，通过数值分析计算对地下厂房洞室群的围岩稳定性进行了复核和评价。

5.7.1　左岸地下洞室群围岩稳定复核

5.7.1.1　围岩变形

左岸地下洞室群开挖过程变形的实测情况、反馈分析计算变形情况如表 5.7-1、图 5.7-1 和图 5.7-2 所示。左岸地下厂房典型监测断面的围岩变形分布如图 5.7-3 所示。

表 5.7-1　左岸地下厂房开挖过程变形增量统计　　　　　单位：mm

开挖步	变形量	一般洞段			特殊洞段		
		上游边墙	下游边墙	顶拱	上游边墙	下游边墙	顶拱
第Ⅰ层	实测	—	—	5~15	—	—	10~37
	预测	—	—	10~20	—	—	20~40
第Ⅱ层	实测	1~8	1~7	0~4	10~24	13~27	2~12
	预测	5~15	5~15	3~5	10~25	10~25	5~10
第Ⅲ层	实测	2~12	2~10	1~4	11~28	15~35	2~13
	预测	5~18	5~15	1~4	16~25	14~20	4~8
第Ⅳ层	实测	2~10	2~11	0~3	10~16	12~19	4~6
	预测	5~12	5~16	1~3	10~20	15~25	2~4
第Ⅴ层	实测	3~15	4~13	0~5	14~23	25~28	5~10
	预测	5~15	5~20	2~5	10~25	15~30	4~8
第Ⅵ层	实测	4~20	3~12	0~4	15~26	10~18	5~24
	预测	5~15	10~20	1~4	10~25	15~30	2~6
第Ⅶ层	实测	4~18	5~21	0~4	8~26	9~33	2~7
	预测	5~20	10~25	1~4	5~30	10~35	1~4
第Ⅷ、Ⅸ、Ⅹ层	实测	3~11	4~14	0~3	7~18	8~19	1~4
	预测	5~20	10~25	1~4	5~30	15~35	1~5
开挖完成后的总变形量		30~65	35~75	15~40	50~85	65~100	30~60

注　1. 表中统计的变形增量为因本层开挖产生的变形增量。
　　2. 特殊洞段主要是指受层间错动带 C_2 交切影响的洞段，C_2 在各层出露的桩号不同；第Ⅷ、Ⅸ、Ⅹ层实际监测断面部位与开挖高程段有一定差异。
　　3. 表中的"开挖完成后的总变形量"为厂房开挖完成后的边顶拱累计变形量。

左岸地下厂房开挖完成后，厂房顶拱及拱肩累计变形一般为 18~48mm；厂房边墙中下部的变形有一定的增加，特别是层间错动带 C_2 斜切的 1 号~4 号机组段。边墙高程 605.00m 最终累计变形在 35~80mm 之间，高程 592.00m 累计变形在 40~85mm 之间，高程 583.00m 累计变形在 40~80mm 之间，受 C_2 影响的局部变形超过 90mm；高程 572.00m 累计变形在 40~85mm 之间，受 C_2 影响的局部变形超过 100mm。依据目前的监测成果和支护系统受力情况，左岸厂房洞室围岩总体处于稳定状态。

在主变洞开挖完成后，顶拱最终变形量为 6~18mm。上游边墙变形量一般为 25~45mm，下游边墙变形为 35~65mm，受层间错动带 C_2 影响的不连续局部区域的变形可达 65~78mm。

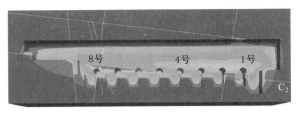

（a）上游边墙

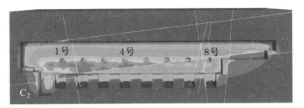

（b）下游边墙

图 5.7-1 左岸主副厂房开挖完成沿轴线的围岩变形分布特征

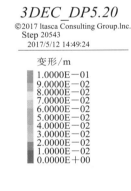
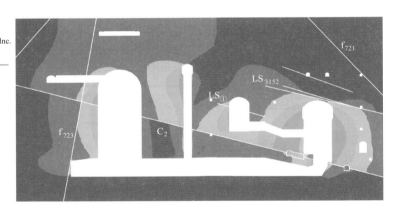

图 5.7-2 左岸地下厂房洞室群开挖完成后 1 号机组剖面的围岩变形分布特征

在尾水管检修闸门室开挖完成后，顶拱变形量为 5~10mm，局部可达 10~15mm；上游边墙变形量一般为 10~25mm，下游边墙变形一般为 15~40mm，局部受层间错动带 C_2 和不利结构面影响区域的变形可大于 40~70mm。

在尾水调压室开挖完成后，穹顶变形量在 10~25mm 之间，尾水调压室洞身变形一般为 20~60mm，局部受不利结构面影响区域的变形大于 60~70mm。

5.7.1.2 围岩应力

在左岸地下厂房机坑开挖完成后，典型机组剖面的最大主应力、最小主应力分布情况如图 5.7-4 所示，后续围岩应力调整幅度总体较小，可逐步达到应力平衡的稳定状态。

5.7.1.3 围岩松弛深度

根据主副厂房持续观测的松弛深度测试成果，机坑开挖完成后左岸地下厂房边顶拱的松弛深度反馈分析成果如图 5.7-5 所示，开挖完成后的洞室围岩松弛区处于稳定状态。

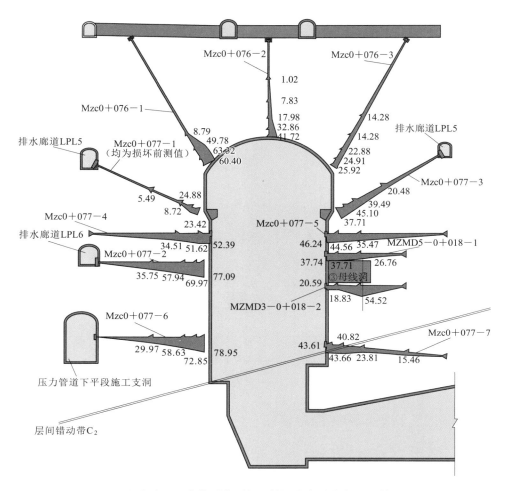

图 5.7-3　左岸地下厂房典型监测断面的围岩变形分布图（单位：mm）

（a）最大主应力

（b）最小主应力

图 5.7-4　左岸地下厂房开挖完成后典型机组剖面的主应力分布特征（单位：MPa）

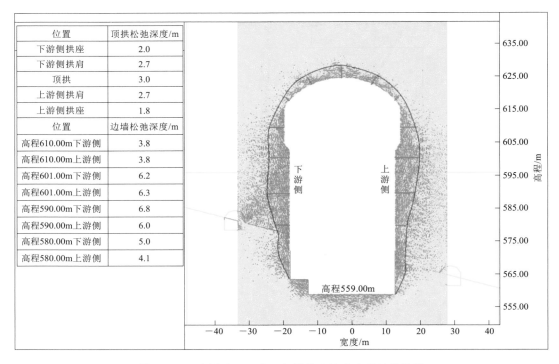

位置	顶拱松弛深度/m
下游侧拱座	2.0
下游侧拱肩	2.7
顶拱	3.0
上游侧拱肩	2.7
上游侧拱座	1.8
位置	边墙松弛深度/m
高程610.00m下游侧	3.8
高程610.00m上游侧	3.8
高程601.00m下游侧	6.2
高程601.00m上游侧	6.3
高程590.00m下游侧	6.8
高程590.00m上游侧	6.0
高程580.00m下游侧	5.0
高程580.00m上游侧	4.1

图 5.7-5　左岸地下厂房一般洞段开挖完成后的松弛区

5.7.2　右岸地下洞室群围岩稳定复核

5.7.2.1　围岩变形

右岸地下洞室群开挖完成的实测情况、反馈分析计算变形情况如表 5.7-2、图 5.7-6 和图 5.7-7 所示。右岸地下厂房典型监测断面的围岩变形分布如图 5.7-8 所示。

表 5.7-2　右岸地下厂房开挖过程变形增量统计　　　　　　　　　单位：mm

开挖步	变形量	一 般 洞 段			特 殊 洞 段		
		上游边墙	下游边墙	顶拱	上游边墙	下游边墙	顶拱
第Ⅰ层	实测	—	—	5~18	—	—	16~38
	预测	—	—	5~20	—	—	20~40
第Ⅱ层	实测	—	—	0~2	—	—	2~4
	预测	5~18	5~15	1~3	15~30	20~35	2~4
第Ⅲ层	实测	8~21	10~25	1~14	21~37	24~53	20~43
	预测	10~30	10~25	1~4	20~40	20~45	2~9
第Ⅳ层	实测	9~20	11~22	1~8	10~23	15~36	1~5
	预测	8~18	10~20	1~3	12~26	18~34	1~5
第Ⅴ层	实测	11	18	0~3	—	25	2~8
	预测	6~18	14~22	1~2	14~25	18~30	1~4

开挖步	变形量	一 般 洞 段			特 殊 洞 段		
		上游边墙	下游边墙	顶拱	上游边墙	下游边墙	顶拱
第Ⅵ层	实测	6~18	8~20	0~4	18~48	15~30	5~24
	预测	6~22	6~26	1~4	16~40	18~46	2~6
第Ⅶ层	实测	6~12	8~10	0~4	14~31	6~15	1~6
	预测	10~20	5~15	2~5	10~35	5~25	5~10
第Ⅷ层及机坑开挖	预测	8~20	5~10	0~4	10~30	10~20	5~10
开挖完成累计变形总量	预测	50~95	40~85	20~65	80~135/180	75~115/195	50~110

注 1. 表中特殊洞段为层间错动带影响洞段，累计变形为开挖完成累计变形量，顶拱未考虑时效变形。
　　2. 边墙统计数据主要考虑机组段。
　　3. 特殊洞段"/"前后数据为桩号 0+266m 和 0-055m 边墙的变形数值。

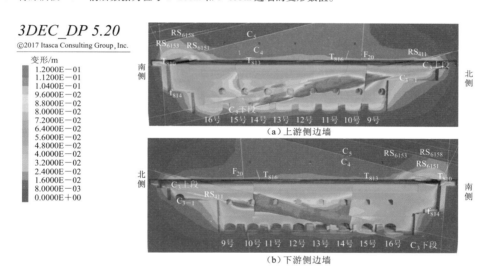

图 5.7-6　右岸地下厂房开挖完成后上下游边墙变形分布特征

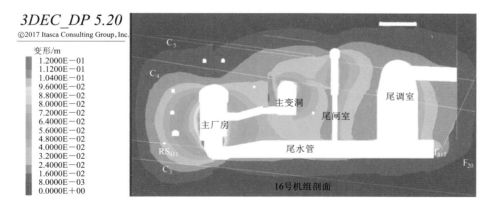

图 5.7-7　右岸地下厂房洞室群开挖完成后典型机组剖面围岩变形分布特征

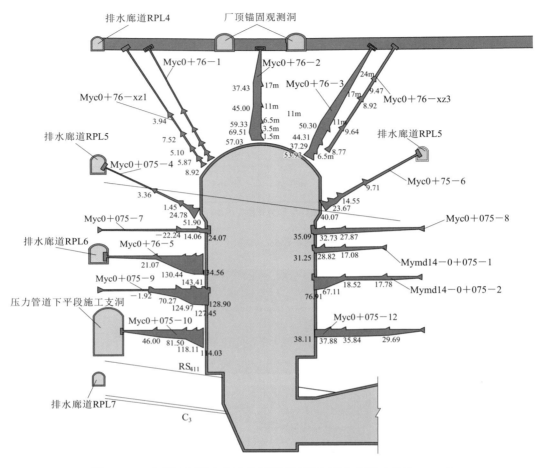

图 5.7-8　右岸地下厂房典型监测断面围岩变形分布图（单位：mm）

右岸厂房机坑开挖（第Ⅷ、Ⅸ、Ⅹ层）对厂房顶拱变形影响变形增量在 3~8mm 以内。厂房中下部的变形有一定的增加，特别是距开挖面较近的层间错动带 C_3 斜切的 13 号~16 号机组段。右岸厂房机坑开挖完成：顶拱一般洞段累积变形为 20~50mm，特殊洞段（C_4 影响洞段桩号 0-075m~0+020m）一般为 50~98mm，局部超过 115mm；上游边墙一般洞段累积变形为 40~95mm，特殊洞段变形为 80~135mm，局部部位（桩号 0+266m）变形可达 180mm 左右；下游侧边墙一般洞段累积变形为 40~85mm，特殊洞段变形为 75~110mm，局部（桩号 0-055m）部位变形可达 195mm 左右。

主变洞开挖完成，顶拱最终变形量为 10~24mm，受层间错动带 C_4 影响部位变形为 60~98mm。上游边墙变形量一般为 20~48mm，下游边墙变形量为 15~45mm。

尾水管检修闸门室开挖完成，顶拱变形量为 15~30mm，局部大于 30mm；上游边墙变形量一般为 20~45mm，下游边墙变形量一般为 35~70mm，局部受层间错动带和结构面影响变形量可大于 70mm。

尾水调压室开挖完成，穹顶变形量为 15~55mm，调压室洞身变形量一般为 25~60mm，局部受结构剖面影响大于 60mm。

5.7.2.2　围岩应力

根据反馈分析成果，右岸地下厂房机坑开挖完成后围岩主应力分布特征如图 5.7-9 所示，最大主应力超过 40MPa 的范围相对较大，但洞室应力最终将逐渐达到平衡稳定状态。

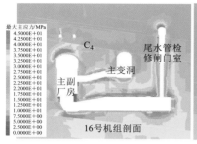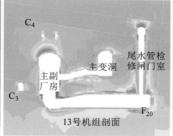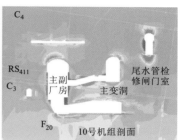

（a）最大主应力

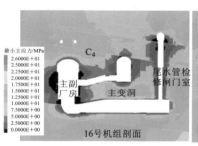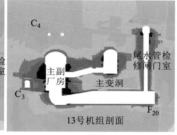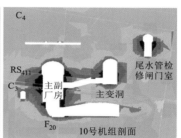

（b）最小主应力

图 5.7-9　右岸地下厂房开挖完成后典型机组剖面主厂房围岩主应力分布特征

5.7.2.3　围岩松弛深度

根据主副厂房持续观测的松弛深度测试成果，右岸地下厂房开挖完成后典型洞段顶拱和边墙的松弛深度反馈分析成果如图 5.7-10 所示，洞室开挖后洞周围岩松弛区逐渐趋于稳定。

5.7.3　地下电站工程围岩稳定性评价

白鹤滩水电站地下厂房洞室群规模巨大，地质条件复杂，根据枢纽布置、洞室围岩稳定要求，通过选择合适的洞室位置和轴线、在主要洞室顶拱上方布置锚固观测洞、加大地下厂房与主变洞之间的岩柱厚度、尾水调压室采用圆筒型结构、布置错动带 C_2 混凝土预置换洞等技术措施，奠定了地下厂房洞室群围岩稳定的基础。

采用工程类比法初步确定地下洞室喷锚支护参数，同时采用三维离散元分析软件 3DEC 对支护参数进行复核验证，数值分析结果表明，设计支护参数合理，洞室围岩稳定满足要求。

在地下洞室开挖过程中，依据各层开挖揭露的实际地质条件、安全监测及测试成果，及时开展了围岩稳定反馈分析工作，针对开挖过程中遇到的围岩稳定问题，召开反馈分析咨询会，广泛征询专家意见，动态调整开挖方式与支护参数。

围岩稳定复核计算表明，在系统支护的基础上，通过开挖过程中局部加强支护，开挖

部位	松弛深度预测值/m
下游拱肩高程617.00m	2.50
下游拱肩高程622.00m	3.90
顶拱中心孔	3.20
上游拱肩高程622.00m	3.70
上游拱肩高程617.00m	2.60
边墙高程608.00m上游	5.80
边墙高程608.00m下游	6.00
边墙高程601.00m上游	6.70
边墙高程601.00m下游	7.10
边墙高程590.00m上游	7.90
边墙高程590.00m下游	8.10
边墙高程580.00m上游	5.30
边墙高程580.00m下游	5.80
边墙高程570.00m上游	3.40
边墙高程570.00m下游	3.90

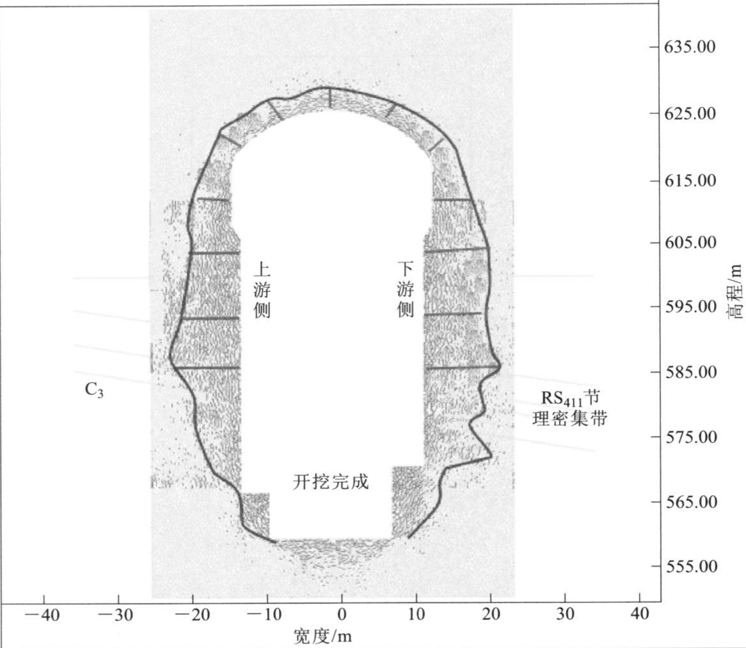

图 5.7-10 右岸地下厂房典型洞段开挖完成后的松弛区

完成后地下电站洞室群围岩整体稳定安全。

在设计地震作用下，地下洞室群周边围岩位移响应规律表现为洞室群围岩整体往复运动，主要洞室特征点相对位移均较小，围岩变形以可恢复的弹性变形为主，地下洞室群的实际地震响应较小，地震后的残余变形也在一个较低的水平上，洞室群围岩和支护结构应力状态良好，地震作用下地下洞室群围岩整体稳定性较好。

目前，白鹤滩水电站地下厂房洞室群已开挖支护完成，安全监测成果表明，洞室群整体稳定性较好。锚索超过设计荷载部位均已进行针对性补强加固，新增锚索荷载均小于设计值，满足洞室长期稳定运行要求。

5.8 尾水出口围堰群爆破拆除

白鹤滩水电站尾水隧洞采用两机一洞布置格局，左、右岸各布置4条尾水隧洞，且在平面上呈近平行布置。其中左岸2号~4号、右岸5号~6号尾水隧洞结合导流洞进行布置，共用隧洞出口。左岸1号、右岸7号、8号尾水隧洞单独布置。

尾水出口围堰拆除是制约机组调试的关键工程，为确保2021年7月首批机组投产发电，需在2021年6月汛期来临前完成全部的围堰拆除工作。该围堰为4级围堰，采用11月至次年5月枯水期流量8446m³/s进行设计（10年一遇），顶部、底部高程分别为609.00m、580.00m，高差达29m。左、右岸尾水出口围堰群拆除前整体形象如图5.8-1所示。

白鹤滩水电站尾水隧洞出口围堰群爆破拆除具有工期紧、任务重、岩石条件复杂、施工难度大、爆破成型及块度要求高、近距离靠近保护物、安全防护要求严、爆堆形态及水流冲渣要求高等突出特点。

针对施工中的重难点，采取分期分区分层拆除方案，将围堰划分为两个枯水期进行拆除，期内分区分层爆破，从而化解了工期紧、任务重的难题。通过建立考虑钻孔扰动荷载作用下尾水出口围堰经济断面稳定的修正计算方法，保证了高水位条件下经济断面爆破拆除的安全施工。通过建立针

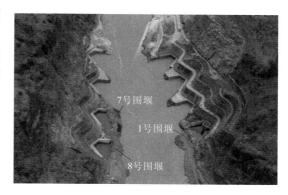

图 5.8-1　左、右岸尾水出口围堰群
拆除前整体形象

对复杂环境尾水出口围堰群拆除的"一孔一设计"的爆破设计准则，确定了合理的爆破参数，实现了尾水出口围堰群安全高效拆除的同时爆堆形态及爆破块度的精确控制。通过分析炸药单耗、水位高程与爆破块体抛掷距离的关系，建立了水下爆破时爆破飞石抛掷距离计算公式，实现了爆破飞石的严格控制，确保了尾水出口围堰群拆除爆破时集鱼站的安全防护。

通过精心组织、精细化施工，尾水出口围堰群于 2021 年汛前顺利拆除完成。监测数据表明，爆后石渣分布、爆破振动速度、爆破块度等均在设计指标范围内，尾水出口过水流态较好，出口明渠两侧混凝土均无明显破坏，各项安全监测值正常，经受住了多次检查和实际运行的考验。

5.8.1　围堰拆除方案

在尾水出口围堰拆除期间，尾水隧洞出口明渠、集鱼站、洞内部分衬砌仍处于施工阶段。为确保围堰拆除期间江水不漫顶、围堰不渗水，结合现场实际、工程特点、设计要求及出口江面水位变动情况，明确围堰拆除采取分期分区分层拆除方案。总体上分两期拆除，一期拆除施工时段为 2019 年 11 月至 2020 年 5 月，为第一个枯水期，主要拆除围堰水上部分及围堰内、外侧减薄区域。二期拆除施工时段为 2020 年 11 月至 2021 年 5 月，为第二个枯水期，主要拆除围堰水下部分及经济围堰。同时为控制单次爆破拆除工程量及爆破质点振动速度，对一期、二期拆除范围实施分区分层拆除。通过分期分区分层拆除、提前实施围堰内外侧减薄区域、预留经济围堰一次爆破拆除等综合措施，最终实现围堰的整体拆除。以右岸 7 号、8 号尾水出口围堰拆除为例，围堰拆除分期分区及工程量统计分别如图 5.8-2 及表 5.8-1 所示。

5.8.2　经济围堰稳定性分析

采用有限元数值仿真计算方法对围堰稳定性进行分析。将钻机钻孔过程中的扰动荷载采用实测振动曲线作为动力加载曲线，钻机行进过程中扰动在堰顶各节点以一定速度运动进行模拟。根据围堰模型计算出各个节点的孔隙水压力，作为围堰稳定性分析的一个基础

荷载，将该基础荷载结合扰动荷载以一个荷载分析步的形式添加到有限元分析软件对围堰进行非线性有限元分析，即可得出各荷载作用下围堰模型各个节点应力。模型参数如表5.8-2所示。

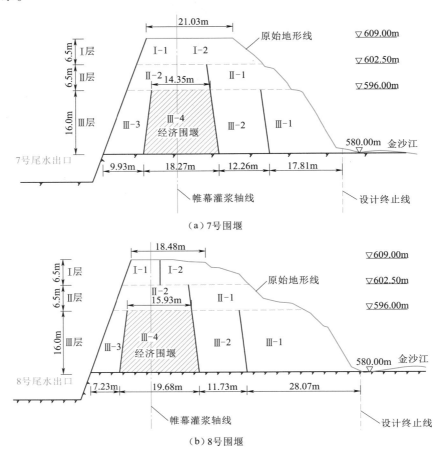

图5.8-2　右岸尾水出口围堰拆除分期分区图

表5.8-1　右岸尾水出口围堰拆除工程量统计表

工程部位	分层	分区	工程量/m³	分期
7号围堰	I	I-1	5922	一期
		I-2	10929	
	II	II-1	6452	
		II-2	5584	
	III	III-3	7143	
		III-1	10368	二期
		III-2	7840	
		III-4	9100	

续表

工程部位	分层	分区	工程量/m³	分期
8 号围堰	I	I-1	4475	一期
		I-2	8311	
	II	II-1	7883	
		II-2	5146	
	III	III-3	5397	
		III-1	13256	二期
		III-2	7152	
		III-4	10224	

表 5.8-2 模 型 参 数 一 览 表

材料	试验常数 K	试验常数 n	邓肯张模型试验常数			内摩擦角 $\phi/(°)$	剪切模量 C/GPa	破坏比 R_f	材料密度 $\rho/(kg/m^3)$
			G	F	D				
围堰体	1000	0.26	0.27	0.20	0.25	40	42	0.8	2700
防渗墙	16000	0.24	0.28	0.02	0.30	40	18	0.63	2100

根据历年水文资料可知，围堰拆除期间，白鹤滩水电站下游最高水位可达 610.00m，最低水位在 585.00m 左右。为了分析围堰内外水头差对围堰稳定的影响，在考虑最大水位差的基础上，围堰外侧水位为 600.00m，堰内未充水高程为 580.00m，水位上涨速度分别取 1m/d、2m/d、3m/d 这三组速度，分析水位从 585.00m 涨到 600.00m 过程中对围堰边坡稳定的影响。不同水位差应力分量的计算结果如图 5.8-3~图 5.8-5 所示。

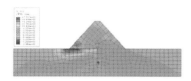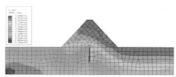

图 5.8-3 1m/d 堰外水位 585.00m 围堰应力分量云图

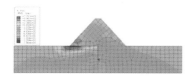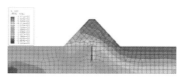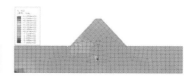

图 5.8-4 1m/d 堰外水位 590.00m 围堰应力分量云图

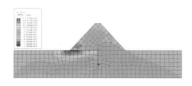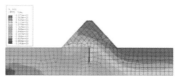

图 5.8-5 1m/d 堰外水位 595.00m 围堰应力分量云图

根据计算结果提取节点应力，按照最危险滑弧搜索理论，可以得到不同上涨速度下围堰稳定安全系数，计算成果如表5.8-3所示。

表5.8-3　不同上涨速度下围堰稳定安全系数计算表

堰外水位/m	堰内外水头差/m	安　全　系　数		
		1m/d	2m/d	3m/d
600	20	2.01	1.95	1.87
595	15	2.08	2.01	1.93
590	10	2.12	2.06	1.98
585	5	2.23	2.21	2.24

从表5.8-3中可知，在现有围堰拆除分区条件下，经济围堰安全系数能够满足堰内基坑施工安全要求，且堰外水位上涨速度越快，围堰边坡抗滑稳定安全系数越小，对围堰稳定越不利。

5.8.3　水下爆破飞石抛掷距离研究

通过对不同参数下单炮孔爆破的模拟，对形成的爆破漏斗形状及爆破质点运动速度进行分析，得出影响爆破飞石破碎及初速度v_0的主要因素为炸药性能、岩石性能、装药量、抵抗线大小等。爆破模型如图5.8-6所示，模拟工况及爆破参数如表5.8-4所示，爆破模拟情况如图5.8-7和表5.8-5所示。

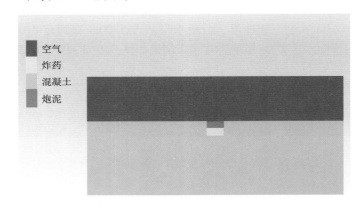

图5.8-6　爆破模型

表5.8-4　数值模拟各工况下爆破参数一览表

爆破条件	埋深/mm	孔径/mm	堵塞长度/mm	装药长度/mm	装药量/g
露天爆破	100	10	50	50	3.5
水下爆破	100	10	50	50	3.5
花岗岩	100	10	50	50	3.5
角砾熔岩	100	10	50	50	3.5
大装药	100	20	50	50	14.1
小抵抗线	60	20	50	10	3.5

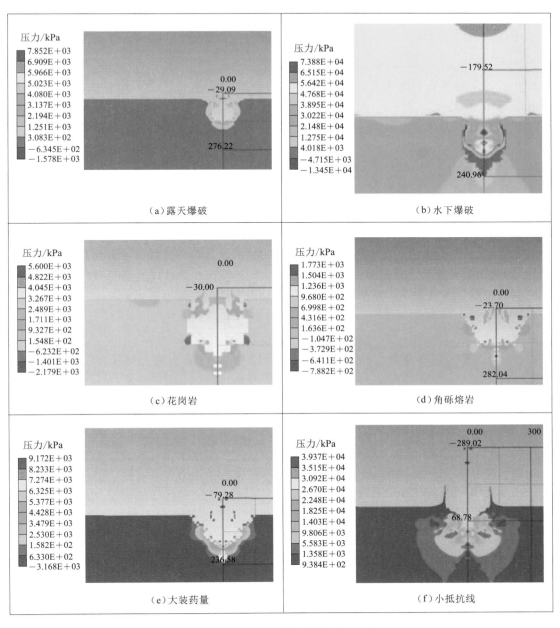

图 5.8-7　各工况爆破模拟效果图

表 5.8-5　爆 破 模 拟 结 果　　　　单位：mm

爆破条件	爆破漏斗半径	爆破漏斗深度	爆破条件	爆破漏斗半径	爆破漏斗深度
露天爆破	90	120	角砾熔岩	110	130
水下爆破	85	130	大装药量	140	150
花岗岩	75	140	小抵抗线	110	80

采用量纲分析法对这些主要影响因素进行分析，经过一系列转换及化简可得：

$$v_0 = f\left(\frac{qW^3}{Q}\right) \tag{5.8-1}$$

式中：v_0 为爆破飞石初始速度，m/s；q 为炸药单耗，kg/m³；W 为最小抵抗线，m；Q 为单孔装药量，kg。

忽略空气阻力和重力影响，露天爆破飞石被抛掷的最远距离计算公式如下：

$$R_f = \frac{v_0^2}{g}\sin 2\alpha \tag{5.8-2}$$

式中：R_f 为爆破飞石抛掷距离，m；v_0 为爆破飞石初始速度，m/s；g 为重力加速度，m/s²；α 为爆破飞石抛掷角度。

水下爆破时，水流速度远小于爆破飞石的飞行速度，因此不考虑水流对爆破飞石抛掷距离的影响。根据弹道理论，在不考虑空气阻力情况下，可得出爆破飞石与水平面夹角为45°时的抛掷距离最远。根据弹道工程研究，物体在水下运动时其速度与时间 t 的关系在短时间内近似呈线性关系，则水中爆破飞石运动力学微分方程可表示为

$$M\frac{\mathrm{d}\bar{v}}{\mathrm{d}t} = M\bar{g} + \overline{F_f} + \overline{F_c} \tag{5.8-3}$$

式中：$\bar{v}$ 为飞石的运动速度，m/s；M 为飞石的质量，kg；$\bar{g}$ 为重力加速度，m/s²；$\overline{F_f}$ 为水的浮力，N；$\overline{F_c}$ 为水的运动阻力，N。

由于块体下落开始时已全部没入水中，因此浮力计算式为

$$F_f = -V\rho_w g = -\frac{\rho_w}{\rho_0}Mg \tag{5.8-4}$$

式中：V 为块体的体积，m³；ρ_w、ρ_0 分别为水的密度和块体的密度，kg/m³。

飞石在水中运动时所受阻力为

$$\overline{F_c} = -\frac{1}{2}Cd^2\rho_w v\bar{v} \tag{5.8-5}$$

式中：C 为水体的运动阻尼系数；d 为飞石在运动方向上的截面直径，m。

飞石在水中的水平运动方向只受水的阻力，而竖直方向承受重力、阻力和浮力，分解为各方向的运动方程如下：

水平运动：

$$\frac{\mathrm{d}\bar{v}_x}{\mathrm{d}t} = -\frac{C\rho_w v_x^2}{2\rho_0 L} \tag{5.8-6}$$

式中：$\bar{v}_x$ 为飞石在水平方向上的速度，m/s；L 为飞石的特征长度，m。

竖直向上运动：

$$\frac{\mathrm{d}\bar{v}_y}{\mathrm{d}t} = -\left(1 - \frac{\rho_w}{\rho_0}\right)g - \frac{C\rho_w v_y^2}{2\rho_0 L} \tag{5.8-7}$$

竖直向下运动：

$$\frac{\mathrm{d}\bar{v}_y}{\mathrm{d}t} = \left(1 - \frac{\rho_w}{\rho_0}\right)g - \frac{C\rho_w v_y^2}{2\rho_0 L} \tag{5.8-8}$$

式中：$\bar{v}_y$ 为飞石在竖直方向上的速度，m/s。

开展不同单耗与飞石抛掷初速度关系研究，在数值试验过程中，保持炮孔直径、孔排距、抵抗线等参数均不变，改变炸药单耗 $q = 0.75 \sim 2.0\mathrm{kg/m^3}$，研究炸药单耗对台阶爆破飞石抛掷初速度的影响规律。试验统计结果如表 5.8-6 所示。

表 5.8-6　试验统计结果一览表

试验编号	单耗/（kg/m³）	最远抛距/m	飞石最大启动速度/（m/s）
1	0.8	108.2	32.86
2	1	119.5	34.50
3	1.2	129.6	35.64
4	1.4	152.1	39.19
5	1.6	200.3	43.86
6	1.8	252.6	48.73
7	2	287.4	51.42

假定不同的水体运动阻尼系数 $C = 0.2$、0.4，结合表 5.8-6 数据，利用数值积分方法对方程式（5.8-6）~式（5.8-8）进行求解抛掷速度，计算得出块体在水下最大抛掷距离，计算结果如图 5.8-8 所示。

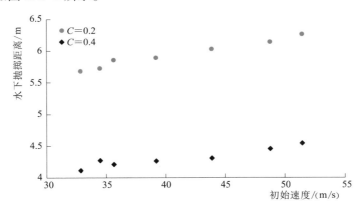

图 5.8-8　水下爆破飞石初始速度与最大抛掷距离关系图

从图 5.8-8 中可以看出，为了确保拆除过程中水下飞石不进入集鱼站，不影响集鱼站后续正常运行，飞石最大初始速度应控制在 48m/s 内，即紧邻集鱼站侧岩体爆破单耗应控制在 $1.6 \sim 1.8\mathrm{kg/m^3}$。

5.8.4　爆破参数及起爆网路

1. 爆破参数设计

采用水下爆破经验公式计算炸药单耗，公式如下：

$$q = q_1 + q_2 + q_3 + q_4 \tag{5.8-9}$$

式中，q_1 为基础单耗，取值为 $0.8 \sim 1.2 \mathrm{kg/m^3}$，根据尾水出口实际开挖情况取 $q_1 = 1.1 \mathrm{kg/}$ $\mathrm{m^3}$；q_2、q_3、q_4 分别为考虑水压、覆盖层厚度和岩石膨胀性能的增量单耗，$q_2 = 0.01 h_1$、$q_3 = 0.02 h_2$、$q_4 = 0.03 h_3$，h_1、h_2、h_3 分别为水深、覆盖层厚度和梯段高度。出口围堰爆破时水位约为 596.00m，$q_2 = 0.08 \mathrm{kg/m^3}$；爆区上方无覆盖层，故 $q_3 = 0$；出口围堰拆除梯段高度为 $8 \sim 16 \mathrm{m}$，$q_4 = 0.24 \sim 0.48 \mathrm{kg/m^3}$。

考虑降低大块率和水流冲渣需要，主爆孔炸药单耗可按 $1.4 \sim 2.0 \mathrm{kg/m^3}$ 进行设计，同时为降低孔口段大块率，孔口段可装填 4 节 $\phi 32\mathrm{mm}$ 药卷。

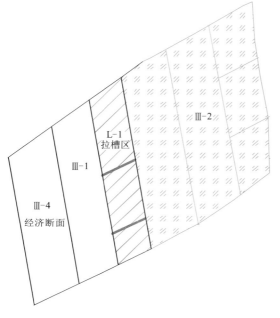

图 5.8-9　左岸 1 号尾水出口围堰拆除平面分区图

为确保出口永久设计结构面成型质量，沿结构面布置一排预裂孔，线装药密度按 $600 \mathrm{g/m}$ 进行控制。

以左岸 1 号尾水出口围堰为例，其爆破拆除平面分区如图 5.8-9 所示。

左岸 1 号尾水出口围堰堰外减薄区域拆除时，由于围堰四周爆破自由面少，爆破时矿岩夹制作用大。通过拉槽爆破提供自由面和膨胀空间，可使围堰爆破拆除满足设计要求。同时为了减少掏槽爆破对防渗帷幕产生影响，掏槽区域选在距经济断面外侧 10m 处进行布置。L-1 拉槽区爆破参数如表 5.8-7 所示。

Ⅲ-2 区为堰外水下拆除，爆区断面为梯形断面，上部顶宽为 35.4m，沿帷幕轴线方向宽约 44m。该爆区面积较大且爆区正面受堆积体阻挡，自由面条件较差，因此爆破拆除时将该区进一步分为三小区。典型爆破参数如表 5.8-8 所示。

Ⅲ-1 区从高程 $596.00 \sim 580.00 \mathrm{m}$，采用液压履带式潜孔钻机造孔。首先在爆区与经济围堰交界处造孔预裂，炮孔孔径不小于 90mm，梯段爆破高度 16m，堰体上炮孔为竖向小角度斜孔。典型爆破参数如表 5.8-9 所示。

表 5.8-7　左岸 1 号尾水出口围堰 L-1 拉槽区爆破参数

钻孔类型	孔深 /m	孔径 /mm	间排距 /m	药卷直径 /mm	单孔药量 /kg	单段药量 /kg	线密度 /(g/m)	单耗 /(kg/m³)	堵塞长度 /m
预裂孔	15～18	≥90	0.8	32	10.2～12	40.8～48	1500 (底部2m) 600 (中上部)		0.8
加强孔			0.9	70	44.8～54.4				4.0～4.5
主爆孔			间距1.8, 排距1.5	70	52～65.2	104～130.4		1.92	1.5～2

表 5.8-8　左岸 1 号尾水出口围堰Ⅲ-2-2 区爆破参数

钻孔类型	孔深/m	孔径/mm	间排距/m	药卷直径/mm	单孔药量/kg	单段药量/kg	单耗/(kg/m³)	堵塞长度/m
主爆孔	15	≥90	间距 1.8，排距 1.5	70	52	104	1.81	1.5~2
加强孔			0.9		44			4.0~4.5

表 5.8-9　左岸 1 号尾水出口围堰Ⅲ-1 区爆破参数

钻孔类型	孔深/m	孔径/mm	间排距/m	药卷直径/mm	单孔药量/kg	单段药量/kg	线密度/(g/m)	单耗/(kg/m³)	堵塞长度/m
预裂孔	18~19.1	≥90	0.8	32	12~12.6	48~50.4	1500（底部 2m）600（中上部）		0.8
主爆孔			间距 1.8，排距 1.5	70	65.2~67.2	130.4~134.4		1.64	1.5~2

Ⅲ-4 区高程 596.00~580.00m 为经济围堰拆除部分。预留经济岩埂采取一次爆破拆除方式，同时为了控制爆破振动及爆破飞石，在对经济围堰进行拆除爆破时，宜对主爆孔单段药量进行控制。典型爆破参数如表 5.8-10 所示。

表 5.8-10　左岸 1 号尾水出口围堰Ⅲ-4 区爆破参数

钻孔类型	孔深/m	孔径/mm	间排距/m	药卷直径/mm	单孔药量/kg	单段药量/kg	线密度/(g/m)	单耗/(kg/m³)	堵塞长度/m
预裂孔	17.5~18.5	≥90	0.8	32	11.4~12.0	45.6~48.0	1500（底部 2m）600（中上部）		0.8
主爆孔			间距 1.5，排距 1.5	70	63.2~67.2	126.4~134.4		1.74	1.5~2

2. 起爆网路设计

采用 9ms、17ms、42ms、65ms 及 880ms 高精度雷管微差起爆网路。上下游两侧预裂孔三或四孔一响，采用 9ms 分段；主爆孔两孔一响（临空面方向部分三孔一响），孔间采用 9ms、17ms、42ms 分段，孔内 880ms 延时，排间 65ms 接力，双发雷管起爆。典型起爆网路如图 5.8-10 所示。

5.8.5　爆破振动安全校核

围堰爆破拆除时，需要保护的永久建筑物主要是水工闸门、集鱼站和尾水隧洞结构混凝土。根据规程规范并参照类似工程经验，确定闸门的爆破振动安全控制标准为 20cm/s，按 30cm/s 进行校核；结构混凝土的安全控制标准为 12cm/s，按 15cm/s 进行校核。

采用萨道夫斯基公式计算并校核爆破质点的振动速度 v：

$$v = K\left(\frac{\sqrt[3]{Q}}{R}\right)^{\alpha} \tag{5.8-10}$$

式中：v 为峰值振速，cm/s；K、α 为相关系数；R 为保护体到爆破中心的直线距离，m；

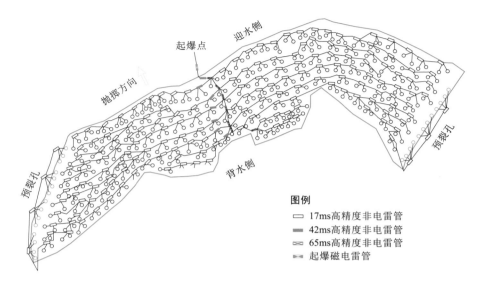

图 5.8-10　7 号尾水出口围堰经济断面起爆网路图

Q 为最大单响药量，kg。

K、α 值的确定，参考白鹤滩水电站前期边坡及地下工程开挖的经验进行选取。前期右岸厂房主变洞及边坡开挖爆破振动衰减规律回归分析如表 5.8-11 和表 5.8-12 所示。

表 5.8-11　右岸厂房主变洞爆破振动衰减规律

测试方向	衰减规律	相关系数	样本数
平行洞轴向	$V = 92.57\left(\dfrac{\sqrt[3]{Q}}{R}\right)^{1.31}$	0.83	25
铅垂向	$V = 83.96\left(\dfrac{\sqrt[3]{Q}}{R}\right)^{1.25}$	0.87	
垂直洞轴向	$V = 73.41\left(\dfrac{\sqrt[3]{Q}}{R}\right)^{1.14}$	0.81	

表 5.8-12　边坡开挖爆破振动衰减规律

测试方向	衰减规律	相关系数	样本数
水平径向	$V = 97.34\left(\dfrac{\sqrt[3]{Q}}{R}\right)^{1.27}$	0.83	20
水平切向	$V = 75.08\left(\dfrac{\sqrt[3]{Q}}{R}\right)^{1.13}$	0.95	
竖直向	$V = 126.69\left(\dfrac{\sqrt[3]{Q}}{R}\right)^{1.41}$	0.88	

白鹤滩水电站尾水出口围堰边界距离出口洞脸结构混凝土最近约 40m，爆破振动设计标准为 12cm/s，计算得出最大单段药量如表 5.8-13 所示。

表 5.8-13　最大单段药量计算表

工　程　名　称		K	α	R/m	控制标准/（cm/s）	Q/kg
白鹤滩水电站右岸主变洞	洞轴向	92.57	1.31	40	12	554.59
	铅垂向	83.96	1.25	40		600.40
	垂直洞轴向	73.41	1.14	40		544.81
边坡柱状节理	水平径向	97.34	1.27	40		455.70
	水平切向	75.08	1.13	40		492.03
	竖直向	126.69	1.45	40		425.00
《爆破安全规程》（GB 6722—2014）		150	1.8	40		950.60

本围堰预裂孔线装药密度为 600g/m，单孔最大装药量为 12.9kg，4～5 孔一段；主爆孔区域两孔一段，最大单段药量不超过 160kg。结合表 5.8-13 可知，设计最大单段药量均未超过按类似工程及《爆破安全规程》（GB 6722—2014）取值计算的允许最大单段药量，故而满足爆破振动安全控制要求。

5.8.6　爆破块度控制及预测

采用修正的 KUZ-RAM 模型预测水下爆破爆渣的块度尺寸，计算公式如下：

$$\overline{X} = A \cdot q^{-0.8} Q^{1/6} (115/K_D^2 E)^{19/30} \qquad (5.8-11)$$

式中：$\overline{X}$ 为爆破渣料的平均块度，即 d_{50}，cm；A 为岩石相关系数，本工程取 $A=8$；q 为爆破单耗，kg/m^3；Q 为最大单孔药量，kg；E 为炸药的相对威力，本工程为乳化炸药，取 $E=90$；K_D 为水下炸药威力降效系数。

为确保爆破后石渣块度满足水流冲渣条件，围堰爆破石渣的平均块度按不大于 40cm进行控制。炸药水下性能降低率分别考虑未降低、降低 10%、降低 20% 三种情况，则最不利工况下，围堰岩埂爆渣平均粒径计算结果如表 5.8-14 所示。

表 5.8-14　围堰岩埂爆渣平均粒径计算表

炸药水下性能降低率		0（未降低）	10%	20%
爆渣平均粒径/cm	7 号出口围堰Ⅲ-1 区	12.31	14.07	16.33
	7 号出口围堰Ⅲ-2 区	12.22	13.95	16.19
	7 号出口围堰Ⅲ-4 区	12.35	14.12	16.39
	8 号出口围堰Ⅲ-1 区	12.20	13.95	16.19
	8 号出口围堰Ⅲ-3 区	12.03	13.75	15.96
	8 号出口围堰Ⅲ-4 区	11.83	13.52	15.70

从表 5.8-14 的计算结果可知，即使炸药水下性能降低 20%，尾水出口围堰爆渣的最

大平均块度也只有 16.39cm，满足爆渣平均块度不大于 40cm 的水流冲渣要求。

5.8.7 安全防护及振动监测

为防止爆破水击波冲击闸门，导致后续不能正常提闸冲渣，通过设置气泡帷幕对尾水隧洞检修闸门进行防护。气泡帷幕形成过程如图 5.8-11 所示。

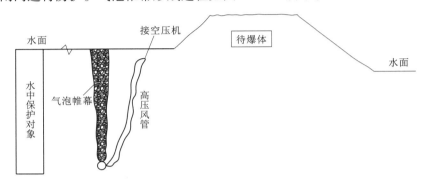

图 5.8-11 气泡帷幕形成示意图

如图 5.8-11 所示，高压风管产生的高压气体会在水中形成一排浓密向上翻滚的气泡帷幕，当水击波通过时会压缩气体，从而将水击波动能转化为受压缩气体的内能，削弱水击波的能量，起到保护作用。

为监测尾水出口结构混凝土的爆破质点振动速度，在集鱼站、尾水出口明渠混凝土等部位布置爆破振动监测仪器，爆破振动测点布置如图 5.8-12 所示。

（a）7号尾水出口围堰　　　　　　　　　（b）1号尾水出口围堰

图 5.8-12 爆破振动测点布置图

5.8.8 爆破效果评价

5.8.8.1 爆破飞石控制

根据现场实拍影像资料显示，尾水出口围堰爆破拆除时，炸药首先从围堰外侧迎水面中部打开缺口，然后从中间往两边、从外侧向内侧逐步爆破，爆破石渣抛掷方向朝围堰外侧。爆破过程如图 5.8-13 所示。

（1）围堰爆破过程中大部分岩体向临江侧前方倾倒、抛掷，未发现有大角度抛射和

（a）爆破前

（b）爆破瞬间

（c）爆破后

图 5.8-13　爆破过程

飞出警戒区的现象，表明爆破参数和围堰主动防护措施合理。

（2）爆破后对出口明渠两侧混凝土、中隔墩新浇混凝土及其附近建筑物进行检查，未发现混凝土出现开裂、掉块现象，也未见明显爆破飞石砸痕。

（3）爆破后对临近集鱼站进行了检查，未发现有大块进入集鱼站。

5.8.8.2　爆破振动分析

爆后通过对采集到的监测数据进行分析，监测成果如表 5.8-15 所示，1 号测点峰值振速典型振动波形如图 5.8-14 所示。

表 5.8-15　监测成果一览表

测　点　部　位		水平切向 *PPV* /（cm/s）	水平径向 *PPV* /（cm/s）	竖直向 *PPV* /（cm/s）
出口明渠边坡 新浇混凝土	1 号测点	10.88	11.85	11.55
	2 号测点	9.85	6.32	7.42
	3 号测点	7.11	6.36	4.91
集鱼站	4 号测点	6.52	7.86	7.03

注　*PPV*：质点峰值振动速度，英文全称为 Peak Particle Velocity。

根据表 5.8-15 可知，出口明渠边坡新浇混凝土和集鱼站混凝土最大峰值振动速度分

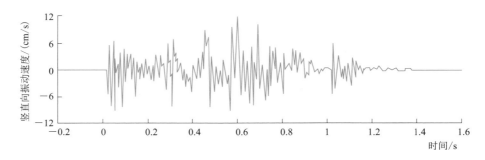

图 5.8-14　1号测点峰值振速典型振动波形图

别为 11.85cm/s 和 7.86cm/s，均小于结构混凝土允许的安全控制标准 12cm/s。且爆破后通过宏观调查未发现集鱼站、出口明渠等新浇混凝土结构出现裂缝等现象，尾水隧洞检修闸门也未发现漏水现象，表明爆破振动控制效果良好。

5.8.8.3　爆堆块度分析

为降低水流冲渣压力，减少爆后堆渣对水流流态的影响，在枯水期又安排长臂反铲对左、右岸尾水出口围堰拆除后的爆破堆渣进行清理。清理出来的爆堆块度如图 5.8-15 所示。

图 5.8-15　爆堆块度实拍图

从图中可以看出，围堰整体爆破拆除效果较好，除少部分超径块石外，绝大部分渣料块度粒径控制在 40cm 以内，满足水流冲渣条件。

综上所述，通过精心组织、精细化施工，尾水出口围堰群于 2021 年汛前顺利拆除完成，为首批机组调试创造了有利条件。围堰拆除时，爆破飞石与振动控制良好，满足规范及技术要求。围堰拆除后，爆后石渣满足水流冲渣条件，尾水出口水流流态良好，机组发电出力增加了 2.43%，创造了良好的经济和社会效益。

5.9　思考与借鉴

（1）在开挖支护阶段，地下厂房洞室群施工最关键的问题是洞室群围岩稳定控制和施工安全风险控制。在巨型地下厂房洞室群开挖过程中，在高地应力条件下，从时空次序及联动效应上优化洞室群开挖和支护措施，控制卸荷梯度、减少开挖扰动、快速恢复围压，限制浅层岩体松弛开裂，控制深层岩体破裂变形。可采取包括超前预控制技术、精细化爆破技术、快速锚喷技术、围岩不利响应处置技术等在内的一系列围岩稳定控制关键技术。

（2）地下厂房的竖井群采用大型反井钻机施工溜渣井替代人工扩挖的新工艺，利用矿用绞车、桥式起重机、门式起重机等大型设备替代卷扬机提升系统，提升了深大竖井的施工机械化水平，保证了深大竖井群施工安全，可在深大竖井施工中推广应用。

（3）在洞室群开挖支护阶段，应同步考虑混凝土与机组埋件施工的需要，在围岩稳定的前提下，优化布置厂区周边混凝土运输通道。

（4）地下电站尾水出口围堰的设计与拆除，既关系地下厂房洞室群总体施工安排，又关系到机组发电目标和效益，应结合洞室群施工与蓄水规划目标重点进行研究。

第6章 混凝土工程

白鹤滩水电站地下厂房洞室群混凝土工程包括进水塔混凝土、压力钢管外包混凝土、厂房机组混凝土、岩壁吊车梁混凝土、隧洞衬砌混凝土、尾水调压室混凝土、竖井结构混凝土、框架结构混凝土等混凝土施工项目，各部位的作业条件、施工方法、技术要求等差异显著，混凝土工程量规模巨大、施工环境复杂、质量与安全要求高。

由于受高地应力引起的岩爆片帮、层间错动带 C_2 等不利地质构造发育、洞室群效应突出等不利因素影响，开挖工期较长，使得混凝土浇筑工期较为紧张。通过采取各种快速施工技术，研制并应用各类新型机械化设备、工装，在提升混凝土工程施工质量、提高施工效率、保障施工安全等方面取得了良好的应用成效和实践成果，为按期向机电安装交面、实现白鹤滩水电站首批机组投产发电目标提供了有力保障。

6.1 进水塔混凝土

6.1.1 塔体液压爬模施工技术

白鹤滩水电站左右岸进水口各有 8 个进水塔呈"一"字排开，单个塔体宽度为 33.2m，顺水流方向长为 33.5m，塔体最大高度为 103m，单岸进水塔混凝土工程量约 70 万 m³。白鹤滩水电站坝址区常年大风天气，每年平均有 5~6 个月为风季，风季时单月 7 级以上大风天数超过 20d。由于进水塔塔体混凝土在露天环境浇筑，受大风天气的影响，施工安全风险较突出。

6.1.1.1 模板方案

水电站进水塔的塔体混凝土一般采用悬臂大模板（多卡模板）施工，尺寸通常为 3m 左右，重量较大，需采用门机等起重设备吊装。其施工特点是利用门机等吊装设备吊运模板就位，再由施工人员用螺栓将其固定在预埋的定位锥上，施工过程中吊装作业频繁，人员站在未固定的模板平台上作业，安全风险较大。在白鹤滩水电站坝址区的常年大风天气条件下，安全风险更为突出。同时进水塔混凝土浇筑过程中布置的门机等吊装设备作为混凝土入仓手段，主要考虑保障混凝土入仓，若再兼顾模板吊装，将对混凝土入仓强度造成影响。

在此情况下，白鹤滩水电站进水塔混凝土引进了液压自爬升模板技术，将液压自爬升模板与传统悬臂模板相结合，研制出了适用于大风条件下水工大体积混凝土浇筑的液压自爬升悬臂模板。液压自爬升悬臂模板主要用于拦污栅墩头、塔体迎水面、塔体背水面及结构缝等永久结构，主要由模板系统、架体系统、埋件系统、液压爬升系统、导轨和支座组成。

6.1.1.2　分层方案

进水塔混凝土分为塔背混凝土、闸门井塔体混凝土、拦污栅混凝土以及两侧回填混凝土。闸门井塔体混凝土、拦污栅混凝土的分块以单个机组结构缝为界，共划分为 8 个机组段。单个机组塔体与拦污栅以预留梁窝的方式分别浇筑，其中拦污栅分为 39 层浇筑，标准分层高度为 3m，局部特殊部位采用短分层的方式浇筑；进水塔分为 47 层（含塔背混凝土），标准分层高度为 3m。

6.1.1.3　施工程序及工艺流程

采用门机作为进水塔混凝土浇筑的垂直运输手段。整体采用分序、错距升层浇筑方式，当后浇筑塔体滞后优先浇筑塔体 5 层以上高度时，开始后浇筑塔体的施工，确保均衡上升。根据门机最大提升高度的要求，考虑到后期需在塔背混凝土顶部布置门机，优先进行塔背混凝土施工，然后再浇筑塔体混凝土，待塔体混凝土浇筑到一定高度后择机安排拦污栅混凝土的浇筑。

液压自爬升悬臂模板浇筑混凝土的工艺流程为：混凝土浇筑完成→模板脱模后移→安装埋件挂座→提升导轨→拆除下部挂座→爬升架体→模板清理、刷脱模剂→合模→模板固定→浇筑混凝土。其关键工艺流程如图 6.1-1 所示。

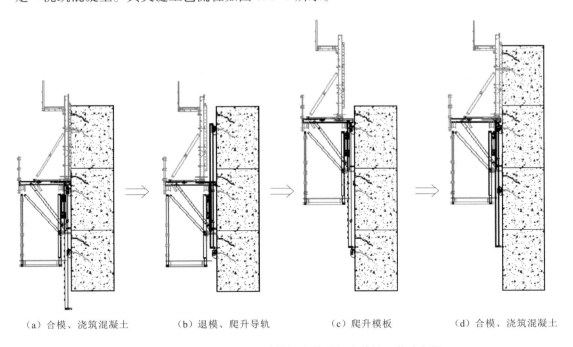

（a）合模、浇筑混凝土　　　（b）退模、爬升导轨　　　（c）爬升模板　　　（d）合模、浇筑混凝土

图 6.1-1　液压自爬升悬臂模板浇筑混凝土关键工艺流程图

6.1.1.4　综合成效

液压自爬升悬臂模板的施工原理是利用爬升机构带动悬臂模板系统沿建筑物逐层爬升、逐层浇筑，其特点是除首次安装和浇筑完成模板拆除时须采用设备进行吊装外，施工过程中只需利用液压系统提供的动力实现悬臂模板的自爬升。采用液压自爬升悬臂模板浇筑进水塔混凝土的施工实景如图 6.1-2 所示，右岸进水塔混凝土整体浇筑效果如图 6.1-3

所示。对比传统悬臂模板，液压自爬升悬臂模板具有以下优势。

（1）降低安全风险。采用液压自爬升悬臂模板省却了混凝土浇筑过程中的大量模板吊装作业，极大地降低了模板吊装环节潜在的安全风险。

（2）提高模板安装施工效率，缩短施工工期。采用常规悬臂模板施工，单仓模板安装工期为2d，使用液压自爬升悬臂模板可缩减至6~8h，极大地提高了模板的安装效率，加快了施工进度，缩短了施工工期。

（3）改善混凝土外观质量。采用液压自爬升悬臂模板施工，可采用大尺寸面板、减少模板拼缝，保证了混凝土结构体型精准，提升了混凝土外观质量。

图6.1-2　进水塔采用液压自爬升悬臂模板浇筑施工实景

图6.1-3　右岸进水塔混凝土整体浇筑效果

6.1.2 门槽二期混凝土悬吊式滑模施工技术

白鹤滩水电站进水塔高为103m，塔内布置有工作闸门、检修闸门、分层取水叠梁门以及拦污栅。闸门和拦污栅的门槽均为采用预留插筋、现浇二期混凝土结构。二期混凝土具有门槽孔数多、仓面狭小、单孔门槽高度高（98m）、入仓困难、体型要求高等特点。

6.1.2.1 混凝土浇筑方案

水电站门槽二期混凝土一般采用"常规施工排架+组合模板"的施工方案，或采用"卷扬机+整体提升模板"方案。这两种施工方案中的施工排架和模板需要反复拆装，存在工程量大、安全风险高、施工效率低、施工成本高等问题。

为提高施工工效、节约施工成本、减少模板和施工排架反复搭拆的安全风险，将滑模施工工艺应用于门槽二期混凝土浇筑施工中。由于门槽二期混凝土仓面狭小，并且门槽处的埋件和加固件密集，难以布置爬杆，传统的顶升式滑模无法使用。通过对门槽二期混凝土浇筑边界条件的系统分析和现场生产试验，研制了一种"悬吊式滑模浇筑系统"，实现了门槽二期混凝土的安全高效连续浇筑。

如图6.1-4所示，悬吊式滑模浇筑系统主要包括模板及模板支撑系统、液压滑模提升系统、混凝土下料系统、载人提升系统、人员作业通道及操作平台。门槽底部滑模下平台至模板之间等悬吊式滑模浇筑系统不能浇筑的部位采用常规的组合钢模板立模浇筑。

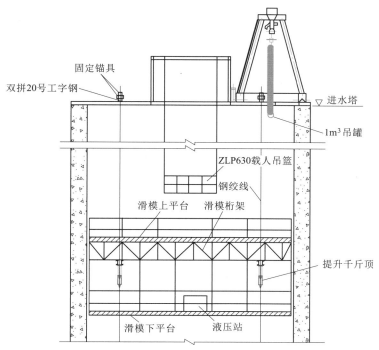

图6.1-4 门槽二期悬吊式滑模浇筑系统示意图

悬吊式滑模浇筑系统浇筑门槽二期混凝土的施工工艺流程为：施工准备→悬吊式滑模浇筑系统模体安装→载人系统安装→下料系统安装→门槽二期混凝土滑升浇筑→悬吊式滑模浇筑系统拆除。

6.1.2.2 综合成效

悬吊式滑模浇筑系统的原理为：在塔顶布置一个固定型钢梁，并在梁上设置支座，在支座上用锚具固定一悬垂钢绞线，滑模模体通过两级油缸沿钢绞线向上滑升；同时在塔体顶部布置 1 台 5t 龙门吊，混凝土采用吊罐入仓；载人系统选用定制的高处作业吊篮，通过在塔顶布置人字门架固定吊篮。白鹤滩水电站进水塔门槽二期混凝土采用悬吊式滑模浇筑系统的施工实景如图 6.1-5 所示。

悬吊式滑模浇筑系统结构简单，对比门槽二期混凝土传统的浇筑方案，具有以下显著优势。

（1）改善混凝土外观质量。悬吊式滑模浇筑系统的使用减少了混凝土的分层和模板拼缝、改善了门槽二期混凝土的外观质量，如图 6.1-6 所示。同时，在浇筑过程中，利用激光水平仪可有效检验并控制模体定位精度，进而保证混凝土浇筑体型。

图 6.1-5　白鹤滩水电站进水塔门槽二期
混凝土采用悬吊式滑模浇筑
系统施工实景

图 6.1-6　白鹤滩水电站进水口门槽二期
混凝土采用悬吊式滑模
浇筑的外观效果

（2）降低安全风险。悬吊式滑模浇筑系统的使用省却了混凝土浇筑过程中的大量模板安装、排架搭拆作业，极大地降低了相应的安全风险。同时，通过设置防坠装置，滑模浇筑过程整体安全可控。

（3）提高施工效率，缩短施工工期。悬吊式滑模浇筑系统具有连续浇筑的特点，采用低热水泥混凝土单班可滑升 5~7m，升层速度可达 10m/d 以上，有效解决了白鹤滩水电站进水口门槽二期混凝土的施工进度控制难题。

6.2　厂房机组混凝土

白鹤滩水电站左、右岸地下厂房对称布置，各安装 8 台单机容量 100 万 kW 的水轮发电机组，安装高程为 570.00m。机组混凝土根据功能结构自下而上依次分为肘管层、锥管层、蜗壳层、水轮机层、中间层、发电机层。尾水管底板高程为 535.90m，水轮机层高程为 576.20m，中间层高程为 582.40m，发电机层高程为 590.40m，拱顶高程为 624.60m。机组混凝土浇筑从尾水管底板至发电机层顶部总高度为 54.5m，单机组混凝土浇筑工程量为 2.06 万 m^3，单个厂房 8 台机共计 16.46 万 m^3。

白鹤滩水电站地下厂房洞室群围岩变形具有明显的时效特征，机坑混凝土宜尽早回填浇筑，尽早对厂房中下部形成支撑作用，以利于地下厂房的围岩变形控制，减少或防止厂房中下部围岩松弛，保证围岩稳定。

受复杂不良地质条件影响，地下厂房开挖与支护阶段的施工工期较长。从启动底板清基至交面机电安装，机组混凝土施工仅剩 18 个月的工期，国内同等规模水电站地下厂房机组混凝土的浇筑工期一般为 23～26 个月，白鹤滩水电站厂房机组混凝土浇筑施工工期极为紧张。

为此，在施工过程中采取了一系列安全可靠、优质高效的快速施工技术措施，实现了地下厂房机组混凝土的快速、优质施工。

6.2.1　浇筑分层

地下厂房内布置有立面上自下而上、高程全覆盖、平面上南北双向通行的施工通道；混凝土运输以立柱式梭式布料机为主，"溜管+溜槽"与"桥机+吊罐"为辅的入仓方式；采用低热水泥混凝土，降低了混凝土内部温度，具备连续、高强度浇筑的条件。地下厂房机组混凝土原计划共分为 29 层浇筑，其中肘管层分两期共 10 层、锥管层分 5 层、蜗壳层分 7 层、中间层分 4 层、发电机层分 3 层，各层高度为 1.5～3.4m，计划工期为 23 个月。

为提高施工效率，缩短直线工期，综合考虑机电一期埋件的加固需求、大体积混凝土温控防裂、混凝土浇筑入仓手段及入仓强度等要素，结合厂房结构与布置特点以及类似工程经验，对机组混凝土浇筑分层进行了优化，具体如下。

（1）肘管层分两期浇筑，其中一期为肘管底板及支墩混凝土，优化为 3 层浇筑；二期为肘管外包混凝土，将原方案优化为 5 层浇筑。优化后的分层方案重点分析Ⅱ肘（1）层、Ⅱ肘（3）层的浇筑分层高度。Ⅱ肘（1）层的分层高度应既能保证有足够的盖重使肘管底部混凝土充填密实，又不能浇筑过高使肘管受到较大浮托力而抬动，通过浮托力计算选取了浇筑至覆盖肘管底部 1.2m 处作为Ⅱ肘（1）层的浇筑顶高程，即Ⅱ肘（1）层的分层高度为 2.7m。Ⅱ肘（3）层覆盖肘管顶部，须考虑肘管上覆混凝土重量不能过重导致肘管变形，经计算按照覆盖厚度不大于 1.5m 进行分层。

（2）蜗壳层由原方案的分 7 层浇筑优化为分 4 层浇筑。其中，蜗（1）层主要考虑将座环与基础环阴角部位浇筑密实，同时蜗壳内侧与外侧高差不超过设计允许值 60cm，以防止蜗壳发生侧移和抬升，分层高度由原 1.5m 调整为 3.5m。其余各分层兼顾蜗壳层进人廊道等结构布置，以及方便预埋管路安装等因素进行划分。

（3）中间层及发电机层由原方案的分 7 层浇筑优化为分 4 层浇筑。中间层及发电机层的中部机坑区域为机墩、风罩，外侧为板梁柱框架结构，在分层方案上，按照板梁以下

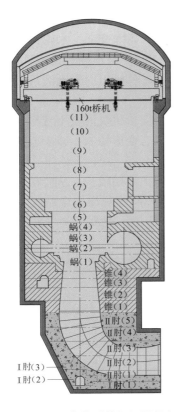

图 6.2-1　优化后的机组混凝土
浇筑分层方案

柱子分 1 层、板梁分 1 层进行。

（4）机组混凝土浇筑分层优化后，对于主厂房中间层及中间层以下的大体积混凝土，采取通制冷水替代通江水的方案和采用水化热低的硅酸盐水泥浇筑等温控措施，确保大体积混凝土的浇筑质量。

通过系统的分层优化，机组混凝土浇筑分层由原方案的分 29 层浇筑优化为分 20 层浇筑，缩短直线工期约 45d，优化后的机组混凝土浇筑分层方案如图 6.2-1 所示。

在白鹤滩水电站的厂房机组混凝土施工中，由于工期紧张，利用尾水连接管及尾水扩散段形成机组混凝土浇筑的下部运输通道；在引水下平洞与机坑隔墩之间增设型钢栈桥，形成肘管层至蜗壳层浇筑的中部运输通道；在厂房上游第 6 层排水廊道与厂房上游墙之间新增 3 条支洞，作为机组混凝土浇筑的上部上游侧运输通道，同时利用母线洞、进厂交通洞和进厂交通洞的南侧支洞作为机组混凝土的上部下游侧运输通道。因此，厂房各层混凝土浇筑形成了"立面上的自下而上全高程覆盖、平面上的南北双向均可通行"的施工通道，为主厂房各机组混凝土的全面同步施工创造了良好的通道条件。左岸厂房机组混凝土浇筑的施工通道布置如图 6.2-2 所示。

根据统筹安排，左岸首台发电机组为 1 号机组，布置在厂房南侧，与南侧的厂内集水井（上部为辅助安装间）以及副厂房相邻，集水井以及副厂房的施工与 1 号机组施工相互干扰。为确保左岸 1 号机组的施工进度，需加快集水井及副厂房的浇筑施工进度，使其尽快浇筑至发电机层，以形成 1 号机组南侧的施工场

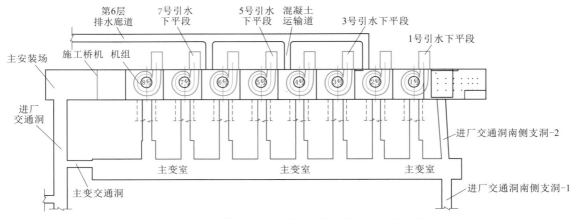

图 6.2-2　左岸厂房机组混凝土浇筑的施工通道布置

地及混凝土入仓通道。为此，在厂房南侧顶拱增设 1 台 10t 高扬程电动葫芦，使之覆盖 1 号机组、辅助安装场以及副厂房，解决了厂房多机组同步施工情况下桥机使用紧张的问题，为左岸首台机组关键线路施工增加了材料垂直运输手段。

6.2.2　混凝土运输

6.2.2.1　下部垂直运输

如图 6.2-3 所示，厂房肘管层下部混凝土通过在尾水扩散段布置 2 台混凝土泵对称泵送入仓，肘管层上部及锥管层混凝土通过在厂房机坑隔墩部位布设"溜管+溜槽"对称入仓。

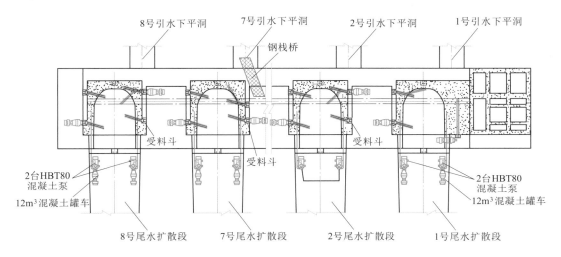

图 6.2-3　肘管层与锥管层混凝土垂直运输方案

6.2.2.2　中上部垂直运输

蜗壳钢衬底部内侧及阴角部位采用混凝土泵泵送入仓。其余部位主要采用在母线洞内布置固定皮带机配合厂房内布置的"立柱式梭式布料机+溜管"运输入仓，立柱式梭式布料机不能覆盖的区域采用"溜管+溜槽"的方式辅助入仓，同时采用"桥机+吊罐"作为备用入仓手段。机组混凝土中上部的垂直运输方案如图 6.2-4 所示，浇筑施工的实景如图 6.2-5 所示。

6.2.3　肘管大组节预拼装

肘管安装作为机组肘管层混凝土浇筑的紧前工序，占用机组混凝土浇筑的直线工期。白鹤滩水电站地下厂房单台尾水肘管分为 14 节，共 336t。若逐节在机坑内进行吊装焊接，则每节管节安装以及每条环缝焊接都将占用直线工期。

为此，提出并实施了肘管大组节预拼装方案。在厂房安装间平台布置工位，提前将肘管两两预拼，预拼作业与肘管一期支墩混凝土浇筑同期进行，待机坑内具备肘管安装条件后，将预拼好的大组节肘管通过施工桥机整体吊装至机坑就位。经过预拼装方案的实施，将原本机坑内 14 节管节安装、13 条环缝焊接的工作量减少到 7 大节肘管安装、6 条环缝

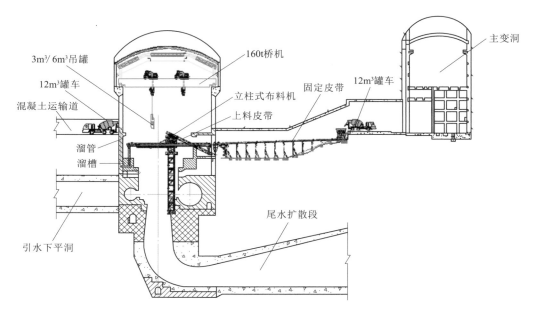

图 6.2-4　机组混凝土中上部的垂直运输方案

焊接的工作量,缩短了直线工期。

肘管大组节预拼装须统筹考虑厂房施工桥机的吊运能力和吊装空间,组拼后的大组节最大重量不能超过桥机额定起重量,同时高度应能满足在安装间的起升扬程,组拼后的管节在机坑内应便于定位加固。

通过实施肘管大组节预拼,除了能够减少机坑内的肘管焊接工程量而缩短直线工期外,还具有在安装场拼装比在机坑内拼装施工作业条件好,施工效率更高,质量更有保障等优势。

6.2.4　锥管层混凝土

为了确保锥管支撑稳固,减少支撑工作量,锥管层混凝土一般分为两期浇筑。一期混凝土为锥管外围混凝土,外侧浇筑至结构边线,内侧沿锥管预留足够施工空间形成一个环形二期机坑,锥管安装时,利用一期混凝土浇筑期间预埋的插筋作为锚固点,采用型钢或锚筋对锥管进行加固。

图 6.2-5　机组混凝土中上部浇筑
施工的现场实景

锥管层混凝土分两期浇筑对锥管加固有利,但存在增加二期混凝土占用直线工期,二期混凝土施工空间小、施工难度大,一期混凝土沿二期机坑内壁需增加防裂钢筋和并缝钢筋从而增加工程投资等弊端。

为此，通过锥管逐节安装加固、混凝土随层浇筑的方式，将锥管层混凝土优化为一期浇筑。其特点有：锥管安装与混凝土备仓同步进行，不占用直线工期；锥管逐节安装、混凝土随层浇筑，使锥管悬臂高度控制在较小范围，通常为一节锥管高度，即 3m 左右，通过在混凝土内预埋地锚作为锚固点，斜拉杆拉结的方式对锥管进行加固，满足受力要求；通过沿锥管外侧对称浇筑混凝土的方式，使锥管在混凝土浇筑过程中受力均匀，锥管的侧向位移满足设计及规范控制要求。

白鹤滩水电站地下厂房锥管层混凝土通过优化为一期浇筑，单台机组混凝土节约直线工期约 30d。

6.2.5　座环整体吊装

由于机组座环整体重量较重，单套座环重达 467t，原方案采用岩壁梁上布置的 160t 桥机分瓣吊装至机坑内进行组拼焊接。座环安装是机组混凝土施工关键线路上的项目，占用直线工期。若采取常规的座环在机坑内组拼焊接方案，座环分瓣吊装和焊缝焊接全部占用直线工期。

为加快施工进度，缩短直线工期，提出并实施了座环在安装间工位组拼再整体吊装至机坑内就位的方案。该方案关键点在于座环组拼后重量较重，已安装的 160t 施工桥机无法承担吊装任务。为此，通过统筹规划、精心筹备，在座环安装前完成 1300t 永久桥机的制造及安装工作，以满足座环整体吊装要求。座环整体吊装作业如图 6.2-6所示。

图 6.2-6　座环整体吊装施工

座环在安装间工位提前组拼、整体吊装的技术方案具有如下优势。

（1）焊接作业施工环境好、质量更可靠。机坑内施工空间狭小，施工人员作业效率低，座环在安装间工位组拼更便于施工，作业效率显著提高。

（2）缩短直线工期。提前进行座环分瓣吊装和焊缝焊接，待机坑具备座环安装条件后，整体吊运至机坑就位，座环分瓣吊装和焊缝焊接不占用直线工期。

经现场实践表明，座环提前组拼、整体吊装方案较常规的机坑内组拼焊接施工方案节约工期约 45d。

6.2.6 蜗壳外包混凝土

白鹤滩水电站地下厂房机组蜗壳作为地下厂房的关键和核心,确保其外包混凝土的施工质量是整个工程的重中之重。白鹤滩水电站采用百万千瓦级机组致使蜗壳体型巨大、结构复杂、埋管埋件众多,同时座环、蜗壳间形成的阴角部位空间狭小,施工难度大。

蜗壳外包混凝土优质、高效浇筑的关键在于:①防止蜗壳外包混凝土浇筑过程中蜗壳发生抬动、侧移;②确保蜗壳阴角部位混凝土浇筑密实;③做好蜗壳外包大体积混凝土的温度控制,特别是蜗壳阴角部位和底部采用高流态一级配混凝土或自密实混凝土,胶凝材料掺量大,绝热温升高,温度控制难度大。

6.2.6.1 蜗壳防抬动、侧移技术

1. 蜗壳外包混凝土第Ⅰ层分区

为防止蜗壳外包混凝土在浇筑过程中发生蜗壳抬动、侧移现象,蜗壳Ⅰ层浇筑时一次浇筑面积不能过大,使蜗壳受较大浮托力而抬动,同时一次浇筑高度不能过高,使蜗壳受较大侧压力而发生侧向位移。综合考虑后,蜗壳外包混凝土第Ⅰ层分4个象限对称浇筑,南侧、上游为第Ⅰ象限,其他象限按照逆时针方向依次为Ⅱ~Ⅳ象限,浇筑顺序为Ⅳ象限→Ⅱ象限→Ⅲ象限→Ⅰ象限。

2. 浇筑过程控制

为平衡蜗壳混凝土浇筑过程中产生的浮托力,蜗壳外侧间隔焊接拉锚,后期将拉锚割除后进行探伤与打磨。

严格控制蜗壳内侧与外侧混凝土浇筑的高差不超过设计允许值60cm,防止混凝土侧压力过大使蜗壳侧移。重点监控蜗壳内侧浇筑,当座环基础板上的窗口、孔洞发生冒浆现象后立即停止蜗壳内侧浇筑。控制蜗壳内外侧混凝土浇筑上升速度均不大于0.3m/h,在蜗壳钢支撑或蜗壳本体上标识坯层线,便于控制坯层厚度和浇筑速度。

为保证座环阴角部位混凝土的浇筑密实度,在蜗壳基础环布置混凝土振捣孔和排气孔;为防止混凝土硬化后的收缩,预先布置回填灌浆孔。在混凝土浇筑结束后采用砂浆泵注浆充填顶部可能存在的空腔,注浆压力控制在0.2MPa以内,防止座环抬动。

3. 抬动及侧移监测

(1) 座环上监测点的布置。在蜗壳外包混凝土浇筑前,在座环底环基础板的"+Y""+X""-Y""-X"方向旋转45°布置4个测点,每个测点各布置1个径向和1个高程测点,共8个测点。测点支架采用足够刚度的型钢(10号槽钢)制作,与座环、蜗壳相对独立,下部焊接固定在锥管内支撑上。

(2) 蜗壳上监测点的布置。蜗壳顶部均匀布置14个监测点,并在地面做一个基准校正点,用于仪器校正。

(3) 采用数显百分表监测座环的抬动及侧移,蜗壳抬动及侧移采用全站仪进行监测,并与座环百分表的测量结果进行对照验证,避免出现偶然误差导致误判。座环、蜗壳监测布置如图6.2-7所示。

4. 抬动及侧移监测成果

蜗壳单象限的实测最大变形为0.17mm,累计最大变形为0.23mm,满足设计标准不

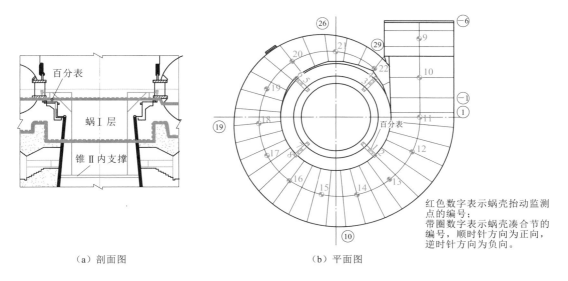

（a）剖面图　　　　　　　　　（b）平面图

图 6.2-7　座环、蜗壳监测布置示意图

大于 0.25mm 的技术要求；蜗壳单象限的实测最大抬动为 1.1mm，满足设计预警不大于 2.5mm 的技术要求。

6.2.6.2　蜗壳阴角部位混凝土浇筑

蜗壳内侧阴角部位采用泵机浇筑，泵机一用一备，蜗壳、座环阴角部位布置 3 根高泵管、2 根低泵管，如图 6.2-8 所示。外侧采用立柱式梭式布料机浇筑。

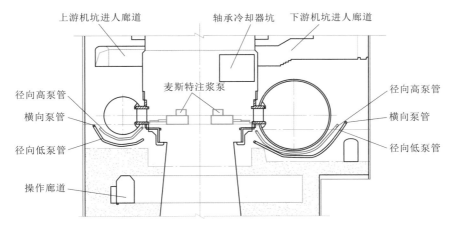

图 6.2-8　蜗壳阴角部位高低泵管布置图

蜗壳Ⅰ层单象限仓面从蜗壳半径较大侧开仓浇筑，采取内高外低挤浇法，如图 6.2-9 所示。先浇筑蜗壳底部范围，坯层厚度为 30cm，再向外辐射，振捣人员随后平仓振捣。当蜗壳底部浇筑宽度超过 3m 后，开始浇筑内侧混凝土，内侧采用泵机浇筑一级配混凝土，坯层厚度为 30cm，先启用低泵管浇筑一级配混凝土，内侧浇筑速度不能超过外侧。待浇筑到蜗壳底部后，振捣人员难以振捣时，启用高泵管浇筑自密实混凝

土，并降低外侧的浇筑速度，使内侧浇筑速度略快于外侧，以便于内侧自密实混凝土将蜗壳底部填满。阴角部位浇筑自密实混凝土时，在蜗壳基础环板上布置有振捣孔，混凝土料浇满溢出后及时进行清理，并用沙袋或木塞封堵孔口。高泵管浇筑过程中需密切注意观察基础板上各窗口、孔洞等冒浆情况，一旦发现冒浆，相应泵管应立即停止泵送混凝土。

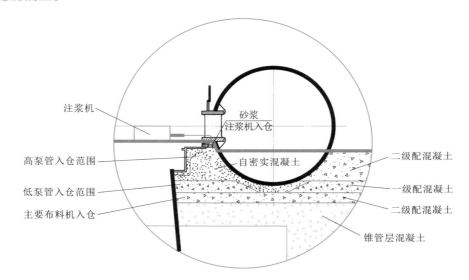

图 6.2-9　蜗壳下部内高外低挤浇法示意图

最高层振捣孔全部冒浆并堵压后，采用注浆机经提前预埋的注浆花管往阴角顶部灌浆，直至顶部通气孔冒浆后停止，确保阴角部位浇筑饱满、密实。

通过采用以上技术措施，蜗壳整体浇筑密实，接触灌浆量相对较小。左岸厂房蜗壳接触灌浆成果如表 6.2-1 所示。

表 6.2-1　左岸厂房蜗壳接触灌浆成果表

序号	工程部位	单元个数 /个	灌浆工程量 /m²	注灰量 /kg	单位注入量 /(kg/m²)
1	左岸 1 号机组	4	564	1919.24	3.40
2	左岸 2 号机组	4	564	3416.55	6.06
3	左岸 3 号机组	4	564	2824.85	5.01
4	左岸 4 号机组	4	564	5987.09	10.62
5	左岸 5 号机组	4	564	3670.37	6.51
6	左岸 6 号机组	4	564	8702.81	15.43
7	左岸 7 号机组	4	564	2806.55	4.98
8	左岸 8 号机组	4	564	3639.93	6.45
合　　计		32	4512	32967.39	7.31

6.2.6.3　温控技术

（1）降低混凝土水化热。优化蜗壳层混凝土的配合比，采用低热水泥拌制混凝土。

（2）降低混凝土入仓温度。控制出机口温度不大于14℃；在混凝土运输过程中，在罐车上加帆布覆盖隔热并对帆布喷水保湿保温；加强混凝土运输过程协调，防止混凝土长时间待浇。

（3）通水冷却。浇筑蜗壳每层混凝土时，在仓内布置 HDPE 冷却水管，布置间距为1.0m、层距为1.5m，自密实、一级配混凝土浇筑区域加密布置冷却水管。混凝土覆盖冷却水管后开始通冷水冷却。第一仓浇筑时预埋4支温度计用于监测混凝土内部温度变化情况，2支布置在阴角自密实混凝土区，另外2只布置在蜗壳外侧。

（4）经实际检测，白鹤滩水电站地下厂房蜗壳层混凝土最高浇筑温度为19.6℃，最低为15.6℃，平均为17.4℃，合格率为100%。高温季节和低温季节的内部最高温度分别为42.1℃和40.8℃，满足4—9月设计允许混凝土内部最高温度不大于45℃的技术要求，10月至次年3月允许混凝土内部最高温度不大于41℃的技术要求。

6.2.7　框架结构混凝土

6.2.7.1　模板方案

机组中间层及发电机层为板梁柱组成的框架结构混凝土。出于满足各项功能的需要，板梁柱形成的框格通常大小不一、不成模数，如果采用常规平面钢模板拼装，则需要采用木模板进行较大面积的补模，施工效率低。

为加快框架结构的施工进度，采用预制清水模板进行拼模，即按照清水模板成品的规格进行梁、板、柱模板规划，对各层框架的每一个框格的模板尺寸进行设计，按照尽可能少切割模板、少产生余料、拼缝纵横衔接、对缝一致的原则，提前完成模板拼装图的设计，在加工厂内按照图纸将模板制作成需要的尺寸，并按照图纸对加工好的模板进行系统编号。在模板安装时，按照模板拼装图将对应编号的模板安装在相应的位置即可，极大地提高了施工效率。此外，采用预制清水模板拼缝严密、对缝规整，比采用平面钢模板拼装、木模板补缺的外观质量更加美观。框架结构混凝土浇筑的外观效果如图 6.2-10 所示。

图 6.2-10　框架结构混凝土浇筑外观效果

6.2.7.2　脚手架方案

厂房机组框架结构混凝土浇筑的原脚手架方案拟采用扣件式钢管脚手架作为板梁底模支架，其搭设工程量大，施工效率低。实际施工时，采用盘扣式脚手架作支撑架，如图

6.2-11 所示。盘扣式脚手架具有搭拆方便快速、结构稳定等优点，配套的定尺杆件安装后不会产生因间排距不满足要求而返工等问题，同时也规避了扣件式钢管脚手架扣件拧紧扭力矩检查难度大等通病，是一种高效、安全的支撑方式。

图 6.2-11　框架结构混凝土脚手架体系

通过采用盘扣式支架配预制清水混凝土模板，有效提高了板梁柱框架结构的混凝土施工效率，中间层及发电机层两层框架结构（含机墩、风罩）由原方案计划的 4.5 个月工期缩短至 3 个月左右，节约了工期，也确保了质量。

6.2.8　工期成效分析

在机组混凝土浇筑施工过程中，采取了增加混凝土运输通道、布置梭式布料机、尾水管大组节预拼装、座环预拼整体一次吊装、锥管一期整体浇筑、整体分层优化等措施，创造了 18 个月完成厂房机组一期埋件安装向机电安装交面和混凝土浇筑的行业新纪录。左岸厂房单个机组的混凝土工期对比如表 6.2-2 所示。

表 6.2-2　左岸厂房单个机组的混凝土工期对比　　　　　　　　　　　单位：月

序号	分　层	投标工期	实施工期
1	肘管层（含肘管安装）	8	3.5
2	锥管层（含锥管安装）		2
3	座环蜗壳安装	10.5	5
4	蜗壳层		3.5
5	中间层	4.5	1.5
6	发电机层		1.5
合　计		23	17

注　1. 对比表数据基于左岸引水发电系统。
　　2. 投标工期参照同类工程进度确定。

6.3　岩壁吊车梁混凝土

6.3.1　岩壁吊车梁的结构特征

岩壁吊车梁是一种通过锚杆将钢筋混凝土结构锚固在岩壁上，梁和岩体共同承受荷载的特殊结构，主要应用于大型水利水电工程的地下厂房中，是地下厂房机组吊装的主要承重构件。在地下厂房的施工过程中，岩壁梁的建成和使用不仅能够发挥岩壁梁"金腰带"结构对高边墙围岩的束缚作用，提高岩体的自稳能力，而且可以让永久重型桥机优先投入运行，为加快厂房下部开挖、混凝土浇筑施工及机组安装提供有利的条件，确保机组快速投产。

白鹤滩水电站左、右岸主厂房和尾水管检修闸门室均布置有岩壁梁，厂房岩壁梁主要承受 2×1300t 转子吊装荷载，尾水管检修闸门室岩壁梁主要承受 800t 闸门的起闭和吊运荷载。

白鹤滩水电站主副厂房按"一"字形布置，总长度为 438m，岩壁梁布置在空调机房和副厂房之间，单边长度为 406m，上拐点高程为 604.44m，下拐点高程为 602.30m，顶高程为 605.60m，岩台斜面与铅垂面的夹角为 35°，岩台开挖宽度为 1.5m，混凝土最大浇筑宽度为 2.85m，高度为 3.3m，此时的岩壁梁顶部距离地面高 9.7m。主厂房下游侧岩壁梁在层间错动带、陡倾角裂隙影响段及进厂交通洞南侧支洞

图 6.3-1　厂房内浇筑成型的岩壁梁实景

两侧设计有 60cm 厚附壁墙。厂房内浇筑成型的岩壁梁如图 6.3-1 所示。

尾水管检修闸门室总长为 374.5m，岩壁梁布置在尾水管检修闸门室的上下游边墙上；岩壁梁长为 352.2m，上拐点高程为 656.99m，下拐点高程为 655.20m，顶部高程为 658.00m；岩台斜面与铅垂面的夹角为 40°，岩台开挖宽度为 1.5m，混凝土最大浇筑宽度为 2.45m，高度为 2.8m。

6.3.2　新型台车设计与岩壁梁混凝土浇筑技术

岩壁梁混凝土的浇筑应在开挖支护阶段完成。一般情况下，厂房及尾闸室岩壁梁所在层完成开挖支护，且下层边墙完成预裂爆破，使下一开挖层与岩壁梁混凝土之间有足够的爆破安全距离，便可组织岩壁梁混凝土浇筑施工。为保障岩壁梁浇筑质量，岩壁梁混凝土一般采用分段跳仓浇筑。

厂房岩壁梁混凝土在安装场与机组间、各机组段之间、辅助安装场与机组之间设

置结构缝，尾闸室岩壁梁在闸门井和储门库之间根据适当距离设置结构缝。结构缝宽为2cm，采用沥青杉板填缝，岩梁钢筋不过缝，结构缝之间对岩壁梁混凝土进行分段浇筑。浇筑分段长度考虑温度及混凝土收缩变形影响，并根据施工浇筑能力进行设置。

在传统的施工方案中，岩壁梁混凝土采用人工搭设承重排架再安装定型钢模板的施工方法。存在以下弊端：①高排架作业、模板吊装作业的安全风险大；②定型钢模板的拼装速度慢，模板拼缝之间易形成错台，拼缝不严密易引起漏浆，影响岩壁梁混凝土浇筑质量；③施工工序多，机械化程度不高，耗用大量人力资源。为解决传统工艺存在的诸多问题，在白鹤滩水电站地下厂房及尾水管检修闸门室施工中，研制并应用了新型液压自动化台车浇筑岩壁梁混凝土，实现了复杂环境下岩壁梁混凝土的快速优质、安全高效施工，有力保障了混凝土浇筑体型及质量。

6.3.2.1 台车设计

新型液压自动化台车浇筑岩壁梁混凝土经历了从传统搭设承重脚手架、吊装定型钢模板方案，改进为固定脚手架配滑轨式定型钢模板方案、移动脚手架配定型钢模板行走方案的演化过程。通过对后两种改进方案中模板及脚手架在移动过程中的安全稳定问题研究，同时结合厂房和尾水管检修闸门室岩壁梁的空间布置和结构特点，最终优化为新型液压自动化台车浇筑方案。

如图6.3-2和图6.3-3所示，新型液压自动化台车包括单侧式钢筋台车和钢模台车，以及对称式钢筋台车和钢模台车，分别适用于洞室跨度较大的厂房和洞室跨度较小的尾水管检修闸门室的岩壁梁混凝土浇筑施工。钢筋台车由门架、操作平台、支撑系统、走行机构、防护结构等组成。钢模台车由门架、整体定型模板、操作平台、走行机构和支撑系统、液压系统等组成。单侧式钢模台车和对称式钢模台车的结构如图6.3-2和图6.3-3所示。

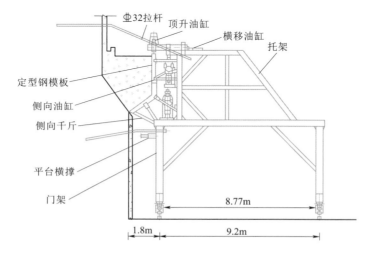

图6.3-2 单侧式钢模台车示意图

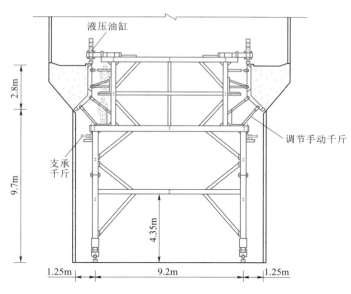

图 6.3-3 对称式钢模台车示意图

1. 台车设计要点

为使岩壁梁浇筑台车技术可行、经济适用，在进行台车设计时，需充分考虑以下 3 个因素。

（1）尾水管检修闸门室洞室断面跨度小（9m/12m），台车设计采用对称式结构。一是台车受力条件较好、一次就位可同时施工两侧岩壁梁，从而提升效率；二是可保证台车下部通道通畅。厂房洞室断面跨度大（31m），上下游岩壁梁需分别布置台车进行施工，故台车采用单侧式结构。

（2）为减少施工成本、提高台车利用率，结合现场实际情况，先施工的尾水管检修闸门室岩壁梁台车在完成相应部位岩壁梁的施工后，进行改装可用于厂房岩壁梁混凝土施工。需考虑两个部位岩壁梁在结构尺寸上的差异，通过少量改造实现台车共用，以减少台车成本。

（3）厂房部分岩壁梁不良地质段设计有附壁墙结构，此部位的岩壁梁结构和标准断面不一致，台车设计时需考虑通过局部改装能兼顾异形结构岩壁梁的施工需要。

2. 台车通用性设计

为提高台车利用率，降低施工成本，采取模板分块设计、门架立柱分节设计的方案，以实现对台车进行局部改造即可满足不同部位岩壁梁重复使用的目的。

（1）尾水管检修闸门室岩壁梁台车的改装设计。尾水管检修闸门室岩壁梁浇筑完成后，所使用的对称式钢筋台车、钢模台车改装后转移至厂房岩壁梁混凝土浇筑使用。由于尾水管检修闸门室岩壁梁的高度和下拐角角度与厂房岩壁梁不一致，需要对台车进行改装。具体改装方案为：①台车立柱分节设计，改装时取掉其中一节立柱，使台车剩余高度与厂房台车一致；②加工满足厂房岩壁梁拐角轮廓的拐角模板，厂房岩壁梁浇筑时更换为该拐角模板，沿用侧模和底模解决下拐点角度不一致的问题；③厂房岩壁梁采用单侧浇筑方式，改装时拆除一侧的系统模板。同时为保证单侧式钢模台车运行安全，在台车浇筑侧增加侧向约束。

尾水管检修闸门室岩壁梁钢模台车改装成厂房岩壁梁钢模台车的前后实景分别如图6.3-4和图6.3-5所示。

图6.3-4　尾闸室对称式　　　　　　　图6.3-5　主厂房单侧式岩壁
岩壁梁钢模台车　　　　　　　　　　　　　梁钢模台车

（2）厂房附壁墙部位的岩壁梁浇筑。错动带等地质缺陷部位的厂房设计有附壁墙，该段岩壁梁的下斜面与附壁墙相交形成拐角。为此，提前加工满足该拐角轮廓的拐角模板，附壁墙段岩壁梁浇筑时，将原下斜面底模更换为该拐角模板即可。标准岩壁梁下斜面模板、附壁墙段岩壁梁下斜面模板如图6.3-6和图6.3-7所示。

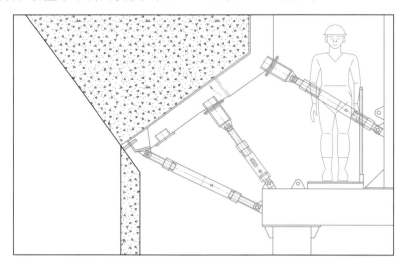

图6.3-6　标准岩壁梁下斜面模板图

6.3.2.2　台车浇筑岩壁梁的工艺流程

台车浇筑岩壁梁混凝土的单仓施工工艺流程为：钢筋台车就位→钢筋安装→钢模台车就位→预埋件及端头模板安装、校正→布料机等浇筑设施就位→验仓浇筑→等强、养护→

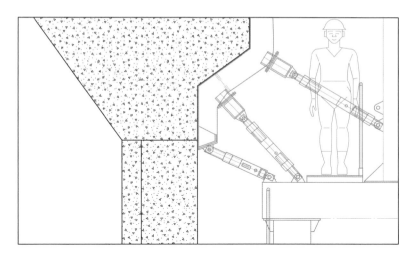

图 6.3-7　附壁墙段岩壁梁下斜面模板图

钢模台车脱模、行走→下一循环。错动带等地质缺陷部位优先浇筑附壁墙，待附壁墙达到一定强度后方可采用钢模台车进行岩壁梁浇筑。主厂房岩壁梁混凝土台车施工实景如图 6.3-8 所示。

6.3.2.3　台车浇筑岩壁梁的技术要点

（1）确保台车轨道平、直、牢。如图 6.3-9 所示，轨道安装前，采用级配碎石对安装地段进行平整并采用振动碾或反铲压实；枕木、轨道安装前后均需采用全站仪测量放线；确保轨道平直，中心距满足设计要求，同时轨道必须固定牢固。

（2）钢筋自稳控制。采用台车浇筑岩

图 6.3-8　主厂房岩壁梁混凝土台车施工实景

壁梁混凝土时，钢筋需超前混凝土浇筑仓号预先安装，钢筋外侧悬空，存在倾覆、垮塌的风险。将结构钢筋通过架立筋与系统锚杆联结防止其下滑，通过增设拉筋与系统锚杆联结防止其倾覆，如图 6.3-10 所示。

（3）台车防侧向位移。对于尾水管检修闸门室等小跨度洞室，台车设计为对称式，通过对称支撑千斤防止台车侧向位移。对于主厂房等大跨度洞室，台车设计为单侧式，通过侧向约束结构保证台车的抗倾覆稳定性。单侧式台车在浇筑满负荷工况下，受混凝土侧压力的影响，会产生侧向位移。为此，在单侧式台车的顶部和中部增加两排万向可调

图 6.3-9　台车轨道平、直、牢

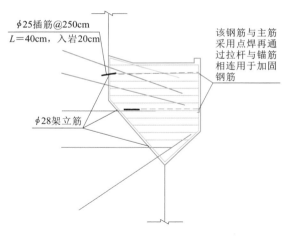

图 6.3-10　岩壁梁钢筋自稳方式

节式拉杆，如图 6.3-11 所示，拉杆一端与边墙锚杆联结，另一端固定在台车门架上，以此约束台车的侧向位移，实现台车的稳定和对岩壁梁外形轮廓的精确控制。

（4）搭接、拼缝密实。为减少混凝土表面的错台，要求钢模台车的面板与老混凝土之间搭接、拼缝密实，加固牢固，保证模板结合处不留缝隙。采用在老混凝土表面、靠施工缝处粘贴双面胶的方式防止漏浆，保证新、老混凝土的良好结合。同时加强混凝土浇筑过程控制，实时进行模板变形监测，发现模板变形及时调整。

（5）成品保护。为了防止岩壁梁成型后的混凝土被下层开挖爆破飞石损坏，在直立面及斜面模板拆除后，通过竹马道板全面覆盖保护混凝土。竹马道板采用 10 号铅丝连成整体后，通过 φ25 钢筋龙骨进行加固，φ25 钢筋与岩壁梁混凝土的上部边墙及下直墙系统通过锚杆焊接固定。

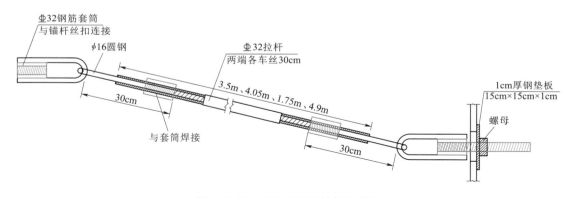

图 6.3-11　万向可调式拉杆示意图

6.3.2.4　岩壁梁的浇筑效果

通过新型液压自行式台车的研制与应用，白鹤滩水电站岩壁梁各工序的施工质量全面受控、质量优良，混凝土外观成型优良，有效避免了传统定型钢模板工艺带来的模板拼缝错台、漏浆、砂线等质量缺陷。混凝土浇筑单元工程合格率为 100%，优良率为 100%。现场的岩壁梁钢筋安装及混凝土浇筑效果如图 6.3-12 和图 6.3-13 所示。

通过相关研究与实践，极大地提高了岩壁梁混凝土的外观质量，平均偏差仅为 8mm；有效避免了传统浇筑方式存在的质量安全风险，施工期未发生质量安全事故；施工进度提高了 21%，加快了工程进展；施工作业人员配置缩减至 200 人以下，有效减少了人员投入；经济效益良好，各项质量指标优良。

图 6.3-12　岩壁梁钢筋安装

（a）整体浇筑效果

（b）一侧浇筑效果

图 6.3-13　岩壁梁混凝土浇筑效果

6.4　隧洞衬砌混凝土

白鹤滩水电站的引水发电系统有多条平行隧洞，长度较短、断面尺寸大、断面形式多样、对衬砌混凝土质量要求高。常规的衬砌台车方案存在拆除与安装工作量大、适应性单一、综合成本高、进度受限等问题。为了有效解决以上问题，提升衬砌台车的通用性与适应性，实现台车在不同洞段之间的整体转移，需要解决断面形式变换、自行走、小半径转弯、穿行低矮通道、多断面的一体化等技术难题。

6.4.1　平行水工隧洞变断面过洞衬砌台车

白鹤滩水电站左、右岸各布置有 8 条引水隧洞，单条引水隧洞分为上平段、上弯段、竖井段、下弯段、下平段。其中，上平段采用混凝土衬砌，长为 146.01～158.12m，开挖断面为高 13m、底宽 9m 的马蹄形断面，衬砌后为直径 11m 的圆形断面。左、右岸上平段各布置有一条断面尺寸为 12m×8m（宽×高）的施工支洞，该支洞横穿 8 条引水隧洞上平段，施工支洞顶拱中心点的高程比引水隧洞顶拱高程低 3.96m。

如果采用常规衬砌台车浇筑引水隧洞上平段，一条隧洞衬砌完成后，因施工支洞的高差限制，台车无法自行移动至下一条隧洞继续施工，需要拆除后再安装到下一条隧洞施工。存在台车重复拆除与安装的问题，导致施工效率低、施工成本高、安全风险大。为此，针对白鹤滩水电站引水隧洞上平段衬砌施工的特点与需求，研制了一种变断面过洞衬砌台车和可变式伸缩横移钢筋台车，使台车在满足主洞衬砌尺寸的同时，通过伸缩、横移穿越低矮通道自行移动至下一条隧洞施工。引水隧洞变断面过洞衬砌台车如图 6.4-1 所示。

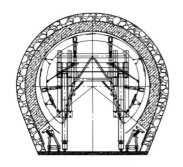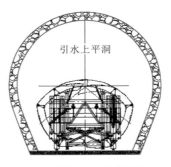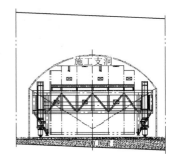

（a）台车正常衬砌脱模状态　　　　（b）台车大尺度收缩状态　　　　（c）台车穿越施工支洞状态

图 6.4-1　引水隧洞变断面过洞衬砌台车示意图

通过变断面过洞衬砌台车和可变式伸缩横移钢筋台车的配套，进行引水隧洞上平洞衬砌施工，其施工工艺与常规钢模台车的施工工艺一致。引水隧洞变断面过洞衬砌台车的运行过程如图 6.4-2 所示，其关键技术如下。

（1）台车外形的大尺度伸缩。台车门架通过多级油缸、外置导套/导柱实现大尺度伸缩。模板系统采用分块设计，利用多类油缸、支撑千斤和螺旋千斤调整模板就位及收模。收缩后台车可穿越施工支洞，伸展后可满足主洞室衬砌要求。

（2）收缩状态下台车可 80°~100° 转向横移。台车的行走轮采用旋转轴承和定位螺栓实现万向旋转以及定向与定位，使台车满足转向横移的要求，如图 6.4-2 所示，具体步骤如下：

1）台车行走至①处，将台车降至最低处，固定模板系统。

2）台车行走至②处，转动方向调整机构依次调整行走轮的方向，切换至支洞行走模式。

3）在③处铺设过渡轨道，台车行走通过支洞。

4）台车行走至另一引水隧洞④处时，调整走行机构方向，切换至主洞行走模式。

（3）在隧洞 30m 转弯半径下平稳转弯。台车整体长 8m，设计为两段拼接形式，转弯时将台车拆分为两节单独行走，满足小半径转弯的要求。

通过变断面过洞衬砌台车和可变式伸缩横移钢筋台车的配套使用，确保衬砌台车具有足够的升降量和模板伸缩量，可快速通过低矮施工支洞行走至另一条主洞进行施工，无须反复安拆台车及模板系统。该项技术创新对于单条隧洞长度不长、工期较宽裕的平行隧洞群具有很好的推广应用价值。

不考虑施工支洞封堵、主洞灌浆、钢筋绑扎等工序的影响，使用不同的施工方法对单个标准工作面进行引水上平段衬砌施工所需的工期如表 6.4-1 所示。

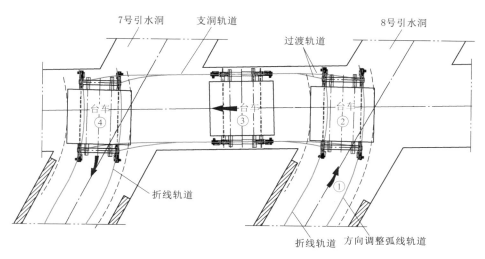

图 6.4-2　引水隧洞变断面过洞衬砌台车运行过程

表 6.4-1　单个标准工作面进行引水上平段衬砌所需工期　　　　　　　　　单位：d

施工方法	单仓时间	总浇筑时间	安拆时间	总工期
满堂排架	15	1815	605	2420
简易桁架台车	10	1210	140	1350
普通钢模台车	7	847	245	1092
变断面过洞衬砌台车	5	605	49	654

引水上平段除去竖井钢管回装、支洞封堵、主洞灌浆及特殊设计要求的 48 仓衬砌混凝土施工外，剩余标准衬砌总工期约 340d。为满足发电工期要求，若采用满堂排架施工，至少需要 7 个工作面同时施工；若采用简易桁架台车或普通钢模台车施工，需要 4 个工作面同时施工；若采用变断面过洞衬砌台车施工，仅需要 2 个工作面同时施工。显然，采用变断面过洞衬砌台车进行施工，工程工期保障性最佳。引水隧洞变断面过洞衬砌台车施工场景及衬砌施工效果分别如图 6.4-3 和图 6.4-4 所示。

图 6.4-3　引水隧洞变断面过洞衬砌台车施工场景

图 6.4-4　引水隧洞衬砌施工效果

6.4.2 尾水连接管多断面一体式衬砌台车

白鹤滩水电站左、右岸各布置有 8 条尾水连接管，单条隧洞有 2 种不同断面衬砌结构，闸前段为 14m×18m（宽×高）城门洞形衬砌结构，闸后段为 12m×18m（宽×高）倒角矩形衬砌结构。1 号~4 号、13 号~16 号尾水连接管均为直线段，5 号~12 号尾水连接管设有弯段，闸前弯段转弯半径均为 45m，闸后弯段转弯半径均为 25m。

如果采用常规衬砌台车，每条尾水连接管需配置 2 套结构形式不同的台车，施工成本高，台车安拆工作量大，施工安全风险高。为此，研制了一种多断面一体式衬砌台车，该台车采取模块化设计、分节设计，通过简易改装可适应不同断面洞室衬砌混凝土变跨、变弧的施工要求，满足单条洞室多断面混凝土连续浇筑的需求。尾水连接管多断面一体式衬砌台车如图 6.4-5 所示。

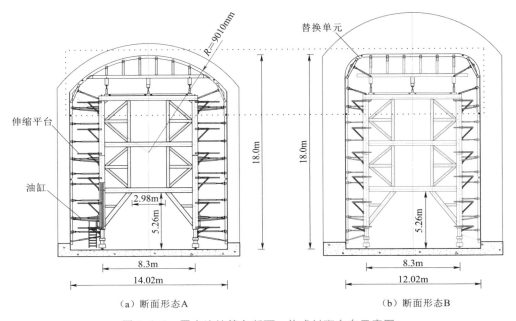

（a）断面形态A　　　　　　　　　　（b）断面形态B

图 6.4-5　尾水连接管多断面一体式衬砌台车示意图

多断面一体式衬砌台车的施工工艺与常规钢模台车的施工工艺一致。多断面一体式衬砌台车的核心技术在于对台车进行模块化设计。针对洞室跨度不同的问题，采用大行程油缸加大边墙模板的伸缩尺寸，缩回时可满足 12m 跨度洞段的衬砌施工，伸出时可满足 14m 跨度洞段的衬砌施工。针对顶拱部分结构体型不一致的问题，将拱肩上部的模体及支撑系统设计成可拆解的独立结构，通过替换不同的模体及支撑体系，可满足不同结构体型顶拱的浇筑需求。同时，在转弯洞段设计楔形模板，台车加上楔形模板后可进行转弯段衬砌的施工，满足小半径转弯段衬砌施工的需求。采用多断面一体式衬砌台车进行尾水连接管衬砌施工质量的管控。闸前、闸后不同衬砌断面使用一体式台车，与各衬砌断面分别采用不同衬砌台车相比，减少了台车投入数量及安拆次数，极大提升了施工效率，有效降低了施工成本。

6.5　尾水调压室混凝土

在白鹤滩水电站尾水调压室的混凝土结构施工中，主要技术难点有调压室井身段顶部的环形牛腿浇筑施工、井身标准段高衬砌快速安全施工、井身底部斜面段施工质量管控、阻抗板的温控防裂问题等。其中，顶部牛腿为环形的悬臂结构且体型复杂，常规的模板体系难以满足强度、刚度、施工便捷性等要求。井身标准段衬砌高度高、工期紧、施工安全风险大。井身底部斜面段为渐变结构，施工质量要求高。阻抗板属于大体积混凝土结构，约束复杂，为超静定立体结构，温控防裂难度大。

在白鹤滩水电站的工程实践中，研制了环形牛腿新型模板系统，通过开展现场工艺试验，确保了环形牛腿浇筑质量；采用新型盘扣式钢管脚手架替代传统普通钢管扣件式脚手架，通过组合拼装大模板整体吊装，实现了井身标准段衬砌快速、安全施工；通过定制弧形钢模板及精细化人工翻模抹面，实现了井身底部斜面段混凝土收面平整、光滑如镜；提出并实施了阻抗板混凝土"最高温度、冷却速率、平面温差"三指标控制的精细化温控方案，有效解决了阻抗板大体积混凝土温控防裂技术难题。

6.5.1　环形牛腿新型模板系统

如图 6.5-1 所示，尾水调压室井身段的顶部布置有宽 2.57~2.71m 的悬挑混凝土牛腿结构，作为通道使用，高度为 2m。牛腿顶部设置有宽 15cm、深 20cm 的排水沟，外边缘设置防护栏杆等预埋件。浇筑分层总高度为 2.9m，由 0.9m 井身段边墙和 2m 牛腿两个部分组成。

由于尾水调压室体型为圆筒式，牛腿为环形悬臂结构，体型复杂，常规的模板技术体系难以满足该部位的混凝土浇筑需求。为此，针对模板选型、模板结构体系、模板的安装与加固技术开展了系统的研究，并通过 1:1 现场试验对环形牛腿新型模板系统进行了试验验证、施工技术参数优选。

6.5.1.1　模板选型

经过对比维萨模板、定型钢模板、酸洗板三类模板的施工质量控制及混凝土浇筑成型效果，尾水调压室牛腿混凝土浇筑模板采用多维曲面定型酸洗钢模板。与普通钢板相比，该模板的优势有：①表面质量好，由于热轧酸洗板去除了表面氧化铁皮，提高了钢材的表面质量，便于焊接、涂油和上漆；②尺寸精度高，平整后可使板型发生一定变化，从而减少了不平整度的偏差；③提高了表面光洁度，增强了外观效果。

6.5.1.2　模板结构设计

为便于井内施工，需要控制单块模板的重量。为此，将单组模板分为 3 块，分上直立面模板、下直

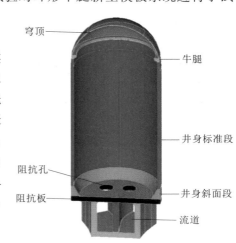

图 6.5-1　尾水调压室混凝土
结构三维示意图

立面模板和斜面模板，最大块的重量为 79.6kg。为了消除牛腿拐点处模板的拼缝，上直立面模板、下直立面模板均带 20cm 高的阴角或阳角斜面，如图 6.5-2 所示。面板选用 4mm 厚酸洗板，模板厚度为 54mm，模板之间采用 M12 螺栓连接，现场实景如图 6.5-3 所示。

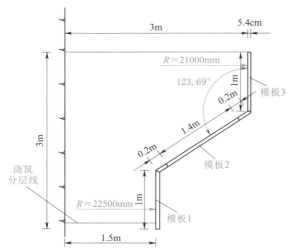

图 6.5-2　牛腿模板结构设计图

图 6.5-3　尾水调压室牛腿混凝土
酸洗板（斜面部分）实景

6.5.1.3　模板安装及加固设计

模板整体采用拉筋内拉的方式固定。上直立面围檩、下直立面围檩、斜面模板环向围檩均采用 $\phi48$ 双钢管围檩，斜面竖向围檩为 [8 双背槽钢，如图 6.5-4 所示。拉筋间距、排距均为 60cm，上直立面模板拉筋、下直立面模板拉筋均为 $\phi12$ 钢筋，斜面模板拉筋为 $\phi16$ 钢筋。为了消除牛腿顶部混凝土面的拉筋孔，将拉筋与老混凝土面的夹角控制在 45° 以内，且在拉筋上提前安装 10cm 长的 PVC 管，在浇筑至最后一个坯层后，将 PVC 管固定好，保证 PVC 管中线与牛腿顶面高程在同一平面内，以保证拉条割除后对拉条孔的修补达到最优。同时，在使用接安螺栓时，事先标出丝扣旋入的长度，且接安螺栓紧贴模板防止拉筋孔漏浆。牛腿模板的加固系统如图 6.5-5 所示。

图 6.5-4　牛腿模板斜面竖向围檩

6.5.1.4　新型模板系统现场试验

为了验证尾水调压室牛腿新型模板系统的可靠性，按照 1∶1 的比例模拟 1 号尾水调压室顶部牛腿结构，开展了现场模板工艺试验，对比了色拉油脱模剂和 HD-1 长效脱模剂的效果。试验结果如图 6.5-6 所示，以中间白线为界，左侧部分的脱模剂为色拉油，右侧部分的脱模剂为 HD-1。

为防止因浇筑速度过快引起模板变形，在斜面模板的棱角上布置有 3 个变形监测点，浇筑过程中对模板变形进行实时监测，并通过对数据的对比与分析，控制浇筑速度。根据监测成果，监测点累计下沉 7～9mm，牛腿模板的各项变形量均在可控范围内。脱模后，试验仓接缝无错台、无漏浆。涂刷 HD-1 长效脱模剂的试验段混凝土整体外观质量更好，表面平整光滑，效果如图 6.5-7 所示。

通过现场试验，验证了新型模板系统的可靠性，明确了合理的混凝土浇筑升层速度为 0.5m/h，确定了选用 HD-1 长效脱模剂。

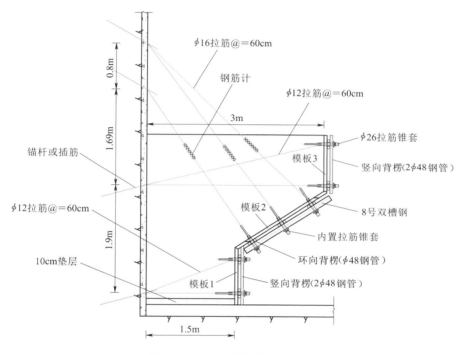

图 6.5-5　牛腿模板的加固系统

图 6.5-6　牛腿模板 1:1 工艺试验结果

图 6.5-7　尾水调压室牛腿混凝土拆模后效果（脱模剂为 HD-1）

6.5.1.5 环形牛腿浇筑质量

按照"试验先行、总结改进、工艺固化、样板引路"的质量管理思路，通过模板设计及选型，开展工艺试验，总结工艺流程，固化技术参数，形成工艺标准，实现了牛腿复杂结构体型的精准控制。混凝土表面光滑如镜，牛腿结构曲线完美呈现。尾水调压室牛腿混凝土整体浇筑效果如图 6.5-8 所示，1 号~8 号尾水调压室牛腿混凝土质量检测结果如表 6.5-1 所示。

图 6.5-8　尾水调压室牛腿混凝土
整体浇筑效果

表 6.5-1　1 号~8 号尾水调压室牛腿混凝土质量检测结果

项次	检查项目	质量标准	检测结果
1	单元工程评价	单元工程评定优良率：≥98%	共评定单元 25 个，优良率为 100%
2	结构形体	混凝土结构形体偏差 20mm 以内测点占比：≥92%；平均偏差：≤10mm	混凝土结构形体偏差 20mm 以内测点占比：≥99.4%；平均偏差：≤7.1mm
3	表面平整度	混凝土平整度：≤3mm（2m 靠尺检测），符合率不低于 90%；平整度最大偏差：≤5mm	混凝土平整度：≤3mm（2m 靠尺检测），符合率为 98.18%；平整度平均最大偏差为 3.64mm

6.5.2　井身标准段快速施工技术

尾水调压室井身标准段开挖直径为 43~48m，衬砌厚度 1.5m，衬砌高度达 69.5~88.5m，衬砌混凝土施工具有工期紧、工程量大、施工高差大、安全风险高等特点。1 号~8 号尾水调压室井身段技术参数如表 6.5-2 所示。

表 6.5-2　1 号~8 号尾水调压室井身段技术参数　　　　　　单位：m

左岸尾水调压室编号	开挖直径	衬砌高度	右岸尾水调压室编号	开挖直径	衬砌高度
1 号	48.0	81.0	5 号	43.0	75.5
2 号	47.5	81.1	6 号	45.5	69.5
3 号	46.0	81.8	7 号	47.0	71.0
4 号	44.5	88.5	8 号	48.0	72.5

为实现尾水调压室快速、安全、高效衬砌施工，采取分区、分层施工方案。在平面上将衬砌混凝土划分为 3 个或 4 个区域，每个区域的角度为 120°或 90°，标准分层高度按 4.5m 或 6.0m 控制，典型混凝土浇筑分区、分层如图 6.5-9~图 6.5-11 所示。

各个分区内采用 P6015、P1006 或 H6015、H3006 钢模板组合拼装成大模板，模板组装时，短边沿环向布置、长边沿竖向布置。模板组装好后通过两个手拉葫芦进行整体吊装

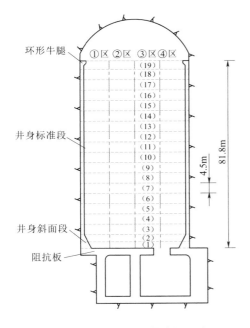

图 6.5-9　左岸 3 号尾水调压室
分区分层图

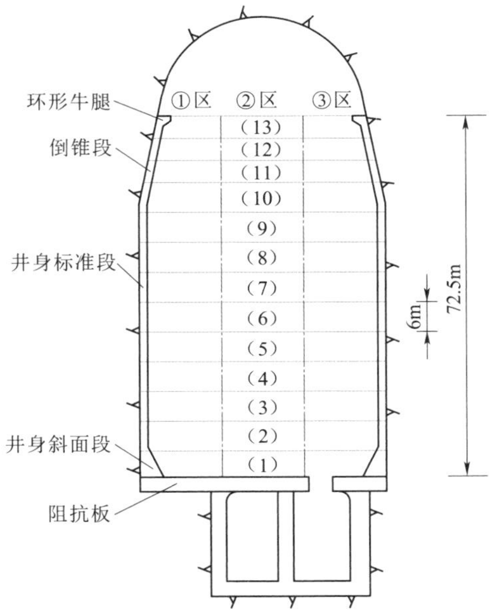

图 6.5-10　右岸 8 号尾水调压室
分区分层图

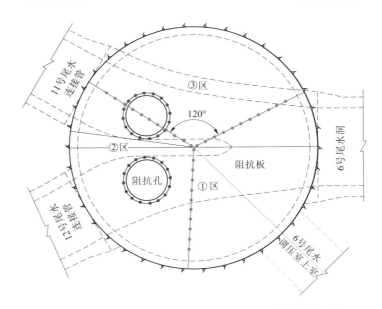

图 6.5-11　右岸 6 号尾水调压室混凝土浇筑典型分区图

施工。组合模板吊装如图 6.5-12 所示。

模板采用 $\phi12$ 拉筋配螺栓进行内拉固定，拉筋间排距为 75cm×60cm。水平向弧形背楞采用 $\phi28$ 钢筋，间距 30~60cm。竖向背楞采用 $2\phi48$ 钢管，间距 60cm。拉筋一端配"3"字形扣件紧固在竖向背楞外侧，另一端与边墙外露系统锚杆焊接固定。

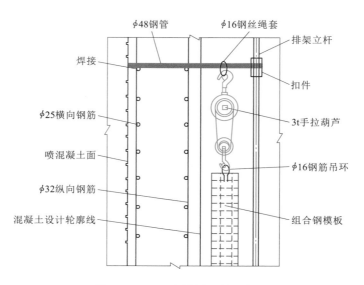

图 6.5-12　组合模板吊装示意图

混凝土入仓通过从尾水调压室底部流道架设 3~4 趟高压泵管，经穿过阻抗孔后引接至浇筑仓的中间部位，仓内通过搭设"溜槽+溜筒"进行入仓。混凝土浇筑入仓如图 6.5-13 所示。

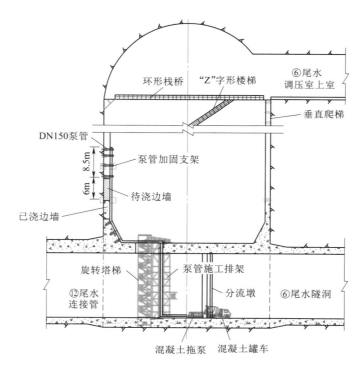

图 6.5-13　混凝土浇筑入仓示意图

　　鉴于尾水调压室井身段衬砌高度大，需花费大量时间用于搭设施工作业平台，为实现混凝土快速衬砌施工，节约工期，采用新型盘扣式脚手架代替普通钢管扣件式脚手架一次到顶搭设施工作业平台，同时各个分区同步开展作业，从而实现了衬砌混凝土的快速施工。典型盘扣式钢管脚手架搭设示意图如图 6.5-14 所示。

　　在尾水调压室高排架衬砌混凝土施工期间，经过精心组织和精细化管理，未曾发生安全事故，混凝土衬砌质量经联合验收达到优良水平，施工效果优良。尾水调压室井身标准段衬砌效果如图 6.5-15 所示。

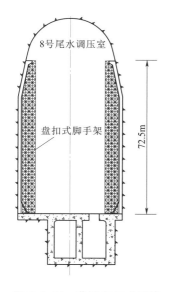

图 6.5-14　典型盘扣式钢管
脚手架搭设示意图

图 6.5-15　尾水调压室井身标准段衬砌效果

6.5.3　井身斜面段翻模抹面技术

　　尾水调压室井身斜面段高程 561.00~567.00m 为 1:0.5 的渐变结构，衬砌混凝土厚度由 4.5m 渐变至 1.5m，高度方向分两层进行浇筑。为确保衬砌混凝土施工质量，采用了翻模抹面的施工工艺。

　　模板采用定型弧形钢模板拼模，局部缝隙采用木条补缝，定型钢模板宽度为 40cm，长度约 1.2~1.5m，沿坡度方向呈扇形拼装。模板拼装时长边朝环向布置，短边朝竖向布置。模板拼装平面图及效果分别如图 6.5-16 和图 6.5-17 所示。

　　模板采用"内撑内拉"的支撑体系，为确保结构体型，内部采用钢管或方木支撑，浇筑过程中逐一拆除，同时采用 ϕ12 拉筋配螺栓内拉固定，拉筋间距 60~75cm，排距 80cm。环向弧形背楞采用 2ϕ32 钢筋，间距 80cm，竖向背楞采用 ϕ28 钢筋，间距 50cm。拉筋的一端配"3"字形扣件紧固在环向背楞上，另一端与边墙外露系统锚杆或预埋插筋焊接固定，预埋插筋 ϕ28，长度 L=50cm，外露 10cm，间距 1.2~1.4m。模板加固示意如图 6.5-18 所示。

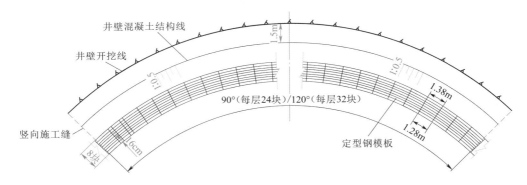

图 6.5-16　模板拼装平面图

图 6.5-17　模板拼装效果图

抹面采用横向翻模，根据下料坯层厚度，每 40cm 翻模一次，由下往上逐层翻模抹面。竖向背楞 $\phi 28$ 钢筋在拆除模板前采用电焊割除，只割除 40cm 翻模部位的背楞，防止上部模板松动。

人工抹面时间，根据现场环境温度、湿度进行试验确定，从现场试验效果来看，浇筑后 5~6h 开始人工抹面较为合适。可在混凝土初凝前先拆除最早收面处的一块模板进行试翻，如混凝土塑性很小，即可按浇筑时入仓顺序拆除翻模依次进行人工精细化抹面。

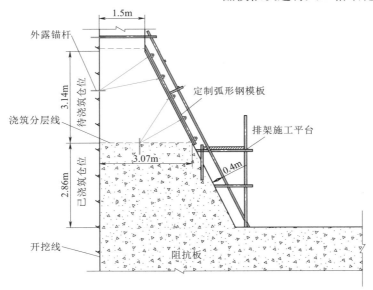

图 6.5-18　模板加固示意图

通过人工翻模、精细化抹面可以消除混凝土表面存在的气泡、模板拼缝间存在的砂线及错台，最终确保混凝土收面平整、光滑如镜。尾水调压室井身斜面段翻模抹面效果如图 6.5-19 所示。

图 6.5-19　尾水调压室井身
斜面段翻模抹面效果

6.5.4　阻抗板温控防裂技术

尾水调压室阻抗板的衬砌厚度为 3m，最大直径为 48m，混凝土强度等级为 C30，布设双层结构钢筋。每块阻抗板对应的底部流道位置设置 2 个直径为 7.6m 的阻抗孔，阻抗孔周围布置有限裂构造筋。

如图 6.5-20 所示，阻抗板的底模支撑体系采用"牛腿+连续梁+钢管排架柱+顶部纵梁+主梁+纵梁及满堂支撑架"的支撑方式，共分 2 层浇筑（下层 1.2m，上层 1.5m），采用低热水泥混凝土泵送入仓。

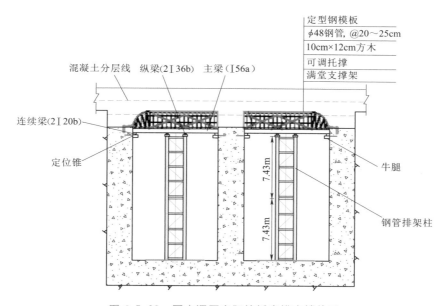

图 6.5-20　尾水调压室阻抗板底模支撑体系

阻抗板属于大体积混凝土结构，周边受基岩约束，与中隔墩连成整体，属于超静定立体结构，且板中设孔，结构复杂。其结构特性对温度控制要求高，温控防裂难度大。为此，提出并实施了阻抗板混凝土"最高温度、降温速率、平面温差"三指标控制的精细化温控方案。

（1）最高温度控制。在混凝土内部最高温度出现前，采用大流量通水冷却；最高温度出现后立即调减通水流量，有降温趋势即可。

（2）降温速率控制。混凝土内部降温速率宜按 0.1℃/d 控制，最大不宜超过 0.3℃/d。

（3）平面温差控制。针对冷却水管回路分区，各布设 1～2 支温度计监控通水情况，实时调整通水措施，实现整个阻抗板同步降温，分区温差按不大于 2℃ 控制。典型冷却水管的平面布置如图 6.5-21 所示。

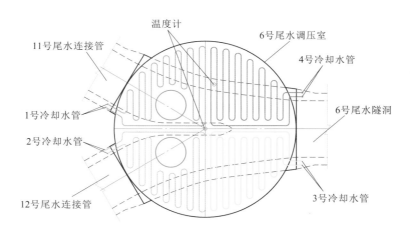

图 6.5-21　典型冷却水管的平面布置图

考虑到在 1.2m 层厚中埋设冷却水管存在开裂风险，3m 板厚仅在 1.5m 处埋设一层水平间距为 1.0m 的冷却水管，第一层 1.2m 厚混凝土中不再埋设冷却水管。阻抗板混凝土第一层浇筑间歇期增加至 10～14d，拆模时间延迟到第二层混凝土龄期达 28d 以上。建成后的尾水调压室阻抗板及以下流道的整体形象、尾水调压室阻抗板的浇筑效果分别如图 6.5-22 和图 6.5-23 所示。

图 6.5-22　尾水调压室阻抗板
及以下流道的整体形象

图 6.5-23　尾水调压室阻抗板的
浇筑效果

6.6　竖井结构混凝土

白鹤滩水电站地下厂房的深大竖井群主要包括引水竖井、出线竖井、尾水管检修闸门井等。其中引水竖井为钢衬回填混凝土衬砌，其余为钢筋混凝土衬砌。竖井群具有衬砌工程量大、深度深、施工工期紧、施工安全风险高等特点。在白鹤滩水电站的工程实践中，针对不同竖井的特点与需求，创造性地提出并实施了竖井钢衬提升式内支撑平台、移动式旋转分料系统、多孔口一体化滑模等技术，保证了深大、复杂竖井群的优质、高效建造。

6.6.1　引水竖井钢衬外包混凝土施工新技术

白鹤滩水电站左、右岸各平行布置有 8 条引水竖井，竖井采用钢板衬砌，钢衬外回填混凝土。单条引水竖井深约 176m，含上弯段、下弯段及竖井段，竖井段深 104.5m，竖井开挖断面为直径 12.2m 的圆形断面，压力钢管内径为 10.2m，混凝土回填厚度为 1.0m，竖井段布置有 34 节压力钢管。

白鹤滩水电站引水竖井群具有数量多、断面尺寸大、混凝土回填工程量大等特点，引水竖井施工的重难点问题有钢衬安装与混凝土浇筑的高效衔接及进度控制、施工安全、混凝土高效运输等。在工程实践中，通过对提升式内支撑平台、移动式旋转分料系统的研制，有效提升了施工效率、安全性和经济性，保证了白鹤滩水电站引水竖井群的优质高效建设。

1. 提升式内支撑平台

引水竖井的压力钢管安装及外包混凝土回填穿插施工，采用 3 节一循环、9m 为一段进行浇筑。在以往的工程实践中，压力钢管带内支撑安装，全部安装回填完成后，再自上而下拆除钢管内支撑，导致内支撑安拆工程量大、占用工期长、安全风险高。

在白鹤滩水电站引水竖井压力钢管施工过程中，研制了一种提升式内支撑平台，平台分 3 层，就位后可焊接 3 条环缝，具体如图 6.6-1 和图 6.6-2 所示。每吊装就位 3 节钢管后，将内支撑平台提升至相应焊接工位进行焊接，此时内支撑平台作为焊接

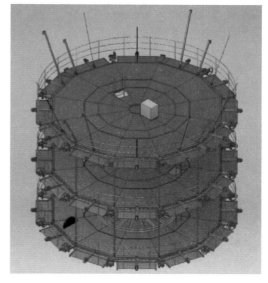

图 6.6-1　提升式内支撑
平台示意图

平台使用；焊接完成并验收后移交土建进行混凝土浇筑，此时内支撑平台作为混凝土浇筑期间钢管的内支撑使用。内支撑平台随压力钢管安装提升，可节省后续内支撑拆除工序，节约大量工期，并规避了拆除的安全风险。

2. 移动式旋转分料系统

在采用提升式内支撑平台进行压力钢管安装后，对与之密切相关的外包混凝土浇筑方式也进行了优化与调整。引水竖井钢衬外包混凝土传统施工方案如图 6.6-3 所示，原压力钢管外包混凝土的浇筑方案为：入仓采用溜管接大吊盘分料装置入仓，为覆盖整个浇筑仓号，吊盘直径将达到 10.5m，每个循环需要安拆一次，其尺寸大、重量重，安拆效率低、安全风险高。此外，由于引水上平洞断面为马蹄形，底部跨度只有 5m，吊盘尺寸过大也

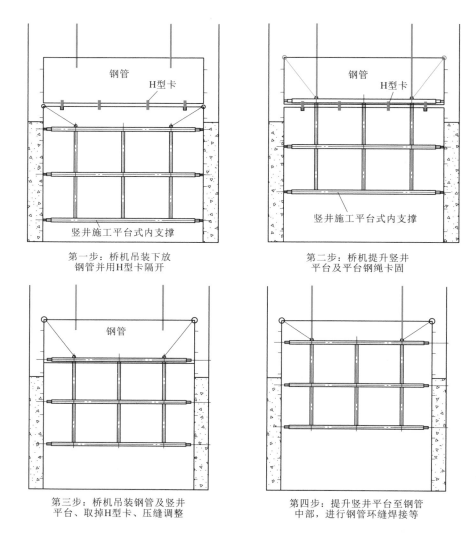

第一步：桥机吊装下放
钢管并用H型卡隔开

第二步：桥机提升竖井
平台及平台钢绳卡固

第三步：桥机吊装钢管及竖井
平台、取掉H型卡、压缝调整

第四步：提升竖井平台至钢管
中部，进行钢管环缝焊接等

图 6.6-2　引水竖井压力钢管安装顺序图

不能满足周转运输的要求，将导致每条竖井需配置 1 套吊盘，施工成本高。

为此，研制了一种可移动式旋转分料系统，由接料系统、旋转分料系统和底梁支撑系统组成，如图 6.6-4 所示。混凝土由溜管下料后，经接料系统输送至旋转分料系统的料斗内，再通过旋转溜槽分料至浇筑仓号的各个下料点，可覆盖全仓；底梁支撑系统坐落在压力钢管的上管口，主要用于支撑接料系统、旋转分料系统、混凝土等荷载。

经白鹤滩水电站工程实践检验，可移动式旋转分料系统具有如下优势：①接料系统与底梁支撑系统采用螺栓连接，旋转分料系统通过旋转轴与底梁焊接连接，整体尺寸与重量小，安拆方便，易于转运，可同时供多个工作面使用，周转使用率高；②旋转分料系统有效利用了旋转轴承的旋转原理，混凝土浇筑过程中只需人工推动旋转分料系统即可调整下料点位置，可实现多点均匀下料，保证混凝土浇筑质量，操作简便，安全可靠；③可移动式旋转分料系统通过底梁支撑系统支撑在压力钢管上管口，不需要卷扬提升系统悬吊固定,降低了施工成本。

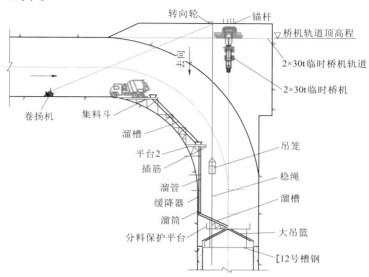

图 6.6-3　引水竖井钢衬外包混凝土传统施工方案示意图

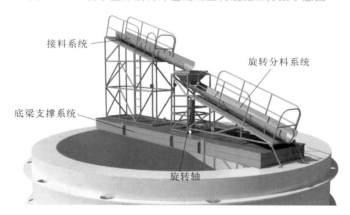

图 6.6-4　可移动式旋转分料系统示意图

6.6.2　出线竖井衬砌混凝土多孔口一体化滑模施工

出线竖井的井周需进行混凝土衬砌,井内设置隔墙将其分为电梯井、楼梯井、排风井、加压送风井、电缆井、电梯前室、GIL 管道母线井共 7 个小井,同时电梯前室、电缆井、电梯井及楼梯井内布置有楼梯和楼板,结构复杂。为加快竖井衬砌混凝土的施工效率,竖井内楼梯和楼板采用预制构件方案,为出线竖井采用滑模快速施工创造条件。衬砌混凝土滑模施工时提前预埋埋件,滑模施工完成后再进行预制构件的吊装施工。

出线竖井内的 7 个小井各设计一套模体,各模体之间通过高架桁架梁连成整体,通过液压站控制千斤顶的液压油缸实现同步滑升,其结构如图 6.6-5 所示。根据现场的工程实践统计,出线竖井滑模的衬砌施工速度可达 2.4～3m/d。

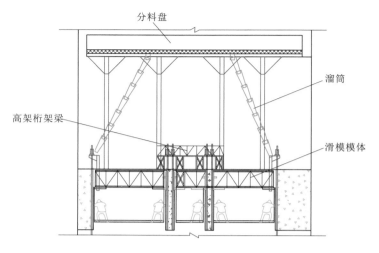

图 6.6-5　出线竖井滑模系统示意图

6.6.3　尾水管检修闸门井衬砌混凝土滑模施工

白鹤滩水电站左、右岸地下厂房各布置有 8 条尾水管检修闸门井，井身段高程范围为 540.00~633.00m，总高度为 93m，其中下部 23m 为尾水管流道部分，井身衬砌段总高为 70m。尾水管检修闸门井的衬砌厚度大，体型控制要求高，混凝土入仓难度大。

白鹤滩水电站工程实践中采用的尾水管检修闸门井滑模浇筑系统如图 6.6-6 所示。通过采用激光水平仪、激光垂准仪、全站仪联合测量体系进行体型控制，布置立柱式布料机保障混凝土的入仓强度。在尾水管检修闸门井衬砌中成功应用滑模浇筑，单个闸门井衬砌混凝土工期由原整体提升模板分层浇筑方案预计的 3 个月缩短至 20~25d。

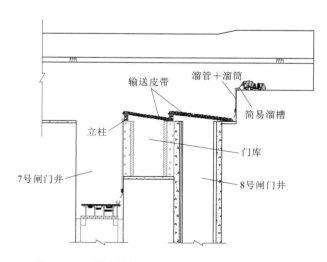

图 6.6-6　尾水管检修闸门井滑模浇筑系统示意图

6.7　清水混凝土

清水混凝土具有一次成型、直接利用混凝土成型后的外观作为饰面、省去二次装修、节约工程投资和施工工期等优势。但其施工工艺复杂、质量要求高、工艺控制难度大。白鹤滩水电站的母线洞、主变交通洞、机组中间层、发电机层、出线塔楼、进水塔液压启闭机房、进水口配电房及观测房均采用清水混凝土施工工艺，包含板、梁、柱、墙、弧形曲面等混凝土结构。图 6.7-1~图 6.7-6 分别为出线塔楼、启闭机房、厂房中间层、厂房水轮机层风罩墙、地面风机房、母线洞顶拱的清水混凝土结构实景。

图 6.7-1　出线塔楼清水混凝土

图 6.7-2　启闭机房清水混凝土

图 6.7-3　厂房中间层清水混凝土

图 6.7-4　厂房水轮机层风罩墙清水混凝土

6.7.1　模板材料选用

模板材料选用厚度为 1.5cm 的覆塑型维萨模板。模板的标准尺寸为 1.22m×2.44m，特殊部位的具体尺寸可根据混凝土结构进行设计和加工。板、梁、柱、直面墙等结构采用平面模板，顶拱、机墩、风罩圆弧墙等采用可调节圆弧模板。

在模板接缝处和转角处设置明缝条，明缝条包括"工"形明缝条、倒角条和"T"形明缝条。水平接缝和竖向接缝处设置"工"形分割条，柱体的阳角和梁体的下部阳角处

图 6.7-5　地面风机房清水混凝土

图 6.7-6　母线洞顶拱清水混凝土

设置阳角倒角条，边墙与弧形顶拱模板交接处设置"T"形明缝条。转角和接缝处明缝条应用效果如图 6.7-7 所示。

　　考虑温控防裂的要求，除机墩风罩墙的大体积混凝土采用低热水泥外，其他板、梁、柱、墙均采用普通硅酸盐水泥。同一部位的各仓清水混凝土均使用同一配合比的混凝土，混凝土搅拌时间比普通混凝土延长 20~30s。根据气候、环境、运输时间、运输距离、砂石含水率等情况，对原配合比进行微调，以确保混凝土的浇筑质量。

图 6.7-7　转角和接缝处明缝条应用效果

6.7.2　免装修清水混凝土施工技术

6.7.2.1　施工缝处理

　　采用冲毛机或电镐进行施工缝面凿毛，并对缝面进行清理。为保证模板底部密封严密、不漏浆，应确保明缝条的安装高程一致，模板安装前对施工缝模板安装位置进行砂浆找平，并采用水准仪来控制砂浆找平层使之顶部高程一致。

6.7.2.2　钢筋及预埋件安装

　　钢筋安装前，首先对下层预留钢筋进行校正，保证钢筋间距与保护层厚度满足要求。钢筋安装时，为确保钢筋的稳固，首先安装架立筋，再安装主筋，最后安装分布筋，每隔 2m 设吊线锤和样架，以保证钢筋的平、直、齐。

　　对于楼板和弧形顶拱混凝土，钢筋安装过程中需做好已安装模板的保护工作。特别是钢筋接头采用焊接时，为防止钢筋焊接过程中对已安装模板造成损伤，焊接前提前在模板上铺设防火毯进行防护，钢筋安装完成后及时回收防火毯。

　　所有预埋件均通过焊接或绑扎连接与结构钢筋固定。对于灌浆管路、排水管、桥架埋件、开关盒、灯具盒等预埋件，需在采取保护措施后与模板紧贴。对于需要外露接头的电气管路等预埋件，在接头部位设置 10cm 厚标准暗盒，暗盒紧贴模板，接头采用土工布包裹封闭。

6.7.2.3　模板安装

1. 模板拉杆开孔

根据浇筑部位结构特征、分层分块图、配模加固图进行模板开孔。标准模板（244cm×122cm）拉杆孔的孔距为 60cm×80cm，其余模板拉杆孔的孔距不得大于 60cm×80cm，同一块模板的拉杆孔应对称、均匀分布。现场模板开孔作业如图 6.7-8 所示。

模板开孔前，按照设计孔位在模板上标记孔位，采用专用钻机在专用车床上进行开孔作业。开孔时每 3 块模板 1 组，开孔一次成型，保证模板开孔完好、平整。

2. 脱模剂涂刷

模板安装前，采用湿抹布将模板表面清理干净，检查模板是否存在缺陷，对于存在少量缺陷的旧模板可采用腻子灰进行刮平。

模板清理干净后，在模板表面采用海绵间隔 12h 涂刷 2 遍 HD-1 清水混凝土脱模剂，待表面干燥后进行逐块安装。模板表面脱模剂涂刷作业如图 6.7-9 所示。

图 6.7-8　现场模板拉杆孔开孔作业

图 6.7-9　模板表面脱模剂涂刷作业

3. 模板及明缝条安装

柱、墙模板从下向上、从一侧向另一侧逐块安装，模板水平接缝应在同一高度，竖向接缝应在同一铅垂线上。接安螺栓、明缝条和纵横向围檩逐个、逐条、逐层安装。模板水平缝和竖向缝处设置"工"形分割条，柱的四周、墙与门洞的相交部位设置阳角倒角条，确保明缝条竖向贯通、横向断开。首仓柱和墙模板的底部与找平层存在空隙时，采用发泡剂或砂浆填充缝隙，防止漏浆。

在板、梁模板安装前，首先完成满堂承重盘扣排架的搭设，再安装支撑方木的 10 号槽钢围檩，接着安装方木围檩，最后安装模板。板、梁模板的安装顺序为：梁底模→梁侧模→板模。梁侧模与底模、板模采用 90°对接，侧模压底模、板模压侧模。梁两侧的侧模竖向接缝必须处于同一铅垂面上，并与板的水平接缝一一对应。板底模与风罩墙、圆弧墙相交位置的模板需按照轮廓加工成圆弧状。模板水平接缝处、梁模板的竖向接缝处设置"工"形分割条，底模与侧模的交接位置设置阳角分割条。明缝条确保长度方向贯通，宽度方向断开；阳角倒角条贯通，"工"形分割条断开。

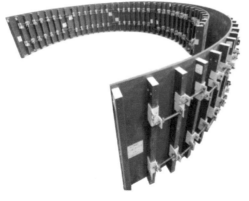

图 6.7-10　顶拱可调节弧形模板

顶拱的模板采用可调节的弧形模板，通过调节丝杆实现模板弧度的调节。其结构如图6.7-10所示。

在顶拱模板安装前，首先完成满堂承重盘扣排架的搭设，接着安装纵、横向围檩，再安装环向围檩，此后逐环安装顶拱可调节模板。安装时确保两根环向围檩支撑一环模板。在顶拱模板安装时，将每块模板按顶拱弧度提前调校到位，模板从两侧向顶拱中心逐块安装，每一环模板安装完成后才能进行下一环模板安装。模板缝之间设置"工"形分隔条，随着模板的安装逐条安装明缝条，确保纵向贯通、环向断开。当模板的肋板与环向围檩存在间隙时，采用钢板或方木垫实。

在模板一侧采用铁钉每间隔300mm间距固定明缝条；另一侧在另一块模板安装前使用双面海绵胶带粘贴，以两者之间无缝隙为原则。确保"工"形明缝条十字交叉处竖向（纵向）贯通、横向（环向）断开。当"工"形明缝条与阳角倒角条接头时，"工"形明缝条45°顺接阳角倒角条，阳角倒角条竖向贯通。当"工"形明缝条与"T"形明缝条接头时，"T"形明缝条贯通，"工"形明缝条断开。模板及明缝条安装效果如图6.7-11所示。

4. 围檩及拉杆安装

采用5cm×10cm方木做清水混凝土的围檩，方木紧贴模板，间距不大于20cm，采用射钉固定，射钉从方木侧斜射入模板但不穿透模板，不损伤模板表面。梁与薄墙模板

图 6.7-11　模板及明缝条安装效果图

采用$\phi14$对拉拉杆和$\phi16$PVC管加固；风罩墙、靠开挖结构面墙模板与顶拱模板采用$\phi14$拉杆和接安螺栓加固。

5. 钢筋保护层控制

模板安装时，在模板内侧设置隐形垫块、定位垫块或限位垫块用于控制模板的相对位置，确保混凝土结构尺寸与钢筋保护层厚度满足设计要求。模板的隐形垫块安装效果如图6.7-12所示。板和顶拱的模板采用隐形垫块，布置间距为1.0m×1.0m；柱、墙的模板采用定位垫块，布置间距为80cm×40cm，如图6.7-13所示。梁的模板采用限位垫块，布置间距为80cm。垫块的布置要求横平竖直，局部特殊部位可加密布置。

模板安装时，先采用全站仪准确放出模板边线，然后在结构钢筋上安装隐形垫块、定位垫块或限位垫块，垫块外表面处于混凝土结构边线即模板表面处。

图 6.7-12　模板的隐形垫块安装效果

图 6.7-13　墙的定位垫块安装效果

6.7.2.4　混凝土浇筑

浇筑前需要做好检查工作，重点检查钢筋保护层厚度、垫块的数量和位置、预埋件表面与模板的贴合度。为确保实现精品混凝土的外观质量，防止混凝土浇筑过程中的浆液飞溅，浇筑时需对未浇筑区域采用彩条布进行防护。浇筑前，先在底部铺设 10cm 厚、比该部位混凝土高一个级别标号的水泥砂浆。

混凝土入仓时，混凝土的下料高度应低于 1.5m，分层下料、分层振捣。为使上下层混凝土结合成整体，上层混凝土振捣要在下层混凝土初凝前完成。振捣时振捣棒不得触及模板和预埋件。

浇筑过程中应安排专人负责检查模板和预埋件。在浇筑过程中，混凝土浆液不可避免溅到模板上，随着浇筑高度的上升和位置的变化，应及时安排人工采用毛巾抹去溅在模板表面的混凝土浆液，确保模板表面干净、清洁。

6.7.2.5　模板拆除

需严格控制拆模时机，以达到同等条件下的试件强度为准。模板拆除时，需要注意对混凝土的外观、棱角的保护。模板拆除按顺序进行，从一端向另一端、从上向下逐层拆除。采用木锤轻轻敲动模板，使模板松动、脱离混凝土表面。当局部模板与混凝土面黏接过紧时，可采用木楔轻撬模板，使模板脱离混凝土表面。

6.7.2.6　混凝土养护及保护

拆模后，应及时进行混凝土养护，实现混凝土早期强度的有效增长，减少混凝土表面的色差。边墙及顶拱清水混凝土采用覆膜保湿养护，或涂刷混凝土养护剂。

对于主要通道周边转角 3m 高度以下部位，用 L50×50 等肢角钢衬或木条固定护角，或采用厚 2cm、宽 10cm 的聚乙烯泡沫板粘贴在柱子四个阳角处，以免碰撞损坏柱角。边墙及顶拱进行灌浆时，及时使用清水冲洗外漏到墙面的浆液，直至冲洗干净。采用清水混凝土修饰材料进行孔口封孔时，必须达到色调一致、美观大方的效果。

6.7.2.7　混凝土保护剂施工

清水混凝土由于不需要进行二次装饰、表面长期裸露在空气中，易污染、老化，或者被各种物质侵蚀，不利于长期保持外观效果。为延长清水混凝土的使用寿命，长期保持平整光滑、自然质感、色泽均匀的视觉效果，混凝土表面可采用保护剂进行保护。

保护剂的施工程序为：基层处理（除锈、打磨、修补料修补、螺栓孔处理、禅缝处理等）→颜色修补（一般采用毡涂修补局部颜色）→底漆及面漆涂刷（滚涂）。

外露螺栓丝杆的处理方式为：对原有螺栓孔部位进行上、下、左、右对齐测量，确定位置，用直径 36mm 或者 42mm 的开孔器进行扩孔，然后用弹性腻子修补，用专用的修补工具修补整齐美观。对于螺栓孔，清理干净孔内杂物，用弹性腻子修补，用专用的修补工具修补整齐美观。

配置好与墙面颜色接近的修补料，填补较大的裂缝及缺陷。采用混凝土专用的润色漆，调好颜色，消除色差，根据现场混凝土的颜色进行局部修补，但不可覆盖混凝土原有的纹理和质感。在混凝土表面色差修补完毕后，将透明清水混凝土保护剂搅拌均匀，采用滚涂工艺进行涂刷施工。

6.8　思考与借鉴

（1）在厂房混凝土的浇筑施工过程中，需高度重视埋件和预留孔洞的精度，加强土建与机电专业的协调，确保位置准确、尺寸精准，确保机组顺利安装。

（2）白鹤滩水电站地下厂房机组混凝土采取了分层优化、机组埋件组拼吊装、增设混凝土运输通道等混凝土快速施工技术，创造了 18 个月完成混凝土浇筑和一期埋件安装向机电安装交面的行业新纪录。同时，地下洞室群结构混凝土的快速施工，对促进洞室群围岩变形收敛具有积极作用。

（3）创新研发应用了岩壁吊车梁混凝土专用台车、压力钢管提升式支撑平台、变断面平移流道衬砌台车、梭式布料机等成套的混凝土施工新型装备，实现了地下厂房洞室群混凝土的安全、优质、高效浇筑。

（4）清水混凝土既耐久，又可体现工业美，应同厂房建筑装修系统同步规划与设计，可在地下厂房工程大规模推广应用。

第7章 行业价值与未来展望

7.1 行业价值

白鹤滩水电站地下厂房工程的顺利建成，刷新了多项行业纪录，创造、改进、提升了诸多相关技术，在理论方法、工程技术、施工装备、管理模式等方面创造了极大的行业价值。

1. 建成了世界上最大规模的巨型地下洞室群精品工程，树立了行业标杆

白鹤滩水电站所处的金沙江下游河段水能资源富集、具有高山深"V"峡谷有利地形，加之1600万kW超大规模装机容量，造就了世界最大规模地下洞室群。白鹤滩水电站的地下厂房跨度、尾水调压室尺寸及洞室群规模均位居同类工程世界首位；工程所处地质环境异常复杂，存在高地应力、柱状节理玄武岩、长大错动带等不利地质构造；超大规模尺寸、超高挖空率带来的洞室群联动效应等；均给工程建设带来极大挑战，建设难度空前。

白鹤滩水电站攻克了复杂地质条件下超大地下空间建设的世界级难题，建成了世界上最大规模的巨型地下洞室群精品工程。白鹤滩水电站地下厂房工程于2014年6月开工建设，2018年12月完成开挖与支护施工，2021年6月实现首批机组投产发电，2022年12月实现全部机组投产发电。至此世界最大清洁能源走廊全面建成，中国水电品牌闪耀世界。

2022年10月24日，白鹤滩水电站首次成功蓄水至正常蓄水位825m。监测数据显示，蓄水至825m期间，左、右岸厂房围岩变形量在1mm以内的测点占比分别为81%、91%，各地下洞室群围岩稳定；左、右岸厂房最大总渗流量分别为940L/min、580L/min，远小于设计计算值；厂房及主变排水廊道渗压水头均无明显变化，蓄水期间厂区地下水位稳定，帷幕效果良好。白鹤滩水电站经受住了正常蓄水位考验，地下厂房总体建造质量优良，树立了行业标杆。

2. 丰富了巨型地下洞室群开挖围岩稳定的理论与方法，为岩石力学发展做出了贡献

在新奥法的基础上，提出了基于"认识围岩、利用围岩、保护围岩、监测反馈"的新理念，通过开展科学研究与理论分析，揭示了玄武岩三层次的变形特征、力学破坏特性、岩体松弛破坏的演进等规律，促进了岩石力学的发展，并建立了一套适用于巨型地下洞室群开挖围岩稳定控制的理论和方法，实现了地下洞室群的安全稳定开挖。

该方法通过采用测绘、勘察、物探、钻探、试验、调查等多种手段来获取岩体的定量参数，充分认识围岩的水文和工程地质特性以及岩石力学分级等指标，进一步构建真实的

地应力场；通过力学计算、工程类比、数值模拟、模型试验等方法开展岩体与结构的时空稳定性分析，提出控制指标和技术要求，确定合适的岩体保护措施，以充分利用围岩，发挥岩体自身的承载作用；基于分层分区分步开挖方法和适时适度适量支护原则，开展洞室群开挖时空关系分析，进行个性化精细爆破设计，确保开挖进尺与支护速度协调，最大化保护围岩；通过系统监测与专项监测、反演反馈与预报预警，开展爆破支护变形协调分析，实现全程变形速率总量控制，实施动态设计与施工优化协同，进一步掌握岩体的变形规律。

3. 掌握了巨型地下洞室群开挖围岩稳定关键技术，攻克了复杂地质条件下巨型地下洞室群开挖稳定的世界级难题，推动了地下工程的技术进步

基于岩体变形规律研究和数值仿真分析成果，提出了复杂地质条件下巨型洞室群的布置和设计技术，通过采用厂内集水井外移、尾水调压室体型专项设计等系列方案，最大限度避开不利地质条件，从源头上减少后期围岩变形失稳的风险。

根据围岩的变形时空联动规律，从时空次序及联动效应上优化开挖和支护措施，控制卸荷梯度、减少开挖扰动、快速恢复围压，限制浅层岩体松弛开裂，控制深层岩体破裂变形，形成了包括超前预控制技术、精细化爆破技术、快速锚喷技术、围岩不利响应处置技术等在内的一系列洞室群开挖围岩稳定关键技术，攻克了复杂地质条件下巨型地下洞室群开挖稳定的世界级难题，建成了宏伟安全的"地下宫殿"，推动了地下工程的技术进步。

4. 研发应用了一系列先进装备，实现了地下洞室群的安全、优质、高效施工，推动了水电工程施工装备的提升

采用大直径反井钻机施工溜渣井替代人工扩挖，采用矿用绞车、桥式起重机、门式起重机替代传统卷扬机提升系统，研发应用了尾水调压井双梁式起重系统，确保了深大竖井群的安全高效开挖。

研发应用了顶拱移动式作业平台、履带式高效锚索钻孔平台与机具，实现支护荷载的快速施加，确保了大跨度高边墙开挖的围岩稳定与安全。

创新研发并应用了一系列混凝土快速施工成套装备，包括新型自行式岩壁梁浇筑台车、平行水工隧洞群变断面过洞衬砌台车、液压自爬升悬臂模板系统、一井多孔整体滑模、悬吊式滑模等，实现了衬砌混凝土的快速优质施工。

通过综合运用上述系列先进装备，在机械化换人、自动化减人、提质增效方面卓有成效，整体推动了水电工程施工装备的提升。

5. 创新了管理理念与管理模式，提高了水电工程的建设管理水平

在建设管理单位的统筹下，形成了建设管理单位、设计单位、监理单位、施工单位的传统参建四方和监测单位、科研院校、行业专家组成的多方联动机制。根据初步施工后揭示的地质现象、围岩响应特征和监测成果进行反馈分析，持续性动态优化开挖与支护的设计和施工方案。在这一过程中，建设管理单位牵头，各方参与、各尽其职，建立了特大地下洞室群设计与施工的动态调控管理体系，为攻克相关难题创造了良好条件。

建立了一系列操作性强、时效性高的个性化管控机制。例如，为了保证支护施工按照既定时空步序跟进开挖施工，依托支护预警系统建立了洞室支护预警机制；为了防止相互关联的洞室意外贯通，制定了洞室贯通预警机制；建立了关键部位首个开挖段、首个浇筑

仓等关键工序参建四方联合管控机制等管理制度与措施。

通过重大设计与施工方案由建设管理单位牵头、重点材料物资甲供核销、重点部位参建各方联合管控等方式，深度参与工程建设，全面把控进度、质量、安全、投资、合同管理五位一体，形成了独特的建设管理"三峡范式"，培育了大批具有专业技术水平和建设管理经验的领军人才，深刻影响着行业发展，提高了水电工程的建设管理水平。

7.2　未来展望

半个世纪以来，我国地下水电站建设的工程规模、技术水平、建设成就都有了巨大的发展，实现了由"跟跑""并跑"向"领跑"的跨越。白鹤滩水电站有幸成为"领跑"方阵中的一员，在理念、方法、技术、装备、工艺等方面实现了全面的突破与创新。

当前，正值我国不断推进加快能源绿色低碳转型，在推动实现"2030 年前碳达峰、2060 年前碳中和"目标的新形势下，抽水蓄能电站开发建设迎来高峰期，雅鲁藏布江下游水电开发也已纳入国家"十四五"规划，地下工程的开发面临新的机遇和挑战，白鹤滩水电站地下洞室群的建设技术进展可为这些工程的建设提供坚实的技术支撑。

1. 工程应用展望

白鹤滩水电站巨型地下洞室群建造技术有望在以下几个方面推广应用或提供参考借鉴。

（1）白鹤滩水电站地下洞室群的建设攻克了高地应力、硬脆玄武岩、长大错动带等复杂地质环境难题。随着我国高原、高海拔地区水电开发工作的实施，水电站地下洞室群工程建设将面临深山峡谷、高地应力、复杂地质条件等诸多挑战，地质条件复杂，围岩开挖卸荷机制和力学行为复杂，围岩稳定控制难度更大。白鹤滩水电站巨型地下洞室群的成功建设，为今后相似复杂条件下的地下洞室群建设在围岩稳定控制、施工组织、安全运行等方面提供了扎实的技术、理论、理念基础与储备。

（2）近些年，具有调峰填谷、调频调相、事故备用等多种功能的抽水蓄能电站处于建设的加速发展阶段，已成为高效成熟且经济环保的大规模电能储存设施。抽水蓄能电站地下厂房作为布置发电机组的场所，与常规水电站地下厂房建设面临一些共同的设计与施工重难点问题，如围岩稳定控制、施工进度把控、混凝土浇筑施工、通风排风系统布置等。针对以上重难点问题，白鹤滩水电站地下洞室群在建设过程中建立了设计施工动态调控闭环管理体系，采取了一系列进度保障措施，如创新施工规划和工程分标等，研制并使用了一批高效混凝土浇筑施工装备，形成了高效通排风成套技术。白鹤滩水电站地下洞室群建设成果可为后续抽水蓄能电站地下工程建设提供参考。

（3）城市发展所产生的地面空间严重不足问题，使得开发利用地下空间成为必然选择。近些年，伴随着城市集约化程度的不断提高，多功能大规模地下空间建筑即大型地下综合体的建设需求日益增强。地下综合体的主要特征为空间结构整合度高、系统组织有序性强等，其开发建设具有与电站地下洞室建设共同的重难点问题，如工程管理与协调、混凝土浇筑施工等。白鹤滩水电站地下洞室群工程建设过程中创新应用的一系列成果，如统筹建设管理思想、安全开挖建设技术与研制的一系列高效混凝土浇筑施工装备等，在提质增效方面效果斐然，可为地下空间开发利用与大型地下综合体建造施工提供借鉴和参考。

2. 技术发展展望

以白鹤滩水电站地下洞室群建设技术进展为基础，可在以下几个方面开展进一步的研究与应用，进一步丰富、发展和完善理论、方法和技术体系。

（1）勘测设计方面。针对高地应力地区的特点和复杂的地质条件，进一步研究探索洞室群围岩稳定的分类及其支护形式的创新设计；进一步采取原型测试和仿真分析相结合的方法，改进测试技术，研发适用性更强、功能更齐全的"实时监测、动态反馈"仿真技术；突破现有对岩石力学特性和洞室群围岩变形机理的认识，形成更加成熟的设计理论和施工方法，以利于精准支护"一次到位，安全可靠"，在快速施工条件下实现围岩稳定受控。

（2）施工装备方面。地下洞室群作业环境复杂、安全风险较大，应积极应用施工机械作业，替换作业人员的高强度劳动，提高施工效率，降低施工成本，实现本质安全。随着我国装备制造能力的提升，应基于地下工程结构标准化设计，解决地下工程专用特种设备的研发和制造问题，实现地下工程施工的深度机械化。洞室的开挖与支护施工宜根据空间尺寸、长度和施工布置、边界条件等，选择正（反）井钻机、盾构机、凿岩台车、湿喷台车、锚杆台车、拱架安装台车等专用机械设备。引水发电系统混凝土施工，宜优先创造混凝土布料机入仓条件，其次是混凝土天泵入仓，并深入推进混凝土模板装备化与标准化，选用混凝土平仓机、振捣机，用先进的混凝土专用施工设备，替换大量的混凝土班组作业人员。

（3）智能建造方面。自动化、智能化技术有利于提高生产效率、减少管理和作业人员，实现节能减排，有利于建设和运行管理。水电站地下工程在自动化、智能化技术的应用方面与其他行业相比相对落后，智能通风、智能灌浆、混凝土智能振捣、智能温控、智能焊接等方面还处于初步应用阶段。水电站地下工程的智能化建设宜在工程筹建期前完成规划与架构，并按照工程全生命周期进行布局，充分应用5G、BIM、北斗系统定位等新技术，配置智能化施工装备或对常规机械设备进行智能化改造升级。

（4）智慧管理方面。基于5G、AI、大数据、云计算等数字化、信息化、智能化技术的新型管理模式将进一步取代"人为"管理模式，实现更加科学、客观和务实的管理形态。以标准化设计为基础，以BIM技术为手段打通全过程，以设计、施工最小单元为基本单元赋予属性，数据采集以自动采集为主、人工采集为辅，实现数字孪生，最终实现设计、施工、运行、管理等全方位、全过程的智能化管理。

参考文献

［1］ 墨索尼. 水电开发 第 2 卷 高水头水电站 ［M］. 陆佑楣，等，译. 北京：中国电力出版社，2003.

［2］ 库贝尔曼. 地下水电站 ［M］. 陈可一，译. 北京：水利电力出版社，1959：3-5.

［3］ 李协生. 地下水电站建设 ［M］. 北京：水利电力出版社，1993：2-10.

［4］ 杨述仁，周文铎，王裕湘，等. 地下水电站厂房设计 ［M］. 北京：水利电力出版社，1993：1-12.

［5］ 彭军. 加拿大特大水利工程综述 ［J］. 水利水电快报，2004（1）：8-12.

［6］ 马善定，汪如泽. 水电站建筑物 ［M］. 北京：水利电力出版社，1982.

［7］ Einar Broch. 水工隧洞及地下工程 ［J］. 现代隧道技术，2017，54（5）：1-12.

［8］ 王爱玲，邓正刚. 我国水电站地下厂房的发展 ［J］. 水力发电，2015，41（6）：65-68.

［9］ 马洪琪. 我国水电站地下工程施工技术的回顾与展望 ［J］. 水力发电，2006（2）：52-55.

［10］ 翁义孟. 我国地下水电站建设的发展 ［J］. 水力发电，2011（3）：18-20，27.

［11］ 王仁坤，邢万波，杨云浩. 水电站地下厂房超大洞室群建设技术综述 ［J］. 水力发电学报，2016，35（8）：1-11.

［12］ 陈宗梁. 我国水电建设和科技进步 50 年 ［J］. 中国电力，1999（10）：23-26，83.

［13］ Jia J S. A Technical Review of Hydro-Project Development in China ［J］. Engineering，2016，2（3），302-312.

［14］ 国家能源局. 世界规模最大的抽水蓄能电站投产发电 ［EB/OL］.（2021-12-31）［2022-10-18］. http：//www. nea. gov. cn/2021/12/31/c_ 1310404022. htm.

［15］ 贾金生. 中国大坝建设 60 年 ［M］. 北京：中国水利水电出版社，2013.

［16］ 徐光黎，李志鹏，宋胜武，等. 中国地下水电站洞室群工程特点分析 ［J］. 地质科技情报，2016，35（2）：203-208.

［17］ 樊启祥，王义锋，裴建良，等. 大型水电工程建设岩石力学工程实践 ［J］. 人民长江，2018，49（16）：76-86.

［18］ 周志芳，沈琪，石安池，等. 白鹤滩水电工程左岸玄武岩层间错动带渗透破坏预测与防治模拟 ［J］. 工程地质学报，2020，28（2）：211-220.

［19］ Fan Q X，Deng Z Y，Lin P，et al. Coordinated Deformation Control Technologies for the High Sidewall-Bottom Transfixion Zone of Large Underground Hydro-Powerhouses ［J］. Journal of Zhejiang University-Science A（Applied Physics & Engineering），2022，23（7）：543-563.

［20］ 孔令利，郭际明，宋胜登，等. 白鹤滩水电站地下厂房新型精密控制网研究及应用 ［J］. 人民黄河，2022，44（S1）：225-227.

［21］ 张静，陈雪万，吴连飞，等. 白鹤滩水电站左岸地下厂房建筑装修工程监理三大目标控制措施 ［J］. 人民黄河，2022，44（S1）：130-132.

［22］ 柏少哲，黄建文，毛宇辰，等. 多因素耦合作用下地下厂房施工进度风险分析及其应用 ［J］.

水电能源科学，2020，38（2）：155-159.

[23] 樊启祥，李毅，王红彬，等. 白鹤滩水电站超大型地下洞室群施工期通风技术探讨 [J]. 水利水电技术，2018，49（9）：110-119.

[24] 孙会想，汪海平. 大型地下洞室群变频施工通风系统运行管理研究 [J]. 水利水电技术，2018，49（11）：82-92.

[25] 朱永生，褚卫江，万祥兵，等. 白鹤滩水电站地下厂房错动带围岩稳定性控制方法研究 [J]. 隧道建设（中英文），2022，42（1）：48-56.

[26] 程普，万祥兵，方丹，等. 白鹤滩水电站地下厂房层间错动带渗流控制措施研究 [J]. 水利水电技术，2018，49（12）：65-71.

[27] 孟国涛，侯靖，陈建林，等. 巨型地下洞室脆性围岩高应力破裂防治措施研究 [J]. 地下空间与工程学报，2019，15（1）：247-255.

[28] 何少云，胡紫航，李永林，等. 地下厂房围岩应力场特征分析 [J]. 公路，2021，66（11）：271-274.

[29] 方柱柱，刘骁，邓雨露. 白鹤滩水电站左岸地下厂房岩壁吊车梁开挖技术研究 [J]. 水利水电技术，2017，48（S2）：35-39.

[30] 刘思杰，王凯. 白鹤滩水电站地下厂房岩体变形机理研究 [J]. 人民长江，2017，48（21）：61-66.

[31] 戴峰，李彪，徐奴文，等. 白鹤滩水电站地下厂房开挖过程微震特征分析 [J]. 岩石力学与工程学报，2016，35（4）：692-703.

[32] 李帅军，冯夏庭，徐鼎平，等. 白鹤滩水电站主厂房第Ⅰ层开挖期围岩变形规律与机制研究 [J]. 岩石力学与工程学报，2016，35（S2）：3947-3959.

[33] 李新平，侯潘，罗忆，等. 白鹤滩水电站地下厂房爆破累积损伤效应研究 [J]. 爆破，2018，35（3）：14-20，54.

[34] 陆健健，方丹，李良权. 白鹤滩水电站左岸地下厂房支护优化设计 [J]. 水利水电技术，2018，49（8）：128-135.

[35] 陈浩，王霄. 水电站大型地下厂房特殊部位开挖支护技术研究 [J]. 人民长江，2016，47（21）：67-71.

[36] 董志宏，丁秀丽，黄书岭，等. 高地应力区大型洞室锚索时效受力特征及长期承载风险分析 [J]. 岩土力学，2019，40（1）：351-362.

[37] 张建海，王仁坤，周钟，等. 高地应力地下厂房预应力锚索预紧系数 [J]. 岩土力学，2018，39（3）：1002-1008.

[38] 陈桂闵，陈翔. 白鹤滩水电站地下厂房岩壁吊车梁受力锚杆施工技术 [J]. 水利水电技术，2017，48（S2）：40-44.

[39] 向志刚，匡艳红，王海金. 卷式锚固剂在白鹤滩水电站地下厂房预应力锚杆工程中的应用 [J]. 水利水电技术，2017，48（S2）：73-76.

[40] 廖军，韦雨，陈军. 白鹤滩左岸地下厂房顶拱对穿锚索施工技术研究 [J]. 施工技术，2017，46（2）：92-97.

[41] 阳小东，黄宏伟，龚华. 白鹤滩水电站左岸地下厂房压力分散型锚索张拉工艺 [J]. 水利水电技术，2015，46（S2）：18-21.

[42] 江权，樊义林，冯夏庭，等. 高应力下硬岩卸荷破裂：白鹤滩水电站地下厂房玄武岩开裂观测实例分析 [J]. 岩石力学与工程学报，2017，36（5）：1076-1087.

[43] 樊启祥，汪志林，何炜，等. 金沙江白鹤滩水电站地下厂房玄武岩洞室群施工技术创新 [J].

中国科学：技术科学，2021，51（9）：1088-1106.

[44] 陈磊，余国祥. 高地应力下洞室衬砌裂缝形成机制与防治对策——以白鹤滩水电站为例[J]. 人民长江，2021，52（8）：142-150.

[45] 孟国涛，何世海，陈建林，等. 白鹤滩右岸地下厂房顶拱深层变形机理分析[J]. 岩土工程学报，2020，42（3）：576-583.

[46] 段涛，段杭，任大春，等. 白鹤滩水电站左岸地下厂房施工期围岩稳定安全监测分析[J]. 长江科学院院报，2021，38（6）：37-44，66.

[47] 刘国锋，冯夏庭，江权，等. 白鹤滩大型地下厂房开挖围岩片帮破坏特征、规律及机制研究[J]. 岩石力学与工程学报，2016，35（5）：865-878.

[48] 程普，万祥兵，方丹，等. 层间错动带对白鹤滩水电站地下厂房围岩稳定的影响[J]. 水电能源科学，2019，37（1）：115-118.

[49] 董源，裴向军，张引. 白鹤滩水电站左岸主厂房洞室稳定性及主要变形破坏模式分析研究[J]. 中国农村水利水电，2018（10）：96-104，135.

[50] 陈桂闵，陈翔，邓雨露. 白鹤滩水电站左岸地下厂房岩锚梁爆破试验参数研究[J]. 水利水电技术，2017，48（S2）：14-21.

[51] Li B, Ding Q F, Xu N W, et al. Mechanical Response and Stability Analysis of Rock Mass in High Geostress Underground Powerhouse Caverns Subjected to Excavation [J]. Journal of Central South University，2020，27（10）：2971-2984.

[52] 杨静熙，黄书岭，刘忠绪. 高地应力硬岩大型洞室群围岩变形破坏与岩石强度应力比关系研究[J]. 长江科学院院报，2019，36（2）：63-70.

[53] 王红彬，石焱炯，沈德虎，等. 白鹤滩水电站巨型地下厂房高边墙开挖支护变形研究[J]. 水电能源科学，2020，38（5）：118-121.

[54] 方柱柱，夏辉. 白鹤滩水电站左岸地下厂房机坑开挖技术[J]. 人民长江，2020，51（S2）：121-123.

[55] 李良权，万祥兵，陈建林，等. 白鹤滩水电站地下厂房岩壁吊车梁稳定性分析[J]. 水利水电技术，2019，50（5）：124-135.

[56] 张成君. 地下厂房光面爆破参数优化与应用研究[J]. 现代隧道技术，2020，57（4）：136-140.

[57] 王丰，饶宇. 地下厂房洞室群爆破对岩锚梁浇筑质量影响研究[J]. 人民长江，2019，50（S1）：312-316.

[58] 叶辉辉，邵兵，钱军，等. 白鹤滩水电站岩壁吊车梁补强加固措施及稳定性分析[J]. 水电能源科学，2020，38（7）：134-137.

[59] 叶辉辉，李良权，方丹，等. 白鹤滩水电站左岸地下厂房岩壁吊车梁承载特性分析[J]. 水电能源科学，2020，38（1）：94-98.

[60] 赵修龙，万祥兵，李良权，等. 白鹤滩水电站大跨度地下厂房吊顶结构设计[J]. 水力发电，2019，45（4）：62-64，115.

[61] 邢磊，史永方，吴书艳. 复杂地质条件下大型地下厂房系统施工[J]. 水力发电，2018，44（10）：27-29.

[62] 唐振许，程秀琴. 白鹤滩水电站左岸地下厂房防渗帷幕灌浆质量监理控制措施[J]. 水利水电技术，2017，48（S2）：133-136.

[63] 吴连飞. 白鹤滩水电站降低机组蜗壳阴角部位脱空面积措施研究[J]. 人民黄河，2022，44（S1）：109-110.

［64］ 樊启祥，李文伟，陈文夫，等. 大型水电工程混凝土质量控制与管理关键技术［J］. 人民长江，2017，48（24）：91-100.

［65］ 陈荣，白远江，钟琴. 不掺硅粉低热水泥常态抗冲磨混凝土应用研究［J］. 人民黄河，2020，42（S1）：143-144.

［66］ 方柱柱，林宏. 地下厂房机组免装饰混凝土表面缺陷处理措施研究——以白鹤滩水电站为例［J］. 人民长江，2020，51（S2）：203-205.

［67］ 吴发名，段兴平，徐进鹏，等. 白鹤滩水电站尾水出口围堰拆除爆破设计与施工［J］. 爆破，2023，40（1）：100-107.